새로운 문헌
우리시대의 고문진보

성균관대학교
동아시아한문학연구소
교양총서 **3**

새로운 문헌

새롭게 해석하는 진짜 보물 같은 우리 옛글

우리 시대의
고문진보

김중섭 외 지음

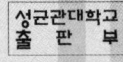

성균관대학교
출 판 부

이 책은 성균관대학교 동아시아한문학연구소가 기획한 첫 번째 교양총서로, 성균관대학교 〈동아시아고전학 미래인재 교육연구팀〉의 참여 대학원생들의 글을 엮은 것이다. 이 책의 제목을 '우리 시대의 고문진보'라고 명명한 까닭은 앞서 출간된 『우리 시대의 고문진보 – 자아와 성찰/장소와 추억』(성균관대학교 출판부, 2023) 서문에 자세하다.

'우리 시대의 고문진보'는 교육연구팀의 연구 성과를 시민사회와 공유하고자 기획한 프로젝트이다. 2022년 제1기는 '자아와 성찰', 2023년 제2기는 '장소와 추억'이라는 주제로 교육연구팀 참여 교수와 대학원생이 각자 선택한 옛글을 현대적으로 해석하는 글을 집필하였다. 시민사회와의 소통을 목표로 하였으므로 딱딱한 학술적 글쓰기가 아닌, 평이하고 흥미로운 대중적 글쓰기를 시도하였다.

연구 논문 작성법을 훈련하는 참여대학원생에게 대중적 글쓰기는 색다른 경험이지만, 아무래도 각자의 연구 분야와 거리가 있고, 연구 성과로 연결되지 않는다는 한계가 있었다. 글의 형식과 내용이 제각각이라 한데 엮기 적절치 않다는 점도 문제였다. 그래서 2024년 제3기 '우리 시대의 고문진보' 프로젝트는 '새로운 문헌'

이라는 주제를 선택하고, 새로 발굴하거나 아직 널리 알려지지 않은 문헌을 선택하여 소개하는 글을 집필하기로 하였다. 참여대학원생의 학술적 글쓰기 훈련과 연구 성과 축적을 위해 프로젝트 진행 과정에서 학술지에 투고하거나, 출판 후 수정보충하여 학술지에 투고하는 것을 권장하였다. 그 결과, 이 책에 수록된 16편의 글 가운데 5편이 학술지에 게재되는 성과를 거두었다.

본 교육연구팀의 참여대학원생은 대학원에 갓 입학한 새내기부터 이미 여러 편의 연구논문을 발표한 신진연구자까지 다양하게 구성되어 있다. 이 책에서 소개한 문헌 역시 고려시대부터 구한말까지 다양한 시대의 다양한 성격의 문헌으로 이루어져 있다. 소개한 문헌의 가치와 이를 소개하는 글의 수준은 천차만별이지만, 신선한 시각에 의지한 실험적 시도를 장려하기 위해 개성이 강한 글들을 한데 엮었다. 본 교육연구팀은 앞으로도 이 책의 체제를 바탕으로 여러 가지 주제를 다루며 1년 단위로 출간할 계획이다.

2024년 2월
동아시아고전학 미래인재 교육연구팀장
김용태

| 차례 |

『죽헌유집(竹軒遺集)』의 위서(僞書) 가능성 검토

김중섭

1. 들어가며

목은(牧隱) 이색(李穡), 포은(圃隱) 정몽주(鄭夢周), 척약재(惕若齋) 김구용(金九容), 둔촌(遁村) 이집(李集). 주지하다시피 이들은 고려 말의 걸출한 문인들이다. 그런데『죽헌유집(竹軒遺集)』에 따르면, 나계종(羅繼從)이라는 인물이 이들과 함께 교유하였다고 하며, 또 이 다섯 사람이 함께 노닐었던 정자를 오은정(五隱亭)이라고 불렀다고 한다.

나계종의 연보와 그가 지었다고 하는 작품이 수록된『죽헌유집』은 조선 후기에 간행된 것이 현전하고 있다. 연보와 발문에 따르면 이것은 초간본(初刊本)이 아닌 세 번째로 간행된 삼간본(三刊本)이다. 목활자본이며 국립중앙도서관, 장서각 등에 소장되어 있다.

나계종은 고려 말 인물로 금성나씨(錦城羅氏) 15대이다.『죽헌유집』에 따르면 가정(稼亭) 이곡(李穀)의 사위로서 고려 말 저명한 문인들과도 친분이 있었고 공민왕 때 벼슬이 정3품 예문관제학에까

【사진 1】 전라남도 나주시
죽헌 나계종 기적비(紀蹟碑)[1]

지 올랐다고 한다. 또한 양촌(陽村) 권근(權近)의 설득에도 조선조에 벼슬하지 않고 충절을 지켰던 인물이라고 하며, 그의 행장은 야은(冶隱) 길재(吉再)가 지었다고 표기되어 있다.

그런데 나계종에 관한 기록이나 언급은 기타 사료나 문집에는 보이지 않는다. 조선 후기에는 사대부의 신분 유지를 위하여 문집을 간행하는 경우가 허다하였으며, 이렇게 간행된 문집 중에는 내용보다 출판 자체가 목적인 것들이 많았다. 그렇기에 당시에는 수준이 높지 않은 문집까지 섞여서 세상에 나왔다.[2] 따라서 조선 후기에 간행된 『죽헌유집』 역시 이러한 혐의가 없는지 비판적으로 살펴보아야 한다.

---

1) https://map.naver.com/p?c=15.00,0,0,0,adh&p=PULSbRsgddQT16BgUUYEcw,-10.92,0.54,37,Float
2) 신승운, 「文集의 편찬과 간행의 확산」, 『조선시대 인쇄출판 정책과 역사 발전』, 청주 고인쇄박물관, 2007, 191~195면.

2.『죽헌유집』삼간본 개관

『죽헌유집』삼간본의 간행 경위는 후손 나행윤(羅行潤)의 발문에 자세하다. 이에 따르면, 자신의 형이 유편(遺編)을 구하였기에 간행하려 하였으나 실행에 옮기지 못하고 1847년 자신이 이 유편을 상하 두 권으로 편차하여 간행하였다고 한다.[3] 나행윤의 인물 정보는 확인할 수 없으나, 17세기 이후 주로 활용된 상이엽화문어미(上二葉花紋魚尾)가 쓰였고 간간이 상삼엽화문어미판(上三葉花紋魚尾板)으로 보각(補刻)한 흔적이 보이므로 조선 후기에 간행한 것은 맞는 듯하다.

상권에는 시(詩), 대상을 찬양하는 글인 찬(贊), 편지글인 서(書)가 수록되어 있고, 하권은 부록이다. 상권 앞에 숭정(崇禎) 후(後) 기축년인 1649년 이익성(李翼成)이 지은 중인서(重印序)가 있는데,[4] 이익성의 정보는 전하지 않는다.

시는 81제인데 시체(詩體) 구분 없이 수록되어 있다. 절기의 변화에 따른 감흥이나 경물에 대한 흥취, 지인들과 교유하며 지은 시가 많다.

찬은 이곡(李穀), 정가신(鄭可臣), 나익희(羅益禧) 등 10명의 화상찬(畫像贊)이다.『죽헌유집』에 실린 화상찬의 대상은 대부분 고려 후기의 문신이며, 이름, 자호, 관직 등의 약력이 있다.

서(書)는 12편으로, 정몽주(鄭夢周), 이집(李集), 권근(權近), 아들 나

---

3) 『竹軒遺集』,「竹軒先生遺集重印跋[羅行潤]」."家兄求得遺編, 嘗營重刊, 未就而歿, 追念往事, 不覺涕零, 今纔博收門議, 方印若干帙, 而分爲上下兩卷."

4) 『竹軒遺集』,「竹軒先生遺集重印序[李翼成]」."崇禎後己丑季冬上澣, 後學霞谷李翼成 謹序."

백훈(羅伯勳) 등에게 준 편지인데, 결자(缺字)가 많다.

하권은 부록으로, 연보(年譜), 묘지(墓誌), 행장(行狀)이다. 연보는 나계종의 생애와 초간본 간행 사실이 기록되어 있고, 묘지의 내용은 대부분 빠져 있다. 행장은 앞에서 언급한대로 길재가 지은 것으로 되어 있다.[5]

하권 뒤에는 중인발(重印跋) 4편이 있는데, 그 중 삼간본과 관련된 것은 1833년 박내겸(朴來謙),[6] 1834년 이병규(李秉圭),[7] 1847년 14세손 나행윤(羅行潤)이 지은 것이다. 그 중 박내겸이라는 이름으로는 1831년 나주목사(羅州牧使)에 제수되었다가 같은 해 하직하고 1833년에 승지(承旨)로 낙점되어 행우승지(行右承旨)를 지냈던 인물을 『승정원일기(承政院日記)』에서 찾을 수 있다.[8] 이병규(李秉圭)는 발문에서 나계종이 이곡의 사위이고 자신은 이곡의 외예(外裔)이니 나계종을 매우 흠모한다고 하였는데,[9] 이 인물에 대한 기록은 찾을 수 없다.

연보와 발문들을 살펴보면, 1418년 2월 문인들이 초간본을,[10]

---

5) 『竹軒遺集』下,「行狀[吉再]」. "永樂十六年戊戌仲春既望, 高麗從仕郎門下注書吉再謹撰."

6) 『竹軒遺集』,「竹軒先生遺集重印跋[朴來謙]」. "歲癸巳仲春下浣, 密陽朴來謙書."

7) 『竹軒遺集』,「竹軒先生遺集重印跋[李秉圭]」. "歲在甲午季春之初, 全州李秉圭謹撰."

8) 『承政院日記』, 純祖 31년 1월 26일. "吏曹口傳政事, 以朴來謙爲羅州牧使."『承政院日記』, 純祖 31년 2월 5일. "備忘記, 茂山府使李亨在, 羅州牧使朴來謙下直, 各長弓一張, 長箭一部, 片箭一部, 筒兒一箇賜給."『承政院日記』, 純祖 33년 5월 8일. "承旨前望單子入之, 朴來謙落點."『承政院日記』, 純祖 33년 5월 8일 座目. "行右承旨朴來謙坐"

9) 『竹軒遺集』,「竹軒先生遺集重印跋[李秉圭]」. "公卽李文孝公之女婿, 予乃文孝公外裔, 則其所欽慕於公者, 復何如也哉."

10) 『竹軒遺集』下,「年譜」. "歲丙申孟秋之初吉, 門人高麗徵仕郎春秋舘修撰李㤫通仕郎成均舘學正金良翼等, 搜輯遺稿及門生日記及諸家所傳遺蹟, 考定第次, 間附註疏, 統合爲十三卷, 迄于三載, 始就剞劂, 卽永樂十六年戊戌仲春之上旬日也."

1650년 후손 나치학(羅致學)이 중간본을 간행하였다는 기록도 들어 있다.[11] 그런데 간행에 참여했다고 하는 인물들에 대한 언급이나 간행 기록을 다른 문헌에서 찾아보기 어렵다. 연보와 발문만을 읽고서 현전하지 않는 초간본과 중간본이 실제로 간행되었다고 믿기는 어려운 실정이다. 초간본과 중간본이 모두 유실되어 다른 문헌에서 언급되지 않았을 가능성이 있지만, 삼간본이라고 불리는 판본 이전에도 『죽헌유집』이 출판되었는지는 더욱 자세히 살펴보아야 할 것이다.

3. 나계종의 생애 고증

다음은 『죽헌유집』에 실려 있는 연보에서 나계종의 생애를 어떻게 기술하고 있는지, 그 내용은 사실인지 확인해 보기로 한다.

연보에는 나계종이 지원(至元) 5년 기묘년, 충숙왕(忠肅王) 후(後) 8년인 1339년 3월 9일 경기(京畿) 고봉현(高峯縣) 송천동(松川洞)에서 태어났다고 되어 있다.[12]

17세 때는 이곡의 세 번째 사위가 되었다는 내용이 있다.[13] 그런데 국립중앙도서관에서 『한산이씨세보(韓山李氏世譜)』 여러 종을

---

11) 『竹軒遺集』, 「竹軒先生遺集補綴重印跋[羅致學]」. "我祖考當萬曆經燹後, 過麟蹄縣世奴石祿家, 於古篋中, 得缺卷五編, 乃公之遺集.……遂繹書成一卷,……我家素貧, 久不能鋟梓, 我聘君李公(諱德秀, 慶州人, 官參奉.), 悶予之未暇, 取活字, 印得十帙."

12) 『竹軒遺集』 下, 「年譜」. "至元五年己卯(忠肅王後八年.), 三月九日, 先生生於高峯縣松川洞."

13) 『竹軒遺集』 下, 위의 글. "十五年乙未,……春聘韓州李氏, 故贊成事上護軍文孝公穀第三婿也."

열람해 보면 대부분 이곡의 딸은 하나이고 사위는 박상충(朴尙衷)이다. 박상충은 사료나 문집 등에서 실존했음을 확인할 수 있고, 『가정집(稼亭集)』의 발문에도 이색이 유고를 엮고 그의 매부인 박상충에게 정서(正書)하여 판각하게 하였다는 내용이 보인다.[14] 따라서 박상충이 이곡의 사위였다는 사실은 신뢰할 수 있지만, 나계종에 관한 기록은 『죽헌유집』 외에는 찾아볼 수 없어 그가 이곡의 사위였다는 연보의 내용을 사실로 확정하기 어렵다.

이곡은 고려말 신진 사대부로서 그의 가계인 한산 이씨는 이곡과 이색을 배출함으로써 명문거족으로서의 사회적 지위를 굳혔다.[15] 나계종이 이곡의 사위였다는 내용은 명망 높았던 이곡, 그리고 한산 이씨 가문과 인연이 깊었음을 보이기 위하여 나계종의 후손들이 훗날 윤색한 것일 수도 있다.

간혹 『한산이씨세보』 여러 종 가운데는 박상충 뒤에 나계종을 이곡의 사위라고 후대에 보충하여 기록해 둔 경우가 있다. 이 중에는 『죽헌유집』과 『나주나씨보첩(羅州羅氏譜牒)』에 명시되어 있으므로 뒤이어 보충한다는 설명이 들어 있기도 하다. 『나주나씨보첩』이란 『금성나씨족보』를 뜻하는 것으로 보이는데, 뒤에 상술하겠지만 1800년 간행된 『금성나씨족보』에는 나계종의 이름이 들어 있기는 하나, 그에 관한 정보가 아무것도 적혀 있지 않다. 『죽헌유집』이 간행된 이후 편찬된 『금성나씨족보』에 나계종의 정보가 보충되었고, 한산 이씨 후손들이 『죽헌유집』 및 이후 편찬된 『금성

---

14) 『稼亭集』跋, 「稼亭集後識[尹澤]」. "今其子密直提學李穡, 於辛丑播遷蒼黃之際, 能不失遺藁, 編爲二十卷, 令妹夫錦州宰朴尙衷書以壽諸梓."

15) 임형택의 '『목은집』 해제'를 참고하였다.(한국고전종합DB).

나씨족보』의 내용을 그대로 믿었기에 후대에 간행된『한산이씨세보』에는 나계종이 이곡의 사위로 추가된 경우가 있는 듯하다.『죽헌유집』의 믿을 수 없는 내용이 금성나씨의 족보는 물론이고 다른 가문의 족보에까지 사실인양 기록된 것이다.

한편, 24세 되던 1362년 홍언박(洪彦博)과 유숙(柳淑)이 관장하는 과거시험에 급제하였다는 내용이 있다.[16]『고려사(高麗史)』에도 1362년 홍언박과 유숙이 시험을 관장하였고 이때 33인을 선발하였다는 기록이 있다.[17] 그러나『등과록전편(登科錄前篇)』에 실려 있는 33인의 합격자 명단에 나계종의 이름은 보이지 않는다. 과거에 급제하였다는 내용 역시 사실이 아닐 가능성이 높은 것이다. 만약 이것이 거짓이라면, 이후 1374년 나계종의 나이가 36세이던 해 8월에 예문관제학에 제수되고 공민왕으로부터 '계종'이라는 이름을 하사받았다는 내용이 연보에 있는데,[18] 이것도 사실로 받아들이기 어렵다. 또한 공민왕이 시해된 이후 벼슬에서 물러나 송천에 돌아와 있으면서 우왕(禑王)이 나계종을 여러 번 벼슬에 제수하였음에도 나아가지 않았다는 내용,[19] 그리고 1390년에 공양왕이 다시 예문관제학에 임명하였으나 이듬해 병이 심하여 물러났다는

---

16)『竹軒遺集』下, 위의 글. "二十二年壬寅,……十月, 右侍中洪彦博知貢擧, 知部僉議柳淑同知貢擧, 試詩賦, 先生中第第十七人."

17)『高麗史』卷73, 恭愍王 11년 10월 기사. "十一年十月. 右侍中洪彦博知貢擧, 知都僉議柳淑同知貢擧, 取進士, 賜朴實等三十三人及第."

18)『竹軒遺集』下, 위의 글. "(洪武)七年甲寅,……八月, 進正順大夫左常侍藝文舘提學, 上曰,……賜名繼從."

19)『竹軒遺集』下, 위의 글. "七年甲寅,……九月甲申, 洪倫弑王.……十月庚申, 葬王于玄陵.……還松川, 稱疾不就朝.……九年丙辰, 先生在松川, 夏, 除典理判書, 又不就.……十七年甲子, 七月, 除密直右代言, 辭疾不就,……十九年丙寅, 九月一日, 除小府判事, 又不就."

내용[20] 역시 신뢰하기 어렵다.

연보에 따르면, 1415년 77세의 나이로 나계종은 세상을 떠났다고 한다.[21] 그 뒤에는 1418년에 『죽헌유집』의 초간본이 나왔다는 내용이 있다.[22] 그런데 조선초에 『죽헌유집』의 초간본이 나왔고 이후 1650년에 중간본도 간행되었다지만, 나계종에 관한 자세한 정보는 1847년에 출판되었다고 하는 삼간본에서 비로소 찾아볼 수 있고, 금성나씨보소(錦城羅氏譜所)에서 1800년 간행한 『금성나씨족보(錦城羅氏族譜)』에서조차 살펴볼 수 없다.

『금성나씨족보』를 살펴보면, 권1에 금성나씨 10대이자 고려시대 무신으로 활약한 나유(羅裕, 미상~1292)와 그의 아들 나익희(羅益禧, 미상~1344)의 열전이 있고, 나익희를 위해 익재(益齋) 이제현(李齊賢)이 지은 묘지명[23]도 실려 있다. 또 이어서 조선시대 문신 나세찬(羅世纘, 1498~1551)을 위해 수암(遂菴) 권상하(權尙夏)가 지은 행장도 보인다.[24] 그런데 『죽헌유집』 부록에는 길재가 지었다는 행장이 있지만, 족보에는 나익희의 묘지명과 나세찬의 행장 사이에 나계종에 관한 어떠한 기록도 적혀 있지 않다. 또 세계(世系)를 살펴

---

20) 『竹軒遺集』下, 위의 글. "二十三年庚午,……十二月, 王特宣召以前啣, 復拜左常侍藝文館提學,……二十四年辛未, 正月, 風眩甚, 解職歸松川."

21) 『竹軒遺集』下, 위의 글. "十三年乙未, 正月九日, 先生歿, 壽七十七."

22) 『竹軒遺集』下, 「年譜」. "歲丙申孟秋之初吉, 門人高麗徵仕郎春秋舘修撰李悃通仕郎成均舘學正金良翼等, 搜輯遺稿及門生日記及諸家所傳遺蹟, 考定第次, 間附註疏, 統合爲十三卷, 迄于三載, 始就剞劂, 卽永樂十六年戊戌仲春之上旬日也."

23) 匡靖大夫僉議參理上護軍羅公墓誌銘이라는 제목인데, 『益齋亂藁』卷7, 「匡靖大夫僉議參理上護軍羅公墓誌銘」와 『東文選』卷124, 「匡靖大夫僉議參理上護軍羅公墓誌銘」에도 실려 있다.

24) 大司憲松齋先生行狀이라는 제목인데, 『寒水齋先生文集』卷34, 「大司憲松齋羅公行狀」에도 실려 있다.

보면, 권1의 나유 · 나익희 부자에 관해서는 상세한 기술이 있는 반면, 나계종에 대해서는 어떠한 서술도 보이지 않는다.

이상의 내용을 종합하여 정리해 보자면, 나계종이라는 인물이 실존한 것은 맞지만, 그에 관한 정보는 족보를 간행한 시점보다 뒤에『죽헌유집』의 간행과 함께 조작되었을 가능성이 높다. 조상을 현달한 인물로 치켜세우면서 가문을 현양하기 위해 후손들이 연보를 꾸며낸 것이라면,『죽헌유집』에 실려 있는 작품들은 어떨까? 이 작품들은 과연 나계종이 지은 것이 맞을까? 또 작품의 내용은 정말 믿을 만한 것일까? 다음 장에서는 그 작품들을 살펴보도록 하자.

4. 수록 작품의 고증

『죽헌유집』상권에는 81제의 시, 10편의 화상찬, 12편의 서가 있고, 하권에는 연보, 묘지, 행장이 있다.『죽헌유집』에 수록된 작품 중 그 내용을 사실로 받아들이기 어려운 작품들을 몇 편 제시하고자 한다.

첫 번째는 본고의 서두에서도 한 차례 언급하였던 '오은정'에 관한 내용이 들어 있는 시이다. 제목은「내가 오래도록 병이 들어 송하동의 정사(精舍)에 있었는데 포은이 중국에서 돌아와 여러 벗과 나를 방문하였다. 사행하였을 때 지은 시축을 보여주어 양주(楊州) 죽서정(竹西亭)에서 감회를 보인 시의 운(韻)을 얻었기에 이로

인하여 함께 뒤이어 화답하였다.」이다.[25]

　제목에서도 알 수 있듯이 이 시는 정몽주가 지은 시에 대한 화답시이다. 원운(原韻)이 되는 시는 『포은집(圃隱集)』 권1의 「양주 죽서정에서 송경(松京)의 벗들을 그리워하다.」라는 시이다.[26] 이 정보들을 시간순으로 정리하면, 포은이 중국에 사행 갔을 적에 강소성(江蘇省) 양주의 죽서정에서 나계종을 포함한 벗들을 떠올리며 시를 지었고 귀국하여 다른 벗들과 나계종의 정사를 방문하여 그 시를 보여주었는데 나계종이 화답하여 아래의 시를 지었다는 것이다.

松下輕陰枕簟淸	소나무 아래 살짝 그늘져 침상 대자리 시원하니,
脩然相對暮山靑	홀가분하게 저물녘 푸른 산을 마주하네.
旅宵膾醉三僊酒	여정 중의 밤에는 그대 삼선주에 한껏 취해 있었고,
暇日重尋五隱亭	한가로운 날에는 오은정을 거듭 찾아오네.
霽月印池澄照膽	밝은 달 비친 연못은 간담을 맑게 비

---

25) 『竹軒遺集』 上. 「余久病, 在松下洞精舍, 圃隱歸自中朝, 與諸友訪余, 示以使行時詩軸, 得楊州竹西亭見懷韻, 因共追和.」.

26) 『圃隱集』 卷1, 「楊州竹西亭, 懷松京諸友」. "대왕당은 돌 사이로 흐르는 맑은 물가에 우뚝 섰고, 양제 둑에는 푸른 풀빛이 이어져 있네. 달밤에 벗들은 소나무 아래 길 거닐 텐데 봄바람에 외로운 나는 죽서정에 있구나. 먼 유람에 마음 괴로운 줄 스스로 알지만, 늘그막에 기쁘게도 훌륭한 정치의 향기를 만났네. 그대들에게 전하니 그리워하지 말게나. 오가는 육로와 뱃길이 동국과 접해있다오.[大王堂壓石流淸, 煬帝堤連草色靑. 月夜故人松下路, 春風孤客竹西亭. 遠遊自識爲心苦, 臨老欣逢至治馨. 寄語諸君莫相憶, 梯航來往接東溟.]"

추고,

秋蘭裛露細聞馨　가을 난초 향기 밴 이슬은 향기 은은하게 전하네.

挑燈共問中朝事　등불 심지 돋우고서 중국에서의 일 함께 물으니,

笑說孤舟達遠溟　웃으면서 외로운 배 한 척 먼 바다에 다다른 이야기 해주네.

　이 시에서 가장 눈길을 끄는 시어는 역시 '오은정'이다. 그 주석에는 "송동(松洞)의 북쪽 벼랑에 있는데, 목은, 포은, 척약재, 둔촌이 함께 선생을 방문하여 이곳에서 노닐며 완상한 적이 있기에 이로 인하여 정자의 이름을 오은정이라 지었다.[在松洞北崖, 牧隱·圃隱·若齋·遁村, 嘗共訪先生, 遊賞于此, 因名亭.]"라고 하였다.

　'오은'에 대하여 언급하기 전에 '삼은'을 먼저 살펴보아야 한다. 주지하다시피 '삼은'이란 고려말 절의를 지키고 조선 왕조에 벼슬하지 않은 세 명의 문인을 가리킨다. 목은 이색(1328~1396), 포은 정몽주(1337~1392), 야은 길재(1353~1419)를 들기도 하고, 야은 길재 대신에 도은(陶隱) 이숭인(李崇仁, 1347~1392)을 거론하기도 한다.

　삼은에 야은을 넣는 것은 '삼은각(三隱閣)'에 대한 기록과 연관이 있는 듯하다. 그 기록들은 약간의 차이가 있지만, 삼은각을 세운 뒤 제사의 대상으로 삼았던 인물들이 목은, 포은, 야은이었다는 내용은 같다.[27] 세조(世祖) 시기에 작성한 「동학사 초혼기(東鶴寺招

---

27) 『漁溪集』 卷3, 「東學書院事蹟」. "更又其額曰招鬼殿, 旁有古祠, 古所謂三隱閣, 今所

魂記)」에 따르면, 야은이 이 절에 와서 제단을 설치하고 포은을 제
사 지냈는데, 길재가 세상을 떠난 뒤 유방택(柳方澤)이 또 이 절에
와서 목은, 포은, 야은을 위하여 삼은각을 짓고 제사지냈다고 한
다.[28]

한편, 야은 대신 도은이 삼은으로 거론되는 경우는 주로 둔촌
이집(1327~1387)을 언급했을 때이다.『둔촌잡영(遁村雜詠)』을 살펴보
면, 하륜(河崙)이 지은 서문에 포은, 도은, 목은 선생을 삼은이라 지
칭하면서 삼은의 시문은 모두 간행되었는데 둔촌만 문집이 없다
는 내용이 나온다.[29] 이후로 간행된 다른 문집에서도 둔촌을 언급
할 때면 포은, 도은, 목은과 친분이 두터웠다는 내용을 적으면서
이 셋을 삼은이라고 하였다.[30] 또한 이 셋에 둔촌을 합하여 '삼은
일둔(三隱一遁)'이라고 일컫기도 했다는 내용도 확인할 수 있다.[31]

稱東學書院, 而前朝文節公吉再, 靖肅公柳方澤, 祭其師鄭圃隱, 李牧隱之地也. 金梅月
時習等七人, 晦跡東鶴, 時慕吉柳之義, 設俎豆, 薦圃隱, 牧隱, 冶隱."
『觀瀾遺稿事蹟』卷3,「招魂閣通文」."謹按, 東鶴之招魂, 昉於吉冶隱, 招圃, 牧兩隱,
而柳琴軒, 從而祭三隱焉."
『觀瀾遺稿事蹟』卷3,「肅慕殿碑銘」."(附)招魂閣改肅慕殿事蹟. 太祖三年甲戌, 冶隱
吉先生再, 始來東鶴寺, 與僧影月雲禪, 招魂祭其先王麗主先師圃隱, 其後遂稱招魂閣.
定宗庚辰, 知州李公貞幹, 始建閣, 幷祭牧隱, 冶隱兩先生.世逢稱三隱閣."

28) 「東鶴寺招魂記」."冶隱吉再, 來于玆寺, 壇祭圃隱郞夢周矣. 吉再終世之後, 琴軒柳方
澤又來玆寺, 爲牧隱李稿, 圃隱鄭夢周, 冶隱吉再, 建閣以祭之, 號其閣曰三隱."

29) 『遁村雜詠』,「遁村先生雜詠序[河崙]」."未幾, 遁村病而卒. 厥後十餘年閒, 圃隱, 陶隱
相繼淪沒, 而牧隱先生亦且乘化矣. 獨予幸存, 至今每念相從之樂, 怳然如夢中事. 嗚
呼, 可勝悲哉. 三隱詩文, 皆行于世, 而遁村獨無之, 予竊恠焉."

30) 『東皐遺稿』附錄,「領議政贈諡忠正東皐先生李公神道碑銘幷序[盧守愼]」."其始麗代
聞人有諱集, 以學問志節鳴于世, 與牧, 圃, 陶三隱友."
『孤山遺稿』卷5,「通訓大夫行通禮院相禮李公墓碣銘幷序」."遁村諱集, 麗季登第, 判
典校寺事, 以學問志節名于世, 最善牧, 圃, 陶三隱相推重."

31) 『石潭文集』卷4,「先考贈通政大夫承政院左承旨兼經筵參贊官府君墓誌銘」."其先世
有諱唐, 司馬贈吏曹判書, 生諱集, 判典校寺事, 有文章行義, 與牧, 圃, 陶三隱相善, 世
謂之三隱一遁."

정리하자면, 둔촌과 함께 언급할 때는 야은보다는 비교적 나이차가 적게 나고 교유가 잦았던 도은을 목은, 포은과 병칭하여 삼은이라고 부른 것이다.

이렇듯 삼은이라 하면 포은, 목은, 그리고 야은이나 도은을 지칭하는데, 이들은 고려 말의 걸출한 문인으로서 문장뿐 아니라 지조와 절개까지도 뛰어났기에 후세 사람들에게 흠모와 존숭의 대상이었다. 그리고 위의 시에서 언급된 '오은'은 삼은에 속하는 인물들과 다른 고려의 인물들을 한데 모아 다섯 명의 은사(隱士)들을 가리키는 말로 쓰였다. 그런데 『죽헌유집』 외에도 후대에 간행된 문헌에는 '오은'이라는 용어가 종종 등장한다. 그 사례들을 대략 표로 보이자면 다음과 같다.

〈표 1〉 '오은'의 용례

문헌	오은(五隱)	
	삼은(三隱)	그 외
1 『죽헌유집』 상, 위의 글.	목은 이색 포은 정몽주	척약재 김구용 둔촌 이집 송은 나계종
2 『야은일고(埜隱逸稿)』 권6, 「존모록 부(尊慕錄附)」, '오은동륜(五隱同倫)'[32]	목은 이색 도은 이숭인	농은(農隱) 최해(崔瀣) 초은(樵隱) 이인복(李仁復) 야은(埜隱) 전녹생(田祿生)

---

32) 『야은일고』 권6, 「존모록 부」, '오은동륜'에 "按, 牧隱李先生云, 近世鷄林崔拙翁自號曰農隱, 星山李侍中自號曰樵隱, 潭陽田政堂自號曰埜隱, 予則隱於牧, 今又得侍中族子子安氏焉, 蓋陶乎隱者也. 蓋五先生並世同道, 而其素節則皆以隱爲號, 故特以同倫記之, 取中庸行同倫之義."라고 되어 있고, 『목은문고(牧隱文藁)』 권4, 「도은재기(陶隱齋記)」에도 "近世鷄林崔拙翁自號曰農隱, 星山李侍中自號曰樵隱, 潭陽田政堂自號曰野隱, 予則隱於牧, 今又得侍中族子子安氏焉, 蓋陶乎隱者也."라고 중복된 내용이 실려 있다.

문헌	오은(五隱)	
	삼은(三隱)	그 외
3 『송사집(松沙集)』권16, 「경주김씨파보서 (慶州金氏派譜序)」[33]	포은 정몽주 목은 이색 도은 이숭인 야은 길재	수은(樹隱) 김충한(金沖漢)
4 『송사집』권24, 「고려 예의판서 농은 민선 생 신도비명 병서 (高麗禮儀判書農隱閔先生神道碑銘 并序)」[34]	포은 정몽주 목은 이색 도은 이숭인 야은 길재	농은(農隱) 민안부(閔安富)
5 『송사집』권44, 「순오조공행장(箭塢趙公行狀)」[35]	포은 정몽주 목은 이색 도은 이숭인 야은 길재	농은(農隱) 조원길(趙元吉)

『죽헌유집』외에도 『야은일고』와 『송사집』등에서 '오은'이라
는 단어를 사용하였으며 그때의 구성원들은 매번 달랐음을 알 수
있다. 실제로 고려 당시에 오은이라고 불렸을 수도 있고, 후세 사
람이 고려 말 대표적 문인이었던 삼은과 어떠한 문인을 함께 거론
함으로써 해당 문인에게 삼은과 동등한 지위를 부여하고자 의도
적으로 각색하였을 수도 있다. 그렇다면 다른 경우들은 차치하고
『죽헌유집』에서 언급된 오은정, 그리고 오은은 믿을 만한 것일까?
이 내용이 사실일 가능성은 희박하다. 정몽주를 포함한 다른 문

---

33) 『松沙集』卷16, 「慶州金氏派譜序」. "慶州金氏樹隱先生, 麗季秉執, 與圃牧陶冶, 并稱
五隱."

34) 『松沙集』卷24, 「高麗禮儀判書農隱閔先生神道碑銘 并序」. "此高麗禮儀判書農隱閔
先生之墓, ……南遯至山陰之大浦, 編戶耕稼, 農隱之號, 蓋以是也. 與圃牧陶冶世稱五
隱."

35) 『松沙集』卷44, 「箭塢趙公行狀」. "世有偉人, 若玉川府院君諱元吉號農隱, 與圃牧陶
冶稱五隱."

인의 문집에서 나계종을 언급한 사례가 보이지 않기 때문이다. 나계종이 위에서 거론된 고려말의 명사들과 교유하였다는 기록은 믿기 어렵다. 또한 '오은정'에 대한 기록도 다른 문헌에서 찾아볼 수가 없다.

위의 시는 목은, 포은, 척약재, 둔촌 등과 나계종의 위상을 나란히 하고자 나계종 스스로가 꾸며냈거나 후손들이 지어낸 작품일 가능성이 높다. 그런데 앞서 확인했듯이 나계종은 현달했던 인물이 아닐 소지가 다분하다. 그렇다면 그 인물의 작품이 후대에까지 전승되고 보존되었을 확률은 희박하므로 후손들이 지어냈을 가능성이 더욱 높다.

위의 시와 함께 의심스러운 한시 중에 「두문동을 지나며[過杜門洞]」라는 작품이 있다.[36] 제목 옆에는 "계유년(1393)에 부르는 명을 받았을 때[癸酉承召命時]"라는 주석이 있다. 『죽헌유집』의 연보에 따르면 계유년에 조선 태조가 나계종을 조정으로 불렀고 양촌 권근도 벼슬하라고 설득하였으나 응하지 않고 지조를 지켰다고 한다.[37] 이 내용이 사실일 가능성은 낮지만, 그럼에도 연보의 내용을 토대로 이 시를 지었던 정황을 파악하자면, 태조가 불렀을 때 조

---

36) 그 내용은 다음과 같다. "쇠잔해진 나이에 한양 서쪽으로 배를 타고 건너왔다가 해질 무렵 발길 돌려 도성 북쪽의 누대에 오르네. 오래도록 푸른 산은 옛날 그대로 있는데 두 왕조 사이 백발이 된 나는 오늘날 이르러 수치스럽구나. 잔을 들어 서로 위로하니 무소뿔로 비추는 듯하고 베개 옮겨 외롭게 잠드니 두견새가 시름 짓는 듯하네. 돌아보건대 「진로」에 담긴 시의 뜻이 부끄러우니 여윈 말에 행장 꾸리면서 나 홀간 유숙하노라.[殘年來渡漢西舟, 落日還登洛北樓. 萬壽靑鬢依舊在, 兩朝白髮到今羞. 把杯相慰靈犀照, 移枕孤眠杜宇愁. 顧慚振鷺詩中意, 羸馬行裝信信留.]"

37) 『竹軒遺集』下, 「年譜」. "二十六年癸酉.……時太祖在松京, 命召之.……先生曰.……死於病, 死於義, 莫非命也, 第當順受, 而只恨不死於王氏之世也. 陽村惻然改容. 後陽村赴朝具啓其事, 太祖知其終不可奪."

정으로 가지 않고 두문동을 지났다고 볼 수 있다.

'두문'은 '두문불출(杜門不出)'의 의미로 고려조 충신들이 조선 조정으로 나가지 않고 문을 닫고 지낸 곳이라는 의미이다. 두문동은 지금의 경기도 개풍군 광덕면 광덕산 서쪽 골짜기에 위치하였는데, 두문동이 조정에서 가장 먼저 언급된 시기는 영조 때이다.

『승정원일기』를 살펴보면, 1740년(영조16) 8월 1일 영조가 송도에 고적(古跡)이 있는지 물었고, 우의정 송인명(宋寅明)이 두문동의 존재를 알려주었다.[38] 같은 해 9월 1일에는 영조가 개풍군에 있는 제릉(齊陵)과 후릉(厚陵)에 행행(行幸)하면서 두문동 근처의 부조현(不朝峴)이라는 고개에 이르렀다. 이때 신하에게 부조현과 두문동에 대한 이야기를 다시 듣고 감회가 일어 "고려 충신들이 대대로 계승되도록 힘쓰라.[勝國忠臣勉繼世]"라는 칠언시 한 구절을 지었다. 또한 옥당과 승지·사관에게 고려의 충신을 기리는 시를 지어 올리게 하였으며, 직접 부조현이라는 세 글자를 써서 그 터에다 비석을 세우게 하였다.[39]

이후 1751년(영조27)에 두문동에 은거하였던 고려 충신 72인, 소위 '두문동 72현'을 제사지내도록 어명을 내리면서 두문동은 더욱 유명해진 것으로 보인다.[40] 두문동을 제재로 한 작품들도 영조 시

---

38) 『承政院日記』, 1740년 8월 1일 기사. "上曰, 松都有古跡耶?……寅明曰, 有杜門洞古跡矣.……在於府內, 前朝國亡後, 人皆杜門而死, 故因名焉矣."

39) 『英祖實錄』, 1740년 9월 1일 기사. "上於輦路, 顧侍臣曰, 不朝峴在于何處? 其命名亦何意也? 注書李會元曰, 太宗設科, 本都大族五十餘家, 不肯赴擧, 以是名也. 且杜門不出, 故又以杜門名其洞. 上前至不朝峴, 命止轎, 謂近臣曰, 末世君臣之義掃地矣, 今聞不朝峴命名之義, 雖累百載之後, 猶令人懍然如覩. 仍命承旨書七言一句曰, 勝國忠臣勉繼世. 令隨駕玉堂, 承, 史賡進, 後又親書不朝峴三字, 立碑于其墟."

40) 『英祖實錄』, 1751년 9월 27일 기사. "命祭高麗杜門洞七十二忠臣."

기에 조정에서 언급되면서부터 대거 나오기 시작한다. 이로 미루어 보았을 때, 나계종이 유독 훨씬 이른 시기에 두문동을 제재로 한 시를 지었다고 판단하기는 어렵다. 이 한시의 존재는 오히려 『죽헌유집』이 조선 후기에 처음 간행되었음을 뒷받침하는 근거가 될 만하다.

『죽헌유집』에 수록된 작품 중 나계종이 지었다고 하는 작품 외에 길재가 지은 행장 역시 실제로 길재가 지은 것이 맞는지 의심이 든다. 행장의 내용은 연보의 내용과 상당히 흡사하면서 상세하다. 과거에 급제한 일, 벼슬에 제수된 일, 여러 명사와 교유한 일 등 사실이라고 하기에는 무리가 있는 내용들이 행장에도 실려 있다.[41] 또한 이 행장은 『야은집(冶隱集)』에 보이지 않는다. 그러므로 행장의 내용을 신뢰할 수 없을 뿐만 아니라 길재가 지었다는 것 역시 믿기가 어렵다.

글의 말미에는 "영락 16년(1418) 무술년 2월 16일 고려 종사랑 문하주서 길재가 삼가 지음.[永樂十六年戊戌仲春旣望, 高麗從仕郞門下注書 吉再謹撰]"이라는 구절이 있다. 그렇다면 이 글을 지은 시기는 조선 왕조가 들어선 지 이미 20여 년이 흐른 뒤가 된다. 그럼에도 여전히 고려 때의 직함을 밝힌다는 점 역시 수상하다. 고려를 잊지 않은 충신임을 강조하려고 일부러 나계종의 후손들이 마련한 장치일 수도 있겠다. 참고로 『야은집』에는 행록(行錄)이 한 편만 전해지고 있는데, 고려말 문신인 고용현(高用賢)을 위해 지은 글이고, 여기서는 스스로를 자신의 호(號)인 '금오산인(金烏山人)'으로 지칭하고 있

---

41) 『竹軒遺集』 下, 「行狀[吉再]」.

다.[42] 비록 하나의 사례이긴 하지만, 이러한 점 때문에 여말선초의 뛰어난 충신이 나계종을 존숭하고 추모하며 행장을 지은 것처럼 윤색하였을 가능성을 더욱 배제할 수 없다.

끝으로 살펴볼 작품은 이곡에 관한 화상찬이다. 제목은 「빙군 이문효공 화상찬(聘君李文孝公畫像贊)」으로 이곡이 자신의 장인임을 제목에서부터 드러내고 있다. 그러나 앞서도 언급했듯이 이곡의 사위로는 박상충만이 확인될 뿐이고 나계종이 그의 사위라는 근거는 찾아보기 어렵다.

작품의 서두에 찬을 짓게 된 배경을 설명했는데, 연보의 내용과 동일하게 공민왕 4년 을미년(1355) 이곡의 딸과 혼례를 지냈다고 되어 있다. 이때는 이미 이곡이 세상을 떠났던 때여서 직접 인사를 드리지 못하고 그의 화상에 참배하였다고 한다. 그리고 이곡의 화상과 관련하여 옛날에 고려의 문신 안보(安輔)가 화상찬을 지은 것이 있었는데, 시간이 오래되어 화상이 흐릿해지자 공민왕이 이곡의 화상을 새로 마련하고서 나계종에게 다시 화상찬을 짓게끔 하였다는 내용이 있다.[43]

그런데 안보가 이곡의 화상찬을 지었다는 기록이나 공민왕이 나계종에게 화상찬을 다시 짓도록 명령하였다는 기록은 사료에 보이지 않는다. 물론 모든 역사적 사건이 사료에 기록되는 것은 아니다. 하지만 나계종이 이곡의 사위라는 정보도 신뢰할 수 없고 과거급제자 명단에도 그의 이름이 없으므로 나계종이 왕명을

---

42) 『冶隱集 續集』卷上, 「高文英公實行錄」. "金烏山人吉再, 玆庸識焉."

43) 『竹軒遺集』上, 「聘君李文孝公畫像贊」. "今上之四年乙未春, 余行聘禮,……乃展拜于公像, 舊有安文學【輔】所製贊矣, 今又十有七年, 眞采似渝黦.……上聞之, 命賜素地及畫具, 旣移摹, 乃屬余曰, 影眞再新, 亦好重撰贊辭, 子其留意否."

받들고 이곡의 화상찬을 지었다는 내용 역시 믿기 어렵다.

이렇듯 이 화상찬은 신뢰하기 어려운 점들이 있는데, 문제는 이 작품이 『죽헌유집』에만 수록된 것이 아니라, 이후에 이곡의 문집인 『가정집(稼亭集)』에도 실리게 되었다는 점이다. 1940년 간행된 『가정집』 오간본(五刊本)은 국립중앙도서관 등에 소장되어 있는데 권20에 위에서 언급한 화상찬이 그대로 실려 있다. 제목에 똑같이 '빙군'이라는 호칭이 들어가 있으며 글의 끝에는 나계종을 수식하면서 '사위[女婿]'와 '예문관제학'이라는 표현이 들어 있다. 이러한 정보와 화상찬의 내용은 의심가는 점이 많음에도 불구하고, 이곡의 후손들이 『죽헌유집』의 기록만을 믿고 『가정집』에 수록한 것이다.

【사진 2】『가정집』 오간본 소재 「빙군 이 문효공 가정 선생 화상찬(李文孝公 稼亭先生畫像贊)」

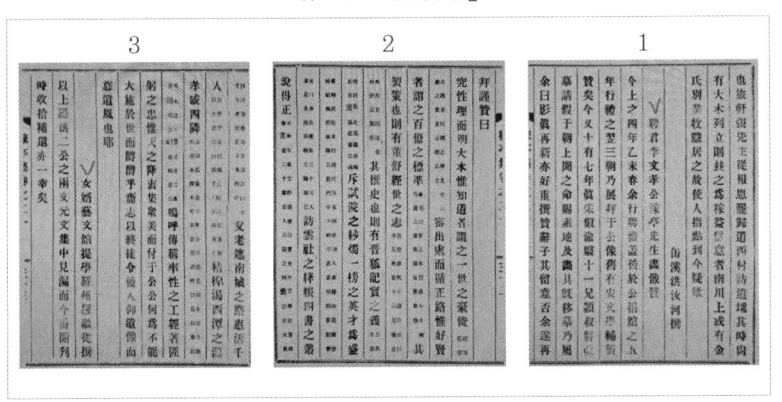

뿐만 아니라 『죽헌유집』은 한국고전번역원에서 출간한 한국문집총간 속(續) 권1에도 실려 있는데, 위서일 가능성이 농후하다는 설명 없이 버젓이 다른 문헌들과 섞여 있다. 또한 『죽헌유집』은 한

국문집총간에 수록된 이후로 세상에 더욱 알려지게 되었는데, 『죽헌유집』의 내용에만 근거하여 나계종에 대한 정보가 각종 포털 사이트 등에 전파되고 있다. 지금이라도 본격적인 연구를 통하여 의심스럽거나 사실이 아닌 부분이 있다면 지적하고 바로잡아야 한다.

조선 후기에는 후손들이 가문 현양을 목적으로 고려시대 조상의 문집을 간행하면서 사실이라고 믿기 어려운 내용들을 혼재하여 놓았을 가능성이 있다. 조선 후기에 간행된 여타 고려 문인의 문집, 그리고 조선 초기 문인의 문집도 더욱 활발하고 정밀히 연구해야 한다.

5. 나오며

금성나씨 15대 나계종은 1800년 간행된 금성나씨족보의 세계(世系)에 이름만 올라 있을 뿐 어떠한 기술도 보이지 않는다. 또 사료를 비롯한 여타 문헌에서는 그 이름조차 찾아볼 수 없다. 하지만 『죽헌유집』에서의 나계종은 고려 말 내로라하는 문인들과 그 위상을 나란히 하고 있다.

『죽헌유집』은 목활자본의 간행이 성행하던 조선 후기에 향촌 사회에서 양반들이 기득권과 지위를 유지하고자 가문 현양의 목적으로 간행한 유집일 가능성이 높다. 문제는 수준 높은 유집인지 아닌지의 여부를 떠나 이 유집은 위서로 의심되는 점이 많다는 것이다.

그럼에도 『죽헌유집』은 다른 가문의 족보나 다른 문인의 문집에까지 영향을 끼치고 있으며 한국문집총간에도 별다른 설명 없이 고려 문인의 유집인양 들어가 있고 이 안의 수상한 정보들은 대중을 현혹하고 있다.

지금까지 『죽헌유집』의 정보를 비판 없이 수용해 왔다면, 이제는 철저히 검토해 보아야 할 때이다. 또한 이러한 사례는 조선 후기에 간행된 여타 고려 문인의 문집과 조선 초기 문인의 문집에도 두루 관심을 가져야 할 필요성을 제기한다.

참고자료

〈원전자료〉

「東鶴寺招魂記」.
『稼亭集』.
『高麗史』.
『孤山遺稿』.
『觀瀾遺稿事蹟』.
『東皐遺稿』.
『遁村雜詠』.
『石潭文集』.
『松沙集』.
『承政院日記』.
『槃隱逸稿』.
『冶隱集』.
『漁溪集』.
『英祖實錄』.
『益齋亂藁』.
『竹軒遺集』.
『圃隱集』.
『寒水齋先生文集』.

〈논저〉

신승운, 「文集의 편찬과 간행의 확산」, 『조선시대 인쇄출판 정책과 역사 발전』,
　　　청주고인쇄박물관, 2007.

〈인터넷 사이트〉

국립중앙도서관.
한국고전종합DB.
네이버 지도.

유희춘(柳希春) 『속몽구분주(續蒙求分註)』의 동아시아적 의의

정선우

1. 서론

본고는 유희춘의 『속몽구분주(續蒙求分註)』를 통해 동아시아 내 몽구(蒙求)류 서적의 유행을 살펴보고자 한다. 중국에서 동몽 교육서 『몽구』가 간행된 후, 다양한 주해서와 속찬서가 나왔다. 이후 일본과 한국에도 『몽구』와 관련 서적들이 전래되었고, 동아시아 각국에서 독자적인 몽구류 서적 여러 종이 간행되었다. 조선에서는 16세기에 유희춘이 『몽구』의 형식을 따르고 내용을 새롭게 써서 『속몽구분주』를 출간했다. 『속몽구분주』는 일본으로 전해져서 17세기에 화각본(和刻本)으로 간행되었다. 본고에서는 중국의 『몽구』 간행부터 조선 유희춘의 『속몽구분주』 간행과 일본 전래를 집중적으로 살펴보며, 동아시아 내 몽구류 서적의 유행 양상을 고찰하겠다.

2. 중국 내『몽구』와 관련 서적의 간행

『몽구』는 이한(李翰 혹은 李瀚)이 간행한 아동 교육서이다.『주역 (周易)』몽괘(蒙卦) 괘사(卦辭)의 "내가 어린이에게 구하는 것이 아니라 어린이가 나에게 구한다.[匪我求童蒙, 童蒙求我]"라는 구절에서 제목을 따왔다.『몽구』는 옛 인물들의 고사를 네 글자의 한 구절로 서술하며, 비슷한 사례를 두 구절씩 묶어서 구성하였다. 또한 각 구절은 일정한 압운을 따라서 아동이 읽고 암송하기에 편하게 하였다. 본문을 살펴보면, "왕융은 간단하면서 요령이 있었고, 배해는 맑으면서 통달했다.[王戎簡要, 裴楷清通]"와 같은 방식이다.

『몽구』는 아동 교육서뿐만 아니라 유서(類書)와 시주(詩註)의 특성도 있다.『몽구』에 수록된 사례는 총 592개로, 주나라부터 남북조시대까지의 인물들에 관한 대량의 고사를 수록하고 있기에 유서라고 볼 수 있다. 본문은 압운을 따른 시의 일종이며, 그 아래에 주석을 달았으므로 시주의 형식도 갖추었다.

중국에서는『몽구』의 편찬 시기와 저자에 대해서 다양한 설을 제기하는 논문이 나왔다. 연구 결과를 종합해 보면『몽구』의 편찬 시기는 당나라 시기로 확정되었으며, 상세하게는 현종(玄宗) 천보 (天寶) 5년(746) 직전으로 보인다.[1]『몽구』는 저자의 이름이 판본마다 이한(李翰) 혹은 이한(李瀚) 등으로 표기가 다르다. 기존에는『한서(漢書)』와『후한서(後漢書)』에 간략한 인물 전기가 수록된 당나라 한림학사(翰林學士) 이한(李翰)이 저자로 여겨졌다. 이후 생몰년을

---

1) 『몽구』의 작성 시기에 대해서는 章劍,「唐古注《蒙求》考略-兼论《蒙求》在日本的流传 与接受」,『天中学刊』2012년 第1期, 75~78면 참조.

알 수 없는 당나라 사람 이한(李瀚)이 저자라는 설이 제기되었고, 이한(李翰)과 이한(李瀚)이 동일 인물이라는 설도 존재한다.[2]

『몽구』는 동아시아 전역에 퍼져서 여러 주석서가 편찬되었다. 『몽구』의 주석서는 크게 네 가지 계통으로 볼 수 있다. 이한의 원래 주석을 계승한 고주(古註) 계통, 송나라 때 서자광(徐子光)이 주석을 붙여서 간행한 『보주몽구(補注蒙求)』를 계승한 계통, 청나라 학자들이 독자적으로 주해한 계통, 그 외 일본과 한국에서 새롭게 주석을 단 계통이 있다.[3] 중국에서만 청나라 때까지 30여 종의 주석서가 간행되었으며, 그중 서자광의 주석서가 동아시아 전역에서 가장 널리 이용되었다.

중국 내에서 『몽구』를 계승하여 네 글자를 한 구절로 구성하여 인물 고사를 소개한 속찬서도 여러 시기에 걸쳐 간행되었다. 송나라 때는 역사서만을 인용한 왕령(王令)의 『십칠사몽구(十七史蒙求)』, 한나라 때의 고사를 기록한 유각(劉珏)의 『양한몽구(兩漢蒙求)』, 여성들의 사적을 기록한 서백익(徐伯益)의 『훈녀몽구(訓女蒙求)』 등이 편찬되었다. 원나라 때는 유교적 이념에 따라 아동들을 교육하고자 호병문(胡炳文)의 『순정몽구(純正蒙求)』 등이 편찬되었다.

---

2) 『몽구』의 저자에 대해서는 郭丽, 「《蒙求》作者及作年新考」, 『中国典籍与文化』 2011년 第3期, 49~58면; 李军, 「《蒙求》作者李瀚生平事迹考实」, 『敦煌学辑刊』, 2018년 第3期, 176~186면 참조.

3) 이상의 네 가지 계통은 鄭亦寧, 「敦煌本《蒙求》與六種注本徵引書目同異情況之分析」, 『敦煌學』 37, 2021, 195~216면의 분류 방법 참조.

3. 조선의 『속몽구분주』

『몽구』는 조선에도 전래되었으나, 대량으로 간행되지는 않았던 것으로 보인다. 한국고문헌종합목록 데이터베이스에 조선본『몽구』단행본은 검색되지 않는다. 『몽구』가 책의 일부로 수록되어 간행된 사례는 존재한다. 『신간대자부음석문삼주(新刊大字附音釋文三註)』 3권 2책에는 「천자문(千字文)」, 호증(胡曾)의 「영사시(詠史詩)」, 「몽구」가 수록되어 있다. 이 책의 초간본은 초주갑인자(初鑄甲寅字)로 간행되었고, 그 뒤 전라도 사찰에서 목판으로 다시 간행되었다. 『신간대자부음석문삼주』는 규장각에 「천자문」의 일부가 수록된 1권 1책의 영본(零本)이 남아 있다. 연세대학교 학술정보관에 3권 2책이 남아 있으나, 디지털로 서비스하는 원문 자료를 열람하면 2책에 「몽구」 뒷부분이 상실되어 있었다. 또한 일본 국립국회도서관에도 임진왜란 때 건너간 『신간대자부음석문삼주』 필사본 3권 1책이 남아 있다.[4]

조선에서 간행된 『몽구』의 속찬서와 주해서도 비교적 소략하다. 16세기에 유희춘이 『몽구』의 형식을 계승하여 새로운 일화들을 담은 『속몽구분주』를 편찬했다. 이후 19세기에 이규경(李圭景)이 『속몽구분주』처럼 『몽구』를 속찬하여 『십삼경몽구(十三經蒙求)』를 편찬하려고 했으나 뜻을 이루지 못했다.[5] 조선에서 편찬된 『몽

---

4) 『新刊大字附音釋文三註』에 몽구가 수록되어 있다는 사실과 일본 소장 『新刊大字附音釋文三註』 필사본에 대한 정보는 김영진 교수가 제공해 준 『문헌과해석』 2023년 3월 10일 발표문 「日本訪書記」를 통해 확인하였다.

5) 李圭景, 『五洲衍文長箋散稿』, 「蒙求四庫韻對辨證說」, "余嘗欲倣此例編《十三經蒙求》, 與《續蒙求》相配, 則可謂的對, 而年晚志衰, 而有意莫遂, 自不勝加我數年之歎矣云."

구』주해서로는 홍익주(洪翼周)의 『몽구주해(蒙求註解)』가 있다.

이외에도 연세대학교와 휘문고등학교에 필사본으로 소장된 『몽구전주(蒙求箋註)』의 서지정보에는 이한의 『몽구』에 조선의 이상익(李尙益)과 이상적(李尙迪)이 주를 달았다고 명시되어 있다. 일본에서 간행된 『한본몽구(韓本蒙求)』도 조선의 주해를 담고 있는 것으로 보인다.[6] 추후 『몽구전주』와 『한본몽구』의 원본을 확인하여 조선인 저자가 독자적으로 『몽구』를 주해한 서적인지 살펴볼 필요가 있다.

『속몽구분주』는 현존하는 조선의 몽구류 서적 중 가장 먼저 편찬된 『몽구』의 속찬서이다. 유희춘은 책의 제(題)에서 "이한의 체제를 본받아 『속몽구』를 짓고 이를 따라서 스스로 분주(分註)하였으니, 백성들의 떳떳한 도리와 세상의 교육에 관한 것을 많이 수록하였다.[轍依李體, 作續蒙求, 仍自分註, 關於民彝世教者, 率多收入.]"라고 하며 『몽구』 계승 의식을 밝혔다.

『속몽구분주』는 『몽구』와 같은 수인 592명의 인물에 대한 일화와 언론을 담고 있다. 『몽구』와 같은 형식으로 하나의 고사를 네 글자의 한 구절로 서술하며, 여덟 글자의 두 구절을 묶어서 구성했고 그 아래에 각 구절의 분주(分註)를 달아놓았다.

---

6) 高橋博巳, 「洪大容, 李德懋らのプリズムを通して見る日本の文雅」, 『동아시아 문화연구』49, 2011, 126~127면에 따르면, 大典禪師가 대마도에서 朝鮮修文職으로 머물던 1778~1783년 사이에 조선에서 전래된 『한본몽구』를 얻은 것으로 보인다.

【사진 1】국립중앙도서관 소장 목판본
『속몽구분주』4권의 본문

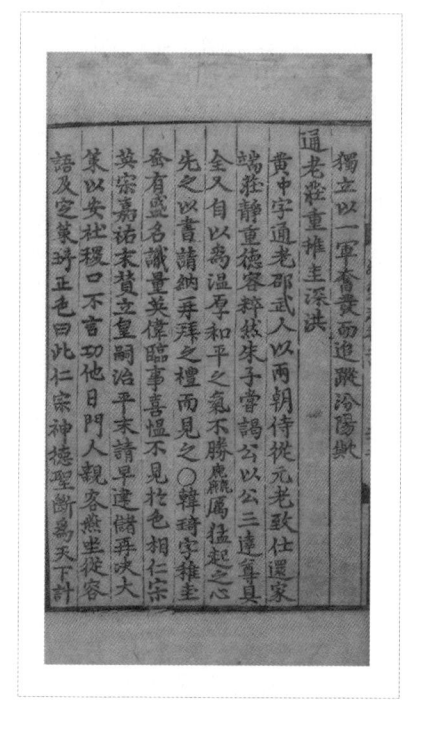

『속몽구분주』는 아동 교육서에 그치지 않았다. 유희춘은 『주역(周易)』의 "옛 사람들의 언행을 많이 아는 것으로써 덕을 쌓는다.[多識前言往行, 以畜其德]"라는 구절을 본받아 선비들이 이 책을 통해 덕을 쌓기를 바라는 편찬 의도를 드러냈다.[7] 김시양(金時讓, 1581~1643)의 「부계기문(涪溪記聞)」에는 "(유희춘이)『속몽구』를 저술하여 선비들에게 은혜를 베풀었다.[著續蒙求以惠士子]"라고 하였다. 『속몽구분주』의 독자는 아동뿐만 아니라 장성한 학자까지 포함되었던 것이다.

유희춘은 1547년부터 약 20년간 함경도 종성에 유배되었던 시기에 『속몽구분주』를 지었다. 『속몽구분주』는 유희춘이 오랜 시간에 걸쳐 여러 번의 수정을 거치며 공들여 편찬한 책이다. 그는 1558년(명종13)에 쓴 제(題)에 다시 제(題)를 덧붙였는데, 두 번째 제(題)에서 김운보(金雲甫), 유태호(柳太浩), 이황(李滉)의 의견을 반영

---

7) 柳希春, 『續蒙求分註』, 「續蒙求題」. "孔子贊易, 以多識前言往行, 爲畜德之方, 此余所 以撰是書之意也."

하여 수정했음을 밝혔다. 『퇴계집(退溪集)』에 이황이 유희춘과 나눈 편지가 남아 있는데, 『속몽구분주』를 보고 수정사항을 보냈음을 언급하기도 하였다.[8]

유희춘은 1568년(선조1) 해배되자마자 『속몽구분주』의 간행을 추진하였다. 『속몽구분주』는 5차례 이상 수정 및 재간행되었으며 다양한 판본이 전해진다.[9] 유희춘은 『미암일기』에 이 책을 개정하고 재간행한 일을 여러 번 언급했다. 『미암일기』에 따르면, 『속몽구분주』의 초판본은 1568년 합포에서 목판본으로 간행되었다. 이후 초판본의 판목을 성주로 옮겨 보관하였고, 주변 사람들과 초간본을 수정하는 작업을 계속하며 1572년 수정 사항을 반영하여 재간본을 간행하였다.

이듬해인 1573년 미진한 점을 개정하여 다시 판목을 만들어 세 번째 판본을 인쇄하였고, 여기에도 오류가 있는 것을 한스러워한 유희춘은 1574년 다시 수정본을 성주로 보내 수정하여 네 번째 판본을 받아보았다. 이후 1574년, 1576년에도 유희춘은 『속몽구분주』를 수정하고 수정처를 성주와 양산에 보내 개정하게 하였다고 기록했다. 이것이 인출되었다면 오간본(五刊本)이 되지만, 이후 『미암일기』에는 오간본의 인출에 대한 기록은 남아 있지 않다. 그러나 일부 판본에 1575년 한도우사(漢都寓舍)에서 쓴 제후(題後)가 실려 있기 때문에 1575년 이후 한 번 이상 다시 개정하여 인출되었다는 것을 알 수 있다. 이처럼 『속몽구분주』는 1568년 합포에서

---

8) 李滉, 『退溪先生文集』 12, 「答柳仁仲」.
9) 『속몽구분주』의 판본에 대한 고찰은 배현숙, 「續蒙求分註板本考」, 『서지학연구』 제26, 서지학회, 2003, 135~174면 참조.

초판이 간행되고 이후 성주에서 수 차례 재간행되었다.

책의 목차 및 구성은 크게 책의 출간 의도와 과정이 담긴 「속몽구제(續蒙求題)」, 본문에서 소개할 인물 선정 기준과 분주 방식을 밝힌 10조목의 「범례(凡例)」, 본문 내 인물에 관한 전고의 출처 서적을 나열한 「인물언론출처(人物言論出處)」, 본문의 목록, 그리고 4권의 본문으로 이루어져 있다.

유희춘은 유배지에서 책을 가지고 있지 않았기 때문에 『속몽구분주』를 지을 때 모두 암송한 것을 바탕으로 지었다고 한다. 안정복은 "우리 조선의 유희춘이 종성에 유배되었을 때 한 권의 책도 없었는데 『속몽구』를 지었다."[10]라고 했으며, 허균은 "(유희춘이) 유배지에 있을 때 『속몽구』 4권을 저술하였는데, 이는 모두 암송하여 지은 것이다."[11]라고 했다. 이를 보완하기 위해 유희춘은 책의 앞부분에 「인물언론출처」를 수록하여 확실한 인용 근거를 제시하고, 독자들이 쉽게 찾아볼 수 있게 만들었다.

「인물언론출처」에는 저자가 인용한 118종 서적의 제목을 모두 밝히고 있다. 각 서적의 제목 아래에 어떤 일화와 분주를 쓸 때 참고했는지를 나열했다. 예를 들면 『논어(論語)』는 순임금, 공자의 제자 안연(顔淵), 증점(曾點), 자공(子貢) 등에 대한 14개 일화와 언론의 출처이다. 한 인물을 소개하면서 여러 책을 참고하기도 했으므로, 한 인물의 이름이 여러 서적의 아래에 중복되어 나오기도 한다.

가장 많은 인물의 언론과 출처를 담은 책은 『송원통감(宋元通鑑)』

---

10) 安鼎福, 『順菴集卷』 13, 「橡軒隨筆下」. "我朝柳眉菴希春謫鍾城, 無一卷書, 作續蒙求."
11) 許筠, 『惺所覆瓿藁卷』 23, 「惺翁識小錄中」. "在謫中, 著續蒙求四卷, 皆誦而成之."

【사진 2】동양문고 소장 목활자본
『속몽구분주』의「인물언론출처」

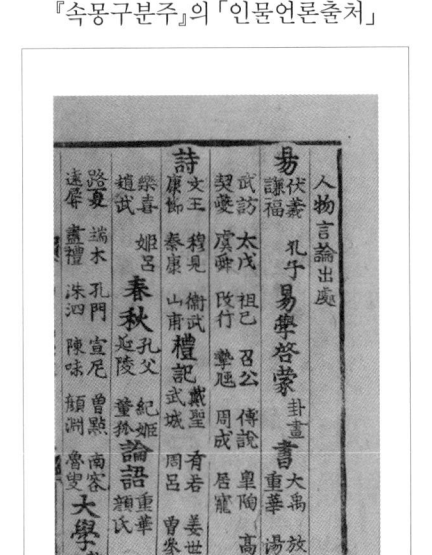

(92명), 『자치통감(資治通鑑)』
(81명), 『통감강목(通鑑綱目)』
(81명), 『명신언행록(名臣言行
錄)』(76명), 『주자어류(朱子語
類)』(69명), 『주자대전(朱子大
全)』(56명) 등이다. 역사서뿐
만 아니라 주자학 관련 서
적이 많이 인용되었다. 또
한,「인물언론출처」를 통해
유희춘 개인의 독서 양상뿐
만 아니라 당시 지식인들의
독서 양상까지 미루어 짐작
해 볼 수 있다.[12)

『속몽구분주』의 내용을
살펴보면, 다양한 인물들
의 일화가 수록된 것이 특징이다. 유희춘은 『몽구』에 상고시대부
터 남북조시대까지의 인물들만 소개되어 있어 그 뒤 시대의 인물
들이 포함되지 않은 것을 안타까워했다.[13) 『속몽구분주』에는 삼황
오제부터 명나라 시기까지 인물들의 일화를 기록했다. 왕족, 관료,
학자, 장군부터 평민, 여성, 노비, 오랑캐까지 계층의 구분 없이 다
양한 인물들이 등장한다.

---

12) 이상의 「인물언론출처」에 대한 논의는 최이호, 「『續蒙求分註』에서 인용한 서적과
    그 학술사적 의미」, 『民族文化』 65, 한국고전번역원, 2023, 81~120면 참조.

13) 柳希春, 『續蒙求分註』, 「續蒙求題」. "李以唐人, 其所收載, 自上古迄于南北朝而止耳.
    厥後自隋至皇明, 人事之可錄可戒者, 何可勝數."

또한 『속몽구분주』에는 전체적으로 주자학적 의식이 담겨 있다. 유희춘은 분주에서 주자와 여러 유학자, 주자학자의 말을 인용하였다. 책에서 소개된 인물들의 일화도 충, 효를 실천하여 유학에서 이상적인 인물상을 보여주는 내용이 많다. 유학자나 주자학자들의 일화를 다루기도 하였다. 공자의 제자 자사(子思), 증자(曾子), 자로(子路), 신유학자 주돈이(周敦頤), 장재(張載)와 정호(程顥), 정이(程頤) 형제, 주자학자 황간(黃幹), 호병문(胡炳文) 등이 본문에서 소개되었다.[14]

책에 수록된 우리나라 인물로는 고려 문종(文宗), 고려 충선왕 때의 유학자 우탁(禹倬), 고려말 문신 정몽주(鄭夢周), 여말선초의 성리학자 길재(吉再)가 있다. 그중 우탁, 정몽주, 길재는 여말선초에 성리학을 국내로 도입하여 전파하는 데 큰 역할을 한 인물들이다. 아래는 세 인물에 대한 『속몽구분주』의 원문과 주석의 일부이다.

> 우탁이 역학을 연구하였다.……우탁은 경사(經史)에 통달하였고, 역학(易學)에 더욱 정통하였으니, 점을 치면 들어맞지 않는 것이 없었다. 『정전(程傳)』이 처음 들어왔을 때 우리나라에서 아는 사람이 없었는데, 우탁이 곧 문을 닫아걸고 달포를 연구하더니 드디어 해득하고 생도들에게 가르쳐서 의리지학(義理之學)이 시행되었다.[15]

---

14) 이연순, 「眉巖 柳希春의 『續蒙求』 硏究」, 『어문연구』 38~3, 한국어문교육학회, 2010, 454~458면.

15) 柳希春, 『續蒙求分註』 4, "禹倬究易.……倬通經史, 尤深於易學, 卜筮無不中, 程傳初來, 東方無能知者, 倬乃閉門, 月餘參究乃解, 教授生徒, 義理之學始行矣."

포은은 식견이 뛰어나다.……당시 경서(經書)로 우리나라에 들어온 것은 오직『주자집주(朱子集註)』뿐이었는데, 정몽주가 강설하고 원리를 밝히는 것은 다른 이들의 생각을 초월하는 것이었기에 듣는 사람들이 자못 의심하였다. 그 후에 원나라의 유학자인 호병문(胡炳文)의『사서통(四書通)』을 얻어 보니 정몽주의 강설과 일치하지 않는 것이 없었다. 이색(李穡)은 그에 대해서 "정몽주의 논리는 자유자재로 떠들어도 이치에 합당하지 않음이 없다"라고 칭찬하며, 그를 우리나라 성리학의 조종으로 추대하였다.……16)

길재는 의를 좋아했다.……목은 이색, 포은 정몽주, 양촌 권근 등 여러 선생의 문하에서 수학하며 이학(理學)의 지극히 높은 이론을 배우기 시작하였다.……서실에 돌아와서는 책상을 마주하고 똑바로 앉아서 학문을 강설하고 의심되는 점을 변론하며 하루 종일 지칠 줄 몰랐다. 정주(程朱)의 뜻에 부합하기를 힘써서 도학(道學)을 밝히고 이단을 물리쳤다.……17)

유희춘은『속몽구분주』에서 우탁, 정몽주, 길재의 유교적 덕목이 돋보이는 일화를 소개하면서 성리학자로서의 모습에 주목했다.

---

16) 柳希春,『續蒙求分註』4, "圃隱卓識.……時經書至東方, 只朱子集註耳, 夢周講說發越, 超出人意. 聞者頗疑, 及得雲峯胡氏四書通, 無不脗合. 穡稱之曰, 夢周論理, 橫說竪說, 無非當理, 推爲東方性理學之祖.……"
17) 柳希春,『續蒙求分註』2, "吉再好義.……, 遊牧隱, 圃隱, 陽村諸先生之門, 始聞理學之至論,……, 退于書室, 對案危坐, 講學辨疑, 竟日忘倦, 務合程朱之旨, 以明道學, 以闢異端.……"

우탁은 역학 이론을 터득하여 성리학을 고려에 정착시킨 1세대 성리학자 중 한 명이고,[18] 정몽주는 고려말에서 조선으로 이어지는 성리학의 시조로 여겨지는 인물이며, 길재는 정몽주의 학문을 계승하여 김종직, 김굉필 등으로 이어지는 사림파 성리학의 바탕을 마련한 인물로 여겨진다. 당시 주자학을 존숭했고 사림파의 학문적 영향을 받으며 성장한 유희춘이 의도적으로 고려와 조선 성리학계의 주요 인물들을 선별하여 『속몽구분주』에 수록하였던 것을 알 수 있다. 문종은 성리학자는 아니지만 고려시대에 인품, 정치, 인재 등용, 외교, 경제적 측면에서 유교적 정치이념에 가장 부합하는 군주로 여겨졌기에 함께 수록하였던 것으로 보인다.[19]

유희춘은 유배 기간 중 독서와 저술 활동에 몰두하였으며, 사서(四書)를 비롯한 여러 유학 경서의 현토 및 해석 작업에 힘썼다. 「인물언론출처」에 주자 관련 서적이 많이 인용된 점을 통해, 주자학 서적을 중시한 유희춘의 독서 경향을 엿볼 수 있다. 그는 해배 후 선조의 명으로 『주자대전(朱子大全)』과 『주자어류(朱子語類)』를 정본화하는 작업을 맡아서 수행하기도 했다. 유희춘은 조선에서 주자학 확산을 위한 기초 작업을 수행한 학자였고,[20] 『속몽구분주』의 집필도 그 작업의 일부였다.

---

18) 김충열, 「성리학의 동점 과정-주자학 지입을 기점으로」, 『남명학』 12, 2003, 43~48면.

19) 유희춘은 문종에 관한 주석을 쓸 때 『고려사절요』 내 이제현의 사찬을 참조했으므로 영향을 받았을 것이다. 문종을 비롯한 고려 왕들에 대한 이제현의 사찬에 대한 자세한 사항은 탁봉심, 「이제현의 역사관-그의 '사찬'을 중심으로」, 『이화사학연구』 18, 이화사학연구소, 1988, 340~345면 참조.

20) 정호훈, 「眉巖 柳希春의 학문활동과 『治縣須知』」, 『한국사상사학』 29, 한국사상사학회, 2007, 42~55면.

4. 일본 내 『몽구』의 유행과 『속몽구분주』의 전래

『몽구』는 일본에서 크게 유행하며 아동 교육서로 널리 쓰였다. 일본에 현존하는 문서에서 몽구를 언급한 기록 중 가장 오래된 것은 헤이안 시대 역사서인 『일본삼대실록(日本三代實錄)』 878년(사다키라친왕(貞明親王) 2) 8월 25일의 기록이다. 이때 황제의 동생인 사다야스시친왕(貞保親王)이 『몽구』를 공부하기 시작했다는 기록이 남아 있다. 이를 통해 『몽구』가 완성되고 오래지 않아 약 9세기경 일본에 전래되었던 것을 알 수 있다. 『몽구』의 일본 전래 과정은 확실히 알 수는 없지만, 당나라로 사신갔던 일본인이 가지고 왔을 가능성이 크다.[21]

일본에는 "권학원의 참새는 몽구를 지저귄다.[勧学院の雀は蒙求を囀る]"라는 속담도 있다. 권학원(勸學院)은 헤이안 시대 821년에 후지와라 후유츠구(藤原冬嗣)가 후지와라 가문 사람들을 위해 설립한 일종의 기숙사이자 사학(私學)으로, 이곳 출신 인물들이 정계·학계에 활발히 진출하며 성행했다.[22] 속담을 통해 권학원에서도 『몽구』를 교육서로 사용했다는 것을 알 수 있다. 이처럼 『몽구』는 일본에 전래된 초창기인 헤이안 시대에는 상층 자녀들 교육에 사용되며 귀족 문인들 사이에서 크게 유행하였고, 이후 가마쿠라 막부의 시대가 열리면서 『몽구』의 독자층이 무사와 승려 계층으로까지

---

21) 章剑, 「唐古注《蒙求》考略-兼论《蒙求》在日本的流传与接受」, 『天中学刊』 2012년 第1期, 75~78면.

22) 권학원에 대한 보다 자세한 정보는 배정렬, 「헤이안(平安) 시대의 학제(學制)와 교육(教育)-겐지모노가타리(源氏物語)를 중심으로-」, 『일본문화연구』 8, 동아시아일본학회, 2003, 186~188면과 199면 참조.

확대되었다.[23)]

『몽구』가 교육서로 권위가 높았을 때, 유희춘의 『속몽구분주』가 조선에서 전해져서 일본에서 필사되었고, 1659년(萬治 2)에는 복간되어 화각본으로 간행되기도 하였다. 현재 일본에 소장된 『속몽구분주』의 판본을 살펴보면, 동양문고에 목활자본이 있고, 국립공문서관에 에도 초기의 필사본이 있고, 하코다테시(函館市) 중앙도서관 등에 화각본이 있다. 화각본에는 기존 『속몽구분주』에 훈점과 오쿠리가나 등이 붙여져 있고, 오기가 종종 보인다. 일본에서 출간된 화각본은 현재 국내 성균관대학교 존경각 등에도 소장되어 있다. 국립공문서관 소장 필사본의 첫면에는 하야시 라잔(林羅山)의 장서인 "강운위수(江雲渭樹)"가 찍혀 있다. 하야시 라잔의 장서 목록에 『속몽구분주』 4책이 포함되어 있는데,[24)] 하야시 라잔이 소장했던 책이 현재 국립공문서관에 소장 중인 것으로 보인다.

『속몽구분주』가 일본으로 전해진 정확한 경위는 알 수는 없으나, 임진왜란 때 서적의 이동이 이루어진 것으로 추측할 수 있다. 시기상 임진왜란 직후인 1659년 화각본으로 간행되었으며, 『속몽구분주』를 소장한 하야시 라잔은 전쟁 중 조선에서 입수한 책들을 다수 가지고 있었기 때문이다.[25)]

『속몽구분주』는 수 차례 수정과 재간행을 거쳤기 때문에 당시

---

23) 章劍, 위의 논문.

24) 土屋裕史, 「当館所蔵林羅山旧蔵書(漢籍)解題①」, 『北の丸』 第47号, 2015, 220~238면.

25) Peter Kornicki, 「일본에 전해진 조선 서적들: 1590년대부터 에도 시대 말기까지 (Korean Books in Japan: From the 1590s to the End of the Edo Period)」, 『漢文學報』 49, 2023, 254면.

【사진 3】존경각 소장 일본 화각본 『속몽구분주』1권의 본문 첫 장

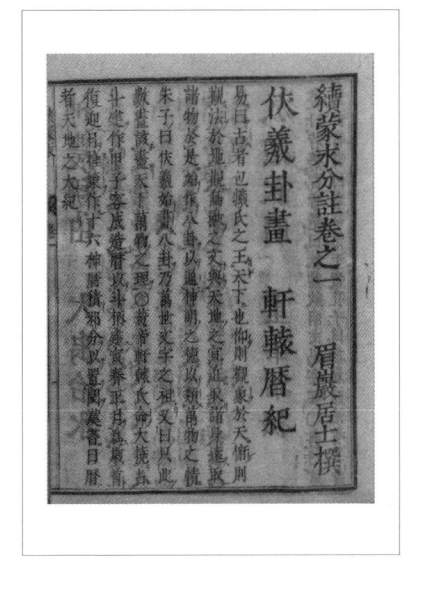

조선에도 판본이 여러 종 있었다. 필사본과 화각본 『속몽구분주』를 비교해 보면 이들이 각기 다른 판본을 참조하였다는 것을 알 수 있다. 이들은 모두 1575년에 쓴 한도우사의 제후가 없으므로 그전에 판각된 초기 판본을 참조한 것을 알 수 있다. 하지만 두 판본은 일부 주석에서 다른 점이 발견된다. 임진왜란 때 최소한 두 종 이상의 『속몽구분주』 판본이 일본에 유입되었다는 것을 알 수 있다.

『속몽구분주』가 일본에 전해져서 필사, 복각, 간행되었던 것은 당시 일본에서 몽구류 서적이 유행했던 현상의 일환이다. 일본에서 독자적인 『몽구』 속찬서가 처음 간행되었던 것이 1686년(貞享3)에 간행된 스가 도루(菅亨)의 『본조몽구(本朝蒙求)』인데, 이는 『속몽구분주』의 화각본 출간 이후에 나왔으므로 『속몽구분주』로부터 자극을 받았을 가능성이 있다.[26] 이후 일본에서 다양한 『몽구』의 속찬서가 출간되며 몽구류 서적의 유행이 활발해졌는데, 조선에서 전래된 『속몽구분주』가 이러한 유행에 일조했던 것이다.

---

26) 심경호, 「동아시아에서의 '千字文' 類 및 '蒙求' 類 流行과 漢字漢文 基礎敎育」, 『漢字漢文敎育』1~36, 한국한자한문교육학회, 2015, 31면.

【사진 4】국립공문서관 소장 일본 필사본『속몽구분주』1책의 첫 장. 왼쪽 가장 아래에 하야시라잔 장서인 「강운위수(江雲渭樹)」가 찍혀 있다.

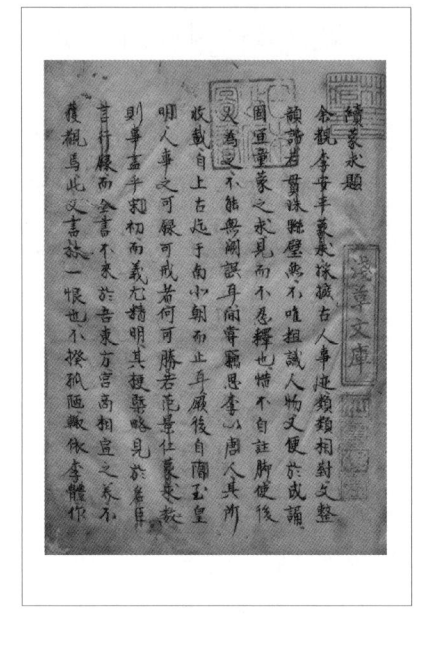

에도 시대와 메이지 시대에는 몽구류 서적이 널리 유행하며『몽구』의 주해서와 속찬서가 40종 이상 간행되었다. 메이지 시대에 서양식 학제가 도입된 후에도 각국 역사적 인물의 언행을 기록한『세계몽구(世界蒙求)』, 서구의 과학 기술을 포함하여 여러 사물에 대한 지식을 담은『격치몽구(格致蒙求)』등이 시류에 맞게 간행되었다. 또한 당대 저명한 지식인들이 몽구류 서적을 저술하며 독자들의 관심을 끌었다.[27]

5. 동아시아 내 몽구류 서적의 유행

이상으로 살펴본 바와 같이, 당나라 시기에 편찬된『몽구』는 동아시아 삼국에서 아동 교육서 및 유서의 전범이 되었다. 동아시아

---

27) 이상의 에도 시대와 메이지 시대의 몽구류 서적의 유행에 대해서는 相田滿,「幕末・明治期の「蒙求」」, 第18回国際日本文学研究集会研究発表, 1994 참조.

에서는『몽구』의 주해서와 속찬서가 다양하게 편찬되며, 8~9세기 부터 근대시대까지 몽구류 서적의 유행이 지속되었다. 각국에서 편찬된 몽구 관련 서적이 다시 다른 동아시아 국가로 전해지며 지식이 공유되고 확대, 재생산되는 양상을 파악할 수 있다. 몽구류 서적은 한국, 중국, 일본이 공유하는 동아시아 보편성의 하나가 되는 것이다.

유희춘의『속몽구분주』는 중국『몽구』의 형식과 체제를 모방하여 만들어졌지만, 기존 중국의 속찬서들과는 달리 당시 조선에서 성행했던 주자학적 이념을 담고 조선 인물들까지 포함하여 내용을 새롭게 구성하였다. 이후 일본으로 건너가서 일본에서 독자적인『몽구』속찬서가 간행되는 기틀을 마련했다.『속몽구분주』를 통해 동아시아 내 지식과 서적 교류의 일례를 확인할 수 있는 것이다.

동아시아 삼국에서『몽구』및 몽구류 서적이 유행했던 양상을 살펴보면, 중국과 일본에서는『몽구』가 여러 차례 간행되었고 각국에서 약 40종 이상의 독자적인 속찬서 및 주해서가 나왔다. 하지만 한국에서는 일본과 중국에서만큼『몽구』및 몽구류 서적이 유행하지는 않았던 것으로 보인다.『십삼경몽구』를 편찬하려고 시도했던 이규경은 "무릇 이 두 책(『몽구』와『사고운대』)은 어른이나 어린아이들이 섭렵하는 데 있어 가장 긴요하고 절실한 것이지만 이를 들추어낸 사람이 없어서 묻혀 버리고 드물게 전하니, 실로 한스럽고 애석하다."[28]라고 하며『몽구』가 당시 조선에서 크게 주목

---

28) 이규경, 위의 글. "凡此二書, 爲長幼涉獵最緊且切, 而無人表章, 埋沒罕傳, 良可歎惜."

받지 못했던 실정을 한탄했다.

본고를 마무리하면서 조선에서『몽구』에 대한 관심이 적었던 이유를 짐작해 보며 추후 연구의 필요성을 개진하고자 한다. 조선에서 동몽 학습서로 주로 쓰이던 책은『천자문』,『소학』,『사략』등이 있었다. 그 중『사략』에『몽구』와 같이 역사 속 다양한 인물과 일화가 등장하기 때문에, 초학자들이『몽구』에까지 손을 뻗지 않았던 것으로 보인다. 또한 성리학을 중시했던 조선의 학자들이 보기에『몽구』는『소학』등과 같이 아이들에게 유교적 질서를 가르치고 교화시키기에는 부족하다고 생각했을 수도 있다. 조선의 성리학자 유희춘이 주자 존숭 의식을 담아 저술한『속몽구분주』와『몽구』를 비교해보면,『몽구』는『속몽구분주』만큼 성리학적인 성격이 뚜렷하지 않다.[29] 보다 명확한 결론을 내리기 위해서는 추후 조선에서『몽구』와 관련 서적의 간행과 활용 양상을 중국, 일본과 비교하여 상세하게 고찰해야 한다.

---

29) 이연순,「『續蒙求』所載 여성 인물 일화의 특징 고찰 – 인물 선택과 주제 구현 면에서『蒙求』와 비교하여」,『韓國古典研究』46권, 한국고전연구학회, 2019, 151~179면의 논문에서 이러한 차이에 대해 서술했다.

참고문헌

〈원전자료〉

李圭景, 『五洲衍文長箋散稿』.

李滉, 『退溪先生文集』.

安鼎福, 『順菴集卷』.

許筠, 『惺所覆瓿藁卷』.

柳希春, 『續蒙求分註』.

〈국내 논문〉

김영진, 「日本訪書記」 발표문, 문헌과해석 2023년 3월 10일.

김충열, 「성리학의 동점 과정-주자학 지입을 기점으로」, 『남명학』 12, 남명학
　　　연구원, 2003.

배정렬, 「헤이안(平安) 시대의 학제(學制)와 교육(敎育)-겐지모노가타리(源氏
　　　物語)를 중심으로-」, 『일본문화연구』 8, 동아시아일본학회, 2003.

심경호, 「동아시아에서의 '千字文' 類 및 '蒙求' 類 流行과 漢字漢文 基礎敎育」,
　　　『漢字漢文敎育』 1-36, 한국한자한문교육학회, 2015.

이연순, 「眉巖 柳希春의 『續蒙求』 硏究」, 『어문연구』 38-3, 한국어문교육학회,
　　　2010.

정호훈, 「眉巖 柳希春의 학문활동과 『治縣須知』」, 『한국사상사학』 29, 한국사상
　　　사학회, 2007.

최이호, 「『續蒙求分註』에서 인용한 서적과 그 학술사적 의미」, 『民族文化』 65,
　　　한국고전번역원, 2023.

탁봉심, 「이제현의 역사관-그의 '사찬'을 중심으로」, 『이화사학연구』 18, 이화
　　　사학연구소, 1988.

〈국외 논문〉

高橋博巳, 「洪大容, 李德懋らのプリズムを通して見る日本の文雅」, 『동아시아
　　　문화연구』 49, 2011.

郭丽, 「《蒙求》作者及作年新考」, 『中国典籍与文化』 2011년 第3期.

相田満, 「幕末·明治期の「蒙求」, 第18回国際日本文学研究集会研究発表, 1994.

李军, 「《蒙求》作者李瀚生平事迹考实」, 『敦煌学辑刊』, 2018년 第3期.

章剑, 「唐古注《蒙求》考略-兼论《蒙求》在日本的流传与接受」, 『天中学刊』 2012
　　　년 第1期.

章剑, 「唐古注《蒙求》考略-兼论《蒙求》在日本的流传与接受」, 『天中学刊』 2012년
　　　第1期.

鄭亦寧, 「敦煌本《蒙求》與六種注本徵引書目同異情況之分析」, 『敦煌學』 37,
　　　2021.

土屋裕史, 「当館所蔵林羅山旧蔵書(漢籍)解題①」, 『北の丸』 第47号, 2015.

Peter Kornicki, 「일본에 전해진 조선 서적들: 1590년대부터 에도 시대 말기까
　　　지 (Korean Books in Japan: From the 1590s to the End of the Edo
　　　Period)」, 『漢文學報』 49, 2023.

조선 중기 유취류(類聚類) 서적에 대한 일고
– 홍석(洪錫)의 『일성록(日省錄)』을 중심으로

마현민

1. 들어가며

유취류(類聚類) 서적이란 같은 종류의 주제에 따라 문장을 엮어 낸 책이다. 유취류 서적은 취급하는 범위가 매우 넓고 종류 또한 다양하다. 유가 지식인들 사이에서도 유취류 서적은 지속적으로 생산되었는데, 유교 경전의 하나인 『예기』 또한 유취류 서적의 일종으로 분류할 수 있다. 가공언은 『예기』를 설명하며 '(예기의) 기는 예로부터 전해오는 성현의 말씀을 채록해 놓은 것'[1]이라고 소를 달기도 하였다. 『예기』의 「곡례」, 「소의」, 「유행」 등은 고대의 격언을 기록한 것이니 유취류 서적의 유래가 오래되었음을 확인할 수 있다. 주자가 편집한 『소학』 역시 여러 인물의 언행을 분류하고 주제에 따라 배열했다는 점에서 유취류 서적의 일종으로 볼 수 있다. 본고에서 살펴볼 홍석(洪錫)의 『일성록』 역시 여러 주제에

---

1) 賈公彦, 『儀禮注疏』 卷3, 「士冠禮」. "凡言記者 皆是記經不備 兼其經外遠古之言."

따라 일화를 엮어낸 유취류 서적의 일종이다.

홍석은 병자호란 이후 나라와 자신의 처지를 한탄하며 강원도 봉화의 태백산 아래로 숨어든 '태백오현' 중 한 사람이다. 홍석은 1601년 태어나 1680년 세상을 뜰 때까지 반평생 가량을 봉화에서 보냈다. 그의 자는 공서(公敍), 호는 손우(遜遇)이며 시호는 정민(貞敏)으로, 연보에 따르면 22세 되던 1625년 김상헌의 문하에서 수업을 받았다. 부기된 정보에 의하면 『동국문헌록』에 신독재 김집의 문하에서 수학하였다는 기록이 있으며, 강효석이 저술한 인명사전 『전고대방』에도 '신독김집문인'에 홍석의 이름이 기재되어 있다. 하지만 연보에는 언제 수학하였는지 정확한 기록이 보이지 않는다. 이후 29세 되던 1632년 회덕으로 송시열을 찾아갔으며 49세 되던 1652년에도 화양동을 찾아 송시열과 교유했다.

2. 홍석의 저술과 『일성록』의 저술 배경

홍석과 송시열은 교유를 계속하며 학문을 논의하였다. 특히 그는 예학에 조예가 깊었는데, 영의정을 지낸 고조부와 증조부가 남긴 모두 항상 경계하고 두려워하여야 한다는 가학과 더불어 당시의 혼란스러운 시대상이 그를 예학에 침잠하게 한 요인으로 파악된다.[2] 여기에 더해 당대 예학의 대가인 송시열과의 교유를 통해 학문적 성향이 예학으로 굳어졌으며, 이는 홍석이 지닌 존주대의 의식을 더욱 강화하였다.

---

2) 洪錫, 『遜遇先生文集』, 김용주 옮김, 한국국학진흥원, 38면 참조.

병자호란 이후 혼란해진 조선과 명나라의 멸망은 홍석이 가진 존주대의 의식에 위협을 가져왔다. 홍석에게 이 사건은 춘추의리를 내세우며 예학에 더욱 몰두하는 계기를 마련하였다. 홍석은 예를 문명국인 중화와 조선의 전유물로 인식하였기에 오랑캐와 문명인의 기준을 예의 유무에 두었다. 때문에 예법을 상세히 궁구한 것은 존주대의 사상을 밝히고 조선이 문명국이자 소중화라는 인식을 확고히 하기 위한 방편으로 이해할 수 있다. 예와 관련된 저서를 많이 남긴 이유를 여기에서 추측할 수 있다. 이는 여타 태백오현이 『춘추』의 화이론을 밝히는 것을 주력한 데서 한 걸음 더 나아간 시도이다.

홍석의 연보를 살펴보면 그가 남긴 예학 관련 저서는 총 5편으로, 『예총요설(禮叢要說)』, 『상제요록(喪祭要錄)』, 『예기유회(禮記類會)』, 『일성록(日省錄)』, 『이기록(理氣錄)』이 그것이다. 이 가운데 『예총요설』, 『상제요록』, 『예기유회』는 외면을 닦는 예에 관련된 것이고, 『일성록』과 『이기록』은 내면을 닦는 예에 관련된 것이라 할 수 있다.

먼저 『예총요설』을 지은 이유는 「예총요설기(禮叢要說記)」에서 살펴볼 수 있다. 옛날의 도를 실행하기 위해서 예법을 상고해야 하는데, 요점을 엮은 책이 있으면 참고할 수 있다. 정구의 『오선생예설분류(五先生禮說分類)』가 있기는 하지만 너무 방대하고 번다하여 요점만 추리고자 했다는 것이다.[3] 송시열의 「예총요설발」에서는 『예총요설』을 허다한 예법서 중 요점이 되는 설을 추려 상고하기

---

3) 洪錫, 『遜遇先生文集』卷6, 「禮叢要說記」, "古道之行, 要在知禮, 而古先禮制, 散在諸書, 尋求領略, 旋得旋失, 要須輯錄於一冊, 爲常目遵行之資."

편하게 하였다며 추켜세웠다.[4] 홍석은 여러 책에 흩어진 옛 예제를 모으고, 의문점을 김상헌, 송시열, 송준길과 논변하여 상하 2책으로 편찬하였다.

『상제요록』은 병자를 구완하는 일부터 상을 마치기 전까지의 일을 모아 '상요'라 하고 제향 의식을 두루 기록하여 '제요'라 한 뒤 이를 합친 뒤 간행한 것이다. 홍석은 기존의 예법서를 존중하고 수용하였지만 온전치 못한 부분이 있다고 여겼다. 그렇기에 미비한 내용을 보충하여 『상제요록』에서 자세히 설명하였다. 「상제요록서」에서 옛글을 본보기 삼아 후세를 가르치고자 하는 의도를 엿볼 수 있다.[5]

조선 예법의 중추를 이루던 책은 주자의 『가례』이다. 그러나 『가례』는 조선 민간에서 행해지던 예법과는 상당히 이질적인 중국의 예법이었기에 일반인은 물론이거니와 사대부에게도 절실하게 받아들여지지 않았다. 그럼에도 예법을 중시하고 주자를 높이는 사대부에게 『가례』는 무시할 수 없었고, 『가례』를 조선에 정착시키기 위한 노력을 멈추지 않았다. 홍석이 『상제요록』을 저술하며 『가례』의 미비점을 보완한 것 또한 이러한 시도의 일환으로 보인다.

『예기유회』는 42세 되던 1645년부터 51세 되던 1654년에 이르기까지 약 10년 동안 편찬한 것이다. 『손우선생문집(遜遇先生文集)』

---

4) 宋時烈, 『宋子大全』 卷146, 「禮叢要說跋」, "洪君鍚以禮書浩穰, 各就全編節錄, 爲上下二冊, 以便考閱. 蓋欲行之一家, 而亦使後承守而勿失也. 老年精力, 乃能及此, 可尙也已."

5) 洪鍚, 『遜遇先生文集』 卷6, 「喪祭要錄序」, "玆不得已敢爲倣前詔後之計, 哀輯救病以後, 終喪以前, 凡所可行之事, 及祭享儀式, 成書以示是, 誠夜行之燭, 瞽者之杖也."

의 「예기유회서」에 저술 배경이 자세하다. 김상헌을 만나보고 『예기』의 내용을 부류별로 모으면 어떠한지 물었더니 김상헌이 저술을 적극 권장하였다는 것이다.[6] 이후 오류를 바로잡아 부류별로 나누고 모아 고증한 뒤 16부 53조목으로 나누었다. 김상헌의 표제와 송시열의 발문이 전한다.

이상은 관혼상제로 대표되는 예법에 대한 저술이다. 특히 『예총요설』과 『예기유회』는 옛 도를 회복하기 위한 수단으로 예법을 상세히 고찰하는 중요성을 피력한 책이다. 따라서 이 책에서는 그의 예학관을 엿볼 수 있다. 또한 이 두 책에 송시열의 발문이 있는 것으로 보아 송시열 또한 홍석의 저술에 관심을 두고 자주 학문을 논했음을 확인할 수 있다.

3. 『일성록』의 형태적 특징과 체재

『일성록』은 홍석이 내면을 다스리기 위해 편찬한 일종의 유취류 서적으로, 모범이 되는 언행을 모아 선별한 것이다. 조선시대 국왕의 일기인 『일성록』과 이름이 같지만 내용은 전혀 다르다. 규장각 해제를 참조하면 규장각에는 현재 두 종(古 1160-7, 古複 1160-7)이 소장되어 있으며, 성균관대학교 존경각본(C02-0351) 또한 존재한다. 세 판본은 내용에서는 차이가 없지만 서문의 순서와 목차의

---

6) 洪錫, 『遜遇先生文集』, 卷6, 「禮記類會序」, "淸陰先生退居于平丘山, 所時就省, 留若而日講學, 因稟右意. 先生欣然曰, "余固有其意, 而未就爾. 能成之, 卽余之意也." 因與講定其制, 時則乙酉閏六月也."

순서가 다르다.

책의 마지막에는 '숭정 병오추 용담현개간(崇禎丙午秋龍潭縣開刊)'이라는 간기가 적혀있다. 이를 통해 1666년 간행되었음을 확인할 수 있다. 홍석의 연보에 따르면 그는 1664년 용담 현령에 제수되었고 1665년『일성록』을 완성하였는데, 간행된 해와 용담 현령으로 있던 기간이 일치한다.

여기서도 그가 자처한 '숭정처사'의 면모를 확인할 수 있다. '숭정'이라는 연호는 명나라 마지막 황제인 의종의 연호로, 1644년 명나라가 멸망한 뒤로는 새 왕조인 청나라의 연호를 사용하는 것이 자연스럽다. 그러나 홍석과 송시열을 비롯한 일부 조선 유학자들은 존주대의 사관에 따라 명나라를 높이고 청나라를 오랑캐로 여겼기에 청나라의 연호 역시 사용하지 않으려 하였다. 1666년의 실제 연호는 '강희'가 되어야 함에도 홍석은 계속해서 명나라의 마지막 연호인 '숭정'을 사용한 것이다.

『일성록』에는 송시열의 서문과 홍석의 자서가 있다. 송시열의 서문은『송자대전』권137에「일성록서」라는 제목으로 실려 있다. 송시열은 홍석에게 서문을 써주며 단순히 베끼고 외는 공부의 위험성을 경고한다. 이는 여러 유취류 서적에 대한 경고와 일맥상통한다. 송시열은 주자가 범조우를 두고 단순히 외기만 하는 공부를 하였기에 정자의 문하에서 오래 공부하였지만 글을 보는 것이 밝지 못하였다고 비판한 예를 들며, 홍석의 책이 그런 것이 아닌가 염려한다. 송시열은 주자 역시 유취류 서적에 대해 경고했으니, 홍석이 저술하려는『일성록』또한 주자의 경고에서 벗어날 수 없다고 당부한다. 그렇지만 한 가지 일에 집중하여 성인의 말을 절록한 것이 단순한 작업일 뿐만은 아니라며 함양 공부를 우선시하고 그 뒤에 이 책을 통해 성찰 공부로 나아갈 것 또한 당부한다. 송시열의 눈에는 그렇게 달갑지만은 않은 작업이었던 듯하다.

송시열은 가장 좋은 공부의 방법으로 정자와 주자가 설명한 순서에 맞춰 부지런히 힘써 연마할 것을 제안한다. 그 이후엔 결국 이런 책은 쓸모가 없어질 것이며 찬집과 초절은 한편으로 물리쳐도 무방하다고 설명하며 서문을 맺는다. 단순히 책을 베끼고 외는 공부보다는 실천과 체득을 중시한 송시열의 사유를 엿볼 수 있다. 그러나 홍석의 시도를 무의미한 것으로 여기지 않고 성찰하는 자세를 인정하는 모습을 보이기도 하였다. 송시열 역시 서문에서 '숭정'이라는 연호를 사용하여 글을 맺었다는 점에서 송시열의 존주의식 역시 확인할 수 있다.[7]

---

7) 宋時烈,『宋子大全』, 卷137,「日省錄序」, "今此日省錄一冊者, 南陽洪侯錫之所纂輯也. 古人於盤盂牖楣, 皆有銘焉, 至如弦也韋也, 亦莫不爲矯揉省察之具焉, 況如此書者, 豈可少哉. 然嘗記朱夫子說, 范淳夫將聖賢之言, 都只忙中草草看過, 抄節一番, 便是事了, 元不曾子細玩味. 所以從二先生許久見處, 全不精明. 未知洪侯曾見此語否. 是豈可不以爲戒也. 雖然聖人有言曰不有博奕者乎. 爲之猶賢乎已. 此甚言無所用心者之不可也. 今洪侯其免矣夫. 況旣名之曰日省焉, 則其不爲徒事於抄節也可知矣. 然必須涵養此心, 以立其本, 然後省察之功, 始有巴鼻. 故程朱子於此先後之序, 縷縷爲學者言之. 若此心不立, 而徒欲掠撮於故紙上, 以爲最初之功, 則吾恐其隨手渙散, 終無湊泊之地矣. 若是則此書豈不爲無用之糟粕乎. 然則不若直從事於程朱二夫子之成書, 循其所指之序, 日有孳孳, 漸有得焉, 則其宗廟之美, 百官之富, 庶有一斑之窺矣. 至此時節, 則大故歡喜, 將日力不足, 而如此纂輯抄節之功, 自不暇於倚閣矣. 洪侯以爲如何. 崇禎乙巳十一月. 恩津宋

홍석의 자서는『손우선생문집』권6에서 확인할 수 있다. 이 서문에서는『일성록』을 편찬한 목적과 체제를 간략히 설명하고 있다. 홍석은『일성록』을 편찬한 이유가 자신을 돌아보는 조목을 뽑아 노력할 대상으로 삼으며, 각각의 조목을 통해 성인이나 현인이 되기를 구하고자 함이라 밝혔다.

먼저 홍석은『일성록』이라는 서명에 대해 설명한다.『논어』의 가장 첫 번째 편인 학이편 네 번째 장에서 증자(曾子)가 스스로 매일 세 번 자신을 살핀다는 '일삼성오신(日三省吾身)'에서 두 글자를 따온 것이다.[8] 홍석은 증자가 세 가지 일로 자신을 돌아보았던 것을 본받아 12개의 조목으로 수신을 위한 지침서를 만들었다. 겸공(謙恭), 근언(謹言), 양량(養量), 제욕(制慾), 명실(名實), 돈의(敦義), 안분(安分), 지족(知足), 정력(定力), 검신(檢身), 교우(交友), 처관(處官)이다. 이렇게 설정한 근거와 조목에 대한 설명은 홍석의 서문에 자세하다.

> 아, 겸손은 지극한 덕이며 말로 영예와 치욕이 생기고, 도량으로 복을 싣고 욕심으로 몸을 망친다. 명예는 허물을 부르고, 내실은 마음의 덕이다. 의를 돈독하게 하면 인을 이루고, 분수에 만족하면 천명을 누리며 만족할 줄 알면 욕되지 않다. 마음이 안정되어야 몸이 검속될 수 있다. 벗으로 인을 돕고 관직에서는 의를 행한다. 이것이 모두 매우 간절히 닦고 살펴야 하는 것이다.[9]

時烈書."

8) 洪錫,『遜遇先生文集』,「日省錄序」, "曾子曰三省身曰爲人謀而不忠乎, 與朋友交而不信乎, 傳不習乎. 夫道理無窮, 而惟以此三事爲省身之目者, 顧其意, 不偶然也."

9) 洪錫,『遜遇先生文集』,「日省錄序」, "噫. 謙爲至德, 言以榮辱, 量以載福, 慾以亡身, 名

【사진 2】광곽의 조목 표시

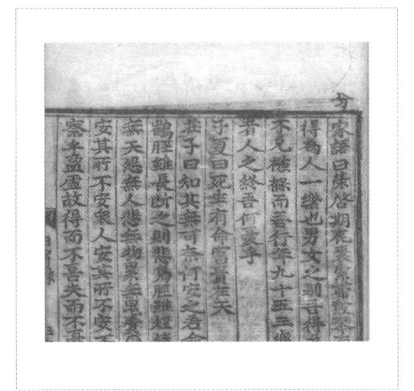

이 조목들을 살펴보면 내면 수양 공부가 겸공에서부터 검신까지의 10조목으로 대부분을 차지한다. 교우와 처관 역시 내가 벗을 대하고 관직에서 처신하는 법을 말하는 것이기에 내면 수양의 범위에 포함할 수 있을 것이다.

【사진 3】명실의 구분

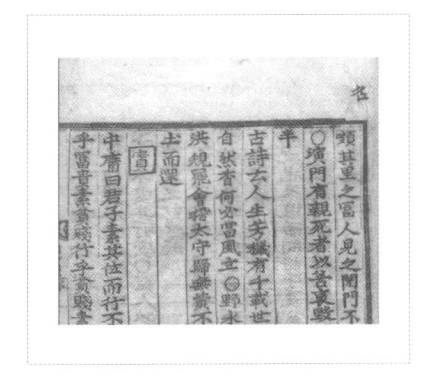

매쪽의 광곽 오른쪽 위에 해당 조목의 한 글자를 적어서 한눈에 어떤 조목에 해당하는지 알기 쉽게 표시하였다. '명실'의 경우는 다른 조목과는 달리 뒤의 한두 칙은 '실'이라는 독자적인 항목으로 정리하였다. 명실 조목은 다른 조목에 비해 치밀한 구분이 필요했던 것으로 보인다. 홍석의 서문에서도 명예는 허물을 불러오고 실상은 마음의 덕이 된다고 언급하였다. 명과 실을 대비하여 설명하려는 의도로 보인다.

각 칙에는 널리 읽히는 책의 문장 중 해당 조목의 뜻과 부합되

者咎之招, 實者心之德, 篤義者成仁, 安分者有終, 知足則不辱. 心宜有定, 身可以檢, 友以輔仁, 官以行義, 此皆爲切當修省之處."

는 구절을 선별하여 기록하였다. 주요 인용 서목으로는 『주역』, 『시경』, 『서경』, 『논어』, 『맹자』 등 사서삼경과 『노자』, 『태현경』, 『공자가어』, 『격몽요결』, 『태평요람』, 『독서록』 등 제자서가 있다. 역사 사례의 출전은 밝히지 않았지만, 출처를 살펴보면 이십사사(二十四史)와 『송명신언행록(宋名臣言行錄)』 등을 인용한 것으로 보인다.

글을 인용한 순서는 사서삼경을 위시한 성현의 문장을 먼저 채록한 뒤, 제자서에 수록된 글을 뒤이어 인용하였다. 그 뒤 해당 조목을 실천하고 선행을 한 사례를 역사서에서 부기하였으니, 전형적인 경경위사(經經緯史)의 형식을 띠고 있음을 확인할 수 있다. 이는 경전을 날줄로 삼고 역사서를 씨줄로 삼아 경전을 우선으로 익혀 기준으로 삼은 뒤 역사서를 공부하여 기준을 바르게 삼는 옛사람의 독서법이다. 경전을 통해 기본을 세우고, 역사서를 통해 그것이 어떻게 실현되어야 하는지를 학습한 것이다.

『일성록』에서 가장 많이 인용된 책은 『논어』이다. 『논어』는 성인의 언행을 그대로 수록한 책이기에 스스로의 언행을 반성하기 위한 책인 『일성록』에서 가장 많이 참고한 것이다. 공자의 언행을 통해 성인이 어떻게 일에 대처하고 행동하는지 직접 살필 수 있는 것이다. 매 조목에서 『논어』를 인용한 점에서도 『논어』의 중요성을 확인할 수 있다.

4. 『일성록』의 조목별 주안점과 내용

홍석은 12가지 조목을 통해 스스로의 행동을 반성하고, 어떻게 하면 남에게 공손하고, 욕심을 줄이며, 관직 생활을 잘할 수 있을지 고민하였다. 여러 경전의 문장과 역사적 사실을 통해 답을 찾고자 한 것이다.『일성록』에는 단순히 경서와 제자서에서 발췌한 것뿐만 아니라 역사적 사건과 인물을 가져와 예시로 삼은 것이 곳곳에 보인다. 이 장에서는 인용문을 통해 해당 조목의 의미를 분명히 하여 홍석이 견지하고자 한 태도가 어떤 것인지 확인해 볼 것이다.

1) 양량(養量)

먼저 양량이다. 양량은 단어부터 생소하다. 고전종합DB에도 유의미한 검색 결과가 없으며, 옥편에도 보이지 않는 단어이다. 홍석의 서문에서는 "양으로써 복을 싣는다.[量以載福]"라고 하였는데, 이 단어의 의미를 파악하기 위해서는 홍석이 양량의 예시로 거론한 일화를 살펴야 할 것이다. 양량에서 인용한 서목은『주역』「단전」,『논어』,『춘추좌씨전』과『문선』,『독서록』,『장자』등이다. 아래에 양량에 해당하는 인용문 중 일부를 소개한다.

> ① 안연(顔淵)은 일을 잘하면서 잘 못하는 사람에게 묻고, 많이 알면서 적게 아는 사람에게 물으며 가득해도 빈 것처럼 하고, 남의 잘못을 따지지 않았다.[10]

> ② 한신(韓信)은 젊었을 적에 노닐다 젊은 백정이 자신을

---

10) 洪錫,『日省錄』,「養量」. "顔淵, 以能問於不能, 而多問於寡, 有若無, 實若虛, 犯而不

욕보이며 가랑이 사이로 지나가라고 하였는데 한신이 지나가자 온 시장 사람들이 그를 비웃었다.[11]

③ 왕헌지(王獻之)의 집에 도둑이 들었다. 집안의 모든 물건을 훔쳤는데, 누워있던 왕헌지가 느긋하게 말하였다. "푸른 담요는 우리 집안 대대로 전해오는 것이니 그만 놔두는 것이 어떠한가?" 도둑이 이 말을 듣고는 깜짝 놀라 달아났다.[12]

④『문선』에 이르길, '네 마리의 기러기가 모여도 많아지지 않고, 한 쌍의 오리가 날아가도 적어지지 않는 것과 같다' 하였다.[13]

홍석은 안연과 한신, 왕헌지 등의 일화를 제시한다. 안연의 일화는『논어』에, 한신의 일화는『한서』에 보인다. 이 두 일화는 어떠한 상황에서도 너그러운 태도를 잃지 않으며 상황에 휩쓸리지 않은 인물의 이야기라는 공통점이 있다. 왕헌지 역시 도둑에게 아량을 베풀어 상황을 타개하고 있다. 더군다나 예시로 든 인물들은 모두 후대에까지 널리 알려진 인물로, 이들의 일화는 오늘날까지

校."

11) 洪錫,『日省錄』,「養量」. "韓信少時遊, 淮陰屠中, 少年辱之, 使出袴下. 信俛而出, 一市笑之."

12) 洪錫,『日省錄』,「養量」. "王獻之家盜. 夜入偸物都盡, 獻之臥齋中徐曰靑氈吾家舊物, 可持置之. 盜驚走."

13) 洪錫,『日省錄』,「養量」. "文選曰乘鴈之集, 不爲多. 雙鳧之飛, 不爲小."

도 인구에 회자되고 있다. 이들의 이름이 아직도 잊히지 않은 것은 그들이 상황에 맞게 대처하며 너그러이 남을 대하는 태도가 돋보이기 때문이다.

④는 『문선』에서 인용한 것이다. 이 글은 본래 양웅(揚雄)이 지은 「해조(解嘲)」에 나오는 대목으로, 양웅의 생각을 드러낸 글이다. 양웅은 "벼슬길에 오른 자는 청운에 들어가지만 벼슬길이 막힌 자는 구렁에 빠진다. 아침에 권력 잡으면 재상이 되고 저녁에 권세 잃으면 필부가 되니, 비유하자면 강호의 참새나 발해의 새는 네 마리의 기러기가 날아와 모여도 많아지지 않고, 한 쌍의 오리가 날아가 버려도 적어지지 않는 것과 같다."[14] 하였다. 벼슬길에 오른 사람은 많으니 평범한 사람이 오가는 것은 상관이 없다는 뜻이다. 홍석은 이를 단장취의하여 벼슬을 얻거나 잃어도 초연한 태도를 지켜야 함을 강조한 것으로 보인다.

이를 종합하면 양량의 량(量)은 도량(度量)을 의미하며, 양량은 결국 도량을 기르는 행위라고 할 수 있다. 너그러운 마음과 생각으로 상황에 맞게 유연히 대처하는 자세가 필요하다는 것이다.

2) 제욕(制慾)

성리학에서는 사람이 외물과 접하는 순간 이미 정(情)이 발현된다고 간주한다. 배가 고플 때 밥을 먹고 싶은 것 또한 정이다. 하지만 사람들은 밥을 먹으면 더 맛있는 음식을 먹고자 한다. 이는

---

14) 『漢書』, 「揚雄傳」, "當塗者入靑雲, 失路者委溝渠, 且握權則爲卿相, 夕失勢則爲匹夫. 譬若江湖之雀, 勃解之鳥, 乘雁集不爲之多, 雙鳧飛不爲之少."

본연의 정과는 다른 것이다. 성리학에서는 이러한 사사로운 정을 사욕(私慾)이라 부르며 특히 경계하였다. 성리학자들에게 사욕을 끊어내는 방법은 엄청난 관심사였다.

  그중 가장 경계한 것은 이성에 대한 욕심, 즉 색욕이다. 홍석 또한 제욕에 여색을 경계하는 내용을 주로 수록하였다. 제욕에서 인용한 서목은 『주역』「단전」, 『논어』, 『맹자』, 『진사』, 『독서록』, 『장자』 등이다. 아래는 색욕을 끊어낸 몇 가지 일화이다.

> ① 유안세(劉安世)는 원래 약을 먹지 않았는데, 귀양갈 때 나이가 47세였다. 스스로 생각하기에 '부모님께서는 자식에게 병이 생길까만 걱정하는데 어찌해야 병이 없을 수 있겠는가? 다만 여색을 끊는 한 가지 일은 할 수 있는 것이다.'라고 하였다. 이때부터 여색을 경계하니 이날 이후로 단 하루도 아픈 적이 없었고 밤중에 잠들었을 때도 변고가 없었다. 여색을 끊은 지 30년이 되었는데 혈기와 정신이 30년 전과 변함이 없었다.[15]

> ② 사마광(司馬光)이 방영공(龐穎公)을 따라 태원부의 통판이 되었는데, 그때까지 사마광에게는 아들이 없었다. 부인이 그를 위하여 첩을 사서 들였으나 사마광은 첩을 쳐다보지도 않았다. 부인은 자기 때문에 꺼리는가 싶어 어느 날

---

15) 洪錫, 『日省錄』, 「制慾」. "劉安世尋未嘗服藥, 方遷謫時, 年四十有七. 自念父母惟其疾之憂, 如何得無疾. 祇有絶慾一事. 遂擧意絶之. 自是未嘗有一日之疾, 亦無宵寐之變. 三十年來血氣意思只如當時."

첩을 불러 말하였다. '내가 나가기를 기다렸다가, 내가 나간 뒤에 그대는 화장하고 꾸며서 책방에 가보게나. 그러고는 공이 그대를 한 번 보기를 바라봄세.' 첩은 그말대로 따랐다. 그러나 공은 깜짝 놀라 말하였다. '부인이 나갔는데 그대는 어떻게 이곳에 온 것이오?' 하고는 바로 돌려보냈다.[16)]

③ 유하혜(柳下惠)가 먼 길을 나서서 성문 밖에서 잘 때였다. 어떤 여인이 다가와 함께 그곳에서 잤는데 그날 유독 날씨가 추웠다. 유하혜는 여인이 잠결에 얼어 죽을까 걱정되어 여인을 품에 안고 옷을 함께 덮었는데 새벽이 밝도록 음란한 일이 없었다.[17)]

유안세와 사마광, 유하혜 모두 여색을 경계한 인물의 예시로 제시되고 있다. 하지만 세 인물 간에는 약간의 차이가 있는데, 유안세의 경우 자신의 건강을 염려하는 부모를 위해 여색을 멀리하였다면 사마광은 애당초 여색에 관심이 없는 듯 보인다. 유하혜는 욕망보다 여인을 걱정하는 마음이 앞섰다. 욕망에 휘둘려 몸을 망치고 일을 그르치는 것을 경계한 의도를 엿볼 수 있다.

---

16) 洪錫, 『日省錄』, 「制慾」. "司馬光從龐潁公辟爲太原府通判, 嘗未有子. 夫人爲買一妾, 公殊不顧. 夫人疑有所忌. 一日敎其妾俟我出汝至書院中, 冀公一顧. 妾如其言. 公訝曰 夫人出, 汝得至此. 亟遣之."

17) 洪錫, 『日省錄』, 「制慾」. "柳下惠遠行, 宿郭門外. 有女子來同宿. 時天寒, 惠恐其冬, 懷中以衣覆之, 至曉不亂."

3) 검신(檢身)

검속은 이상의 덕목들을 포괄하는 조목으로, 모두 몸을 검속하는 것으로 귀속될 수 있다. 홍석은 검신에서『주역』,『시경』,『서경』,『예기』등을 통해 몸을 다스리는 방법을 설명한다. 몸을 다스린다는 것은 내면의 수양으로 건강한 마음을 가지는 것과 외면의 수양으로 건강한 몸을 가지는 것으로 나눌 수 있다. 홍석은 아래 사례를 통해 검신의 본보기를 제시한다. 덧붙여 자신의 마음가짐이 타인과의 관계에서 어떻게 드러나는지 설명한다.

① 마희몽(麻希夢)의 나이가 90살이 넘어서 벼슬을 그만두고 시골에 돌아갔다. 송 태종(宋太宗)이 그를 불러 섭생의 방법을 물었다. 그러자 마희몽이 대답하였다. "섭생에는 다른 방법이 없습니다. 오직 정을 적게 하고, 욕심을 줄이고, 음악과 여색을 절도에 맞게 하고, 맛있는 음식을 두루 먹는 것뿐입니다."[18]

② 조개(趙槩)는 항상 책상에 누런 콩과 검은 콩을 두었다. 만약 선한 생각이 한번 일어나면 누런 콩을 던지고, 악한 생각이 한번 일어나면 검은 콩을 던졌다. 저물녘에 던진 콩을 보면 처음에는 검은 콩이 많았는데, 점점 반대가 되

---

18) 洪錫,『日省錄』,「檢身」. "麻希夢年九十餘, 致仕歸鄉. 太宗召問攝生之術, 對曰無他. 術惟小情, 寡慾, 節聲色, 薄滋味."

어 누런 콩이 많아졌다.[19)]

③ 진자앙(陳子昻)의 좌우명에 다음과 같이 말하였다. 부모를 섬길 땐 효와 공경을 다하고, 임금을 섬길 땐 충정을 다하고, 형제와는 화목하고 친구와는 신의가 두터워야 한다. 관직에서는 공평하고 이름을 날려서는 청렴함을 귀히 여겨야 한다. 선비를 대할 때에는 사모하고 겸양하며 백성의 앞에서는 항상 너그러이 다스려야 한다. 송사를 다스릴땐 오직 정직함으로 하고 옥사를 살필 땐 반드시 사정을 살펴야 한다.[20)]

위 세 사례는 모두 검신에 속하지만 성격이 다르다. ①은 섭생, 즉 건강하게 오래 사는 법에 대한 내용이고 ②는 생각을 다스리는 방법에 대한 내용이다. 다시말해 내면의 수양과 외면의 수양을 아울러 서술한 것이다. 전자는 타인이 그 효과를 확인할 수 있지만 후자의 경우 오로지 스스로만이 확인할 수 있는 영역이다. 성리학에서는 이처럼 나만 아는 이 지점에서 신중할 것을 요구한다. 이를 신독(愼獨)이라 한다. 결국 ③의 논리로 이어진다.
③은 당나라의 시인 진자앙의 좌우명 중 일부로, 나를 다스리는 방법을 설명하였다. 좌우명을 읽어보면 일견 나에 대한 문제보다

---

19) 洪錫, 『日省錄』, 「檢身」. "趙槩常置黃黑二豆几案間, 每興一善念, 則投一黃豆. 興一惡念, 則投一黑豆. 暮發視之, 初年黑多於黃, 漸久反之."
20) 洪錫, 『日省錄』, 「檢身」. "陳子昻座右銘云, 事親盡孝敬, 事君端忠貞, 兄弟敦和睦, 朋友敦信誠, 從宦重恭愼, 立身貴廉, 明待士慕廉讓, 莅民尙寬, 平理訟惟正直, 察獄必審情."

는 타인과의 관계 속에서 일어나는 문제로 보인다. 하지만 타인과의 관계 역시 내가 어떻게 행동하고 생각하는가에 달린 문제라는 관점에서 본다면 검신의 사례로 볼 수 있다. 진자앙의 좌우명과 관련하여 송시열과 의견을 교환한 흔적이 『송자대전』 권45의 편지에 보인다. 송시열은 『일성록』의 간행이 참으로 좋은 일이라며, 좌우명 끝 부분의 구절을 삭제하고 유가의 정법만 들어야 모범이 될 수 있을 것이라 강조한다.[21]

4) 처관(處官)

처관은 관직생활을 하며 일어날 수 있는 다양한 상황을 선인들이 어떤 식으로 처리했는지와 어떠한 마음가짐으로 관직에 임해야 하는가에 대한 설명을 모은 조목이다. 역시 『논어』, 『맹자』 등의 경전을 통해서는 마음가짐을 비롯한 근본적이고 당위적인 설명을, 장재와 주자의 언설과 역사서의 사례를 통해서는 그 실천에 대해 설명한다.

> ① 마음을 맑게 하고 일을 살피는 것이 관아에서 정사를 돌보고 몸을 닦는 요점이다.[22]

---

21) 宋時烈, 『宋子大全』 卷45, 「答洪君敍」. "日省錄刊行, 誠好矣. 然如養生銘及陳子昂詩末, 秦穆公飮盜馬, 楚客報絶纓等, 幷須刪去. 一用儒家正法, 然後可爲楷範也. 必須擇之極其精, 無一疵纇則庶矣. 不然則徒爲人嗤點, 豈不可戒也哉. 聖賢道統目錄, 直以周程張朱上接孟子, 旣有先儒定論. 天人策原道等書, 何可參入於其間耶. 須更加商量也."

22) 洪錫, 『日省錄』, 「處官」. "淸心省事, 居官守身之要."

② 나는 백성을 사랑하지만 백성이 나와 친해지지 않는 것은 모두 사랑이 지극하지 않아서이다.『서경』에 이르기를 '어린아이를 지키듯 한다'고 하니 어린아이의 마음을 지켜 백성을 사랑한다면 백성들이 어찌 나와 친하지 않겠는가?[23]

③-1 복자천(宓子賤)이 단보(單父)를 다스릴 때 금(琴)을 연주하면서 당(堂) 아래에 내려가지 않았다. 유약(有若)이 말하였다. "어찌 그리도 수척하십니까?" 복자천이 말하였다. "국정을 걱정하기 때문입니다.[24]

③-2 무마기(巫馬期)가 단보(單父) 땅을 다스릴 때 별이 있을 때 일어나 오가며 한 곳에 있지 않고는 정치를 돌보았다. 복자천이 말하였다. "나는 남에게 맡겼지만 그대는 그대의 힘에 맡겼다. 스스로의 힘에 맡긴 자는 수고롭고 남에게 맡긴 자는 편안하다."[25]

①과 ②, ③-1의 예시에서는 유가 지식인의 이상적인 정치 행위를 묘사하고 있다. 수기(修己)와 치인(治人)을 강조하는 유가에서 정치는 자신을 수양하는 것에서 출발한다. ①은 그 구체적인 방법에

---

23) 洪錫,『日省錄』,「處官」. "愛民而民不親者, 皆愛之未至也. 書曰如保赤子, 誠能以保赤子之心愛民則民豈有不親者哉."
24) 洪錫,『日省錄』,「處官」. "宓不齋治單父, 鳴琴, 不下堂. 有若曰何瘦也. 曰憂國政也."
25) 洪錫,『日省錄』,「處官」. "巫馬期治單父, 戴星出入日夜不居. 問宓不齋. 不齋曰我任人, 子任力. 任力者勞, 任人者逸."

대한 설명이다. 마음을 맑게 한 뒤 일을 살피는 것이 정사를 돌보는 근본이다. ②에서는 이러한 논리를 유가 경전인 『서경』에서 찾고 있다. ①의 논의가 『서경』의 구절에서 나온다는 점을 들어 논리의 타당성을 증명한 것이다. 마지막으로 ③-1에서는 『태평어람』을 인용하여 발로 뛰며 부지런히 정사를 다스리는 것도 좋지만 적재적소에 인재를 등용하여 저절로 정사가 이루어지는 것이 더 나은 정치임을 보였다. 그러나 이 역시 자신의 수양에서 시작해야 하는 일이다.

관직에 나아가는 것은 공적인 위치에서 소임을 다하기 위해서이다. 홍석은 이를 의리를 행하는 것으로 보았다. 앞의 조목들을 실현한 뒤에 타인에게 의리를 행할 수 있다는 점에서 처관은 최종적인 목표라고 할 만하다.

5. 나가며

『일성록』은 성현의 말과 역사의 기록을 통해 스스로를 돌이켜보고자 한 홍석의 저술이다. 송시열은 이런 그의 공부법을 비판하였지만, 『일성록』을 통해 선현의 뜻을 본받으려 한 홍석의 의도는 이해하였다.

홍석은 스스로 '숭정처사'를 자처하며 존주의식을 고취했다. 그 방법으로 그는 '예'라는 수단을 이용하였으며, 여러 예법서를 남겼다. 그중 『일성록』은 그가 중시한 예를 실천한 성현들과 역사의 사례를 정리한 것이다. 인용한 책의 종류가 다양하고, 제시한 일화 또한 시대를 넘나들고 있다. 『일성록』은 조선시대 사대부들의 일반적인 독서법인 '경경위사'와 밀접한 관련이 있다. 먼저 경전을 통해 근본이 되는 날줄을 세우고 그 이후 역사서를 통해 씨줄을 끼워 상황에 맞는 태도를 실천하고자 한 것이다. 이 과정에서 경서는 역사의 표준이자 도덕적 근거로서 작용한다.

『일성록』은 심신 수양을 위한 유취류 서적의 일종으로 볼 수 있다. 홍석은 다양한 일화를 통해 자신의 수양을 바탕으로 남을 다스리는 선비의 올바른 태도를 제시하였다. 홍석의 『일성록』에서는 혼란한 시대에 모범적 인간상을 모색한 지식인의 고뇌를 엿볼 수 있다.

참고문헌

『漢書』

賈公彦, 『儀禮注疏』, 北京大學出版社, 2000.

宋時烈, 『宋子大全』, 韓國文集叢刊.

洪錫, 『日省錄』, 성균관대학교 존경각본(C02-0351).

洪錫, 『遜遇先生文集』, 김용주 옮김, 한국국학진흥원, 2020.

창절사(彰節祠)의 건립과
이후 조치에 관하여
-『육신사기첩(六臣祠記帖)』을 중심으로

이진서

1. 머리말

강원도 영월에 위치한 육신사(현 창절사)[1]는 단종의 복위를 꾀하던 사육신을 비롯한 10인의 위패를 모셔놓은 사우이다. 창절사는 다른 사우보다 비교적 큰 규모로, 위패를 모셔놓은 공간 외에도 강학공간인 강당과 동서재, 배견루를 갖추고 있어 조선시대 일반적인 서원과 같은 구성을 보여준다. 뿐만 아니라 창절사는 18세기 건축 구조의 특징을 반영하고 있는데, 2022년 11월 그 가치를 인정받아 국가지정문화재 보물로 지정되었다.[2]

---

1) 후에 언급하겠지만, 숙종조에 彰節로 사액되었다. '육신사'는 사육신을 기리는 사우의 범칭이다. 본고에서 고전 원문을 인용하는 경우, '육신사'라는 단어가 구체적으로 무엇을 지칭하는지 혼란을 야기할 수 있기 때문에 '육신사(현 사액 이후 명칭)', '강원도 영월 소재 육신사' 등 수식어를 사용하고, 사육신을 배향하는 사우에 대한 범칭인 경우에만 수식어 없이 '육신사'를 사용하겠다.

2) 문화재청 국가문화유산포털(https://www.heritage.go.kr).

【사진 1】창절사 내부

출처: 문화재청 국가문화유산포털 https://www.heritage.go.kr

『육신사기첩』은 사육신을 비롯하여 단종 복위에 힘썼던 여러 인물을 배향한 강원도 영월 소재의 육신사(현 창절사)에 게판되어 있는 현판을 탁본하여 합철한 책으로, 현재 서울대학교 규장각에 소장되어 있다.『육신사기첩』에는 다섯 편의 글이 수록되어 있는데, 주로 강원도 영월 소재 육신사의 건립 경위와 이에 대한 개인의 감상을 담고 있다.

『육신사기첩』은 ①양선생임명시(兩先生臨命詩), ②육신사기(六臣祠記), ③제육신사기후(題六臣祠記後), ④육신사우기(六臣祠宇記), ⑤육신보우상량문(六臣輔宇上梁文)으로 이루어져 있다. 먼저 ①양선생임명시는 성삼문과 이개의 임명시로,『육신사유고』,『추강집』등에도 보인다. 두 편의 시에서 모두 현릉을 언급하며 문종에 대한 충의를 드러내고 있다. 시 뒤에는 짧은 기록이 있는데, 이 기록을 통해서 서자(書者)는 정조 15년(1791) 가을 당시 영월부사였던 박팽년의 후손 박기정이며, 그가 창절사를 중건하는 데에 지대한 공이 있음

을 파악할 수 있다.[3]

이밖에 ③제육신사기후를 제외하고는 모두 숙종 11년(1685)에
쓰여진 글로, 각각 송시열, 박태보, 오도일이 육신사의 건립 전말
과 개인의 감상을 담고 있다. ②육신사기는 사육신을 제외하고 단
종의 시신을 수습하였다고 알려진 엄흥도를 배향하고 있음을 보
여준다. 뿐만 아니라 만약 김시습, 남효온을 추가로 배향하고 단
하나를 사당 곁에 만들어 권자신, 송석동[4]을 함께 제사한다면 더
욱 완비될 것이라 기대하고 있다. ②육신사기 이후 107년이 지나
고 후 당시 영월부사였던 박기정이 글씨를 썼다고 추기(追記)되어

---

3) 서울대 규장각 소장 『육신사기첩』 001b. "上之十五年辛亥季秋, 朴先生之後孫基正,
知越州府, 重建彰節詞, 泣而請書兩先生臨命之詩以揭院."

4) 『五洲衍文長箋散稿』「生六臣辨證說」에서는 기록마다 생육신의 인원수와 명단이 다
름을 지적하는데, 宋石同은 야승에 기록된 생육신 중 한 명이다. 또한 송석동은 『莊
陵誌』에 "육신과 동시에 잡혀서 법에 따라 처형되었다"고 기록되어 있다.
『五洲衍文長箋散稿』「生六臣辨證說」, "端宗遜國時, 有死六臣, 生六臣. 而生六臣, 李
潭『僿說』所錄, 又異焉. 其他野乘所錄七人, 寧越章甫所八人, 竝記以辨證之. 『莊陵史
補』及野乘, 家莊, 有死六臣, 生六臣. 如南秋江孝溫, 金東峯時習, 趙漁溪旅, 李翰林孟
專, 權栗亭校理節, 元昊. 李星湖瀷『僿說』生六臣, 金東峯時習, 南秋江孝溫, 趙漁溪旅,
元觀瀾昊, 李翰林孟專, 成上舍耼壽. 野乘七人, 權自愼, 尹鈴孫, 成勝, 沈璿幾伯忘世,
宋石同, 嚴興道寧越戶長. 寧越章甫, 嘗請以栗亭配享六臣, 該曹以樹立各異, 難輕議,
未蒙許施, 常爲慨然. 歲壬子春, 以栗亭, 元觀瀾昊, 李耕隱孟專, 鄭雪谷保, 金梅月堂
時習, 南秋江孝溫, 趙漁溪旅, 成進士耼壽. 竝享六臣祠云."("단종이 왕위를 내놓았을
때, 사육신과 생육신이 있었는데, 생육신은 이이의 『사설』에 기록되어있는 바는 또
다르다. 기타 야승에 기록되어있는 바는 일곱 명이다. 영월장보의 여덟 명은 아울러
기록으로써 변증한다. 『장릉사보』와 야승, 개인 문집에는 사육신과 생육신이 기록되
어있는데, 추강 남효온, 동봉 김시습, 어계 조려, 한림 이맹전, 교리 율정 권절, 원호
이다. 성호 이익의 『사설』의 생육신은 동봉 김시습, 추강 남효온, 어계 조려, 관란 원
호, 한림 이맹전, 상사 성담수이다. 야승의 일곱 명은 권자신, 윤영손, 성승, 기백 망
세정, 심선, 송석동, 영월호장 엄흥도인데, 영월 유생들이 일찍이 율정을 육신으로
배향하자고 하였으나, 해조(예조)에서 '수립한 것이 각각 다르기 때문에 가볍게 논
의하기 어렵다'고 하여, 시행을 허락받지 못한 것을 항상 안타깝게 여겼다. 임자년
봄에 율정을 관란 원호, 경은 이맹전, 설곡 정보, 매월당 김시습, 추강 남효온, 어계
조려, 진사 성담수와 함께 육신사에 배향시켰다."라고 하였다.)

있다. 이를 통해 『육신사기첩』의 연대는 1791년 이후로 추정할 수 있다. ③제육신사기후(1702)는 송시열의 제자 권상하의 글로, 스승 송시열이 「육신사기」를 짓고 난 약 5년 뒤(1690), 화로 인해 이 육신사를 철거하는 일이 있었음을 밝힌다. 그러나 이후 임진원이 영월 부사로 부임하여 모습을 되찾았으니 모두 임진원의 공이라고 하였다. ④육신사우기는 당시 이천 현감이었던 박태보의 글로, 내용은 ②육신사기와 유사하며, 엄흥도를 육신에 비견하고 승사(陞祀)한 위치 등을 언급하고 있다. 서자(書者)는 박태보의 증손 박화원이다. ⑤육신보우상량문은 당시 울진 현령이었던 오도일의 글로, ②육신사기와 대동소이하다. 다만 사육신을 한 명씩 구체적으로 언급하며 기리고 있다.

본고에서는 창절사가 지닌 가치를 판단하기 위하여 다음과 같이 논의를 전개하고자 한다. 먼저 계유정난 이후부터 현종조에 이르기까지 소릉 복위, 단종 복위에 관련된 인물들에 대한 추숭 과정을 먼저 살피고자 한다. 숙종조에 이르러서야 이러한 일련의 과정이 마무리되었는데, 이 시기에 사육신을 배향하는 육신사가 전국적으로 건립된다. 본고는 사우가 이런 역사적인 과정을 잘 보여주는 장소라고 판단하여, 단종 복위와 관련된 인물들을 기리는 사우를 전반적으로 다루되, 특히 『육신사기첩』을 중심으로 강원도 영월 소재의 육신사인 창절사의 건립과정과 영조조 이후 이루어진 조치들을 파악할 것이다.

2. 세조~현종조 계유정난 관련 인물 복위 논의

계유정난을 비롯한 세조 초기 일련의 사건들은 조선 전반을 통틀어 가장 충격적인 사건 중 하나이다. 이 과정에서 세조와 이해를 달리하는 많은 인물들이 희생되었다. 그들의 의도는 단종의 복권과 추숭이었지만, 당시에는 난신이라 여겨져 역모죄로 다스려졌고, 오늘날 충의의 인물로 굳어지기까지 많은 충돌이 있었다. 성종조에 소릉 복위에 관한 논의가 처음으로 나왔고, 이후 중종조에 소릉 복위가 이루어졌으며, 숙종대에 이르러 마침내 국가적 차원에서 육신 복권이 마무리된다.

1456년 단종 복위 시도에 참여한 인물들에 대하여 세조는 물론, 당시 신하들 역시 난신으로 인식하고 있었다.[5] 이후 성종조에 남효온이 올린 소릉 복위 상소는 다른 신하들로부터 공격을 받는 계기를 제공하였으니,[6] 당시 인사들이 소릉 복위에 대해 선왕조의 일이라는 이유로 꺼리는 모습을 포착할 수 있다.[7]

중종조에 이르러서는 보다 활발한 논의가 전개되는데, 특히 사림파 인사들에 의해 소릉 복위와 사육신의 현창을 찬성하는 의견이 제기된다. 가령, 중종 12년(1517) 8월 정순붕은 "절의와 인후한

---

5) 정만조, 「肅宗朝의 死六臣 追崇과 書院祭享」, 『한국학논총』 33, 국민대학교 한국학연구소, 2010. 『仁宗實錄』권2에 경연에서 侍講官 韓澍는 세조가 사육신을 두고 "當代之亂臣, 後代之忠臣"이라고 발언한 바 있음을 언급하였으나, 이는 현재 『世祖實錄』에서는 확인할 수 없는 바이다. 그러나 경연의 자리에서 신하가 민감한 사안과 관련하여 선왕조의 말씀을 마음대로 지었다고도 보기 힘들기 때문에 어느 정도 신빙성을 인정해주어야 한다고 주장하였다.

6) 『成宗實錄』, 성종 9년 4월 15일.

7) 위의 책, 성종 9년 4월 16일.

풍습은 국가가 배양할 바"라며, 성삼문과 박팽년의 절의 역시 높여야 한다고 주장하였다.[8] 조광조 역시 "신하의 지조를 권려하기 위해" 성삼문, 박팽년 등의 절의를 현창할 것을 주장하였다. 이와 반대로 당시 훈구파 인물이었던 영의정 정광필은 성삼문과 박팽년에 대한 논의는 "당대에는 버려두고 논하지 않는 것이 옳다"고 주장하였다.[9] 한편, 소세양이 남효온 이후로 뜸해졌던 소릉 복위 문제를 제기했고, 많은 논의를 거친 후 중종 8년(1513) 마침내 복위되었다.[10]

선조조에 이르러 기대승이 선조에게 『무정보감』[11]을 바탕으로 세조 집권 과정의 일련의 일들을 전반적으로 전해 듣는다. 기대승은 "성삼문 등의 의도는 상왕을 복위하려는 것이었으나, 세조는 난을 일으키는 것으로 생각"하였다고 주장했다.[12] 추측컨대, 『무정보감』에서는 사육신이 부정적으로 기술된 반면, 기대승의 언급은 사육신에 대한 인식을 반전하였다는 데 의의가 있다.[13] 그렇다고 해서 사육신에 대한 선조의 인식이 긍정적으로 것은 아니었다. 선조 9년(1576), 박계현이 경연 석상에서 남효온의 「육신전」을

---

8) 위의 책, 중종 12년 8월 5일.

9) 위의 책, 중종 12년 8월 8일.

10) 『燃藜室記述』 제4권, 「文宗朝故事本末 昭陵廢復」.

11) 기대승은 『무정보감』에 당시 소문에 대한 기록도 섞여 있음을 지적한다. 『무정보감』은 현재 전해지지 않는 책이므로 내용을 확인할 수 없다. 다만, 예종 1년에 申叔舟가 『무정보감』의 讎校를 마치고 병자년(1456)에 성삼문, 박팽년, 성승 등의 인물들이 역모의 혐의를 품은 것이 기록되어있지 않았음을 지적하면서 『무정보감』에 기록하여 실을 것을 요청한 것으로 보아 사육신을 난신의 시선으로 바라보고 기록할 것을 청하였음을 이해할 수 있다.

12) 『宣祖實錄』 선조 2년 5월 21일.

13) 李根浩, 「16~18세기 '단종복위운동' 참여자의 복권 과정 연구.」『史學研究』, 83집, 한국사학회, 2006, 115~155면.

언급하면서 "성삼문이 실로 충신임"을 입증하고자 한다. 선조는 이에 대해 "선왕조를 모욕"하였다는 이유로 모두 불태우고자 한다.[14] 당시 관료들 역시 선조에게 동조하는 모습을 보인다.[15] 비록 소릉 복위 등 계유정난의 뒷처리에 다소 진전이 있었으나, 여전히 사육신 등 세조 집권 과정에 희생되었던 인물들의 복권 및 추숭은 거의 논의되지 않았음을 확인할 수 있다.

  사육신을 비롯하여 단종 복위를 위해 힘썼던 여러 인물에 대한 논의는 선조조에는 마무리가 되지 못한 채 끝났지만, 효종대에 이르러 공식적으로 논의되었다. 대표적으로 조경과 송준길은 박팽년, 성삼문, 이개, 하위지, 유성원, 유응부 등 6인에게 은전을 베풀어야 한다고 주장하였다.[16] 또한 송준길은 성삼문과 박팽년을 방효유에 빗대면서 그들이 양면적인 인물임을 인정하면서도 그들의 절의를 높여 배향하기를 청하였다.[17] 효종은 "대신들에게 문의하여 결정하라." 하였는데, 결국 당시 조정에서는 받아들여지지 않았다. 현종조에 송시열이 엄흥도의 절의를 높이 사 "그 자손들을 녹용하는 은전이 있어야 함"을 주장함으로써 간략한 언급이 있었다.[18]

---

14) 『宣祖修正實錄』, 선조 9년 6월 1일.
15) 『宣祖實錄』, 선조 9년 6월 24일.
16) 『孝宗實錄』, 효종 3년 11월 13일.
17) 위의 책, 효종 8년 10월 25일.
18) 『顯宗實錄』, 현종 10년 1월 5일.

3. 육신사의 건립과정

숙종조에 이르러서야 그동안 미온적이었던 사육신 복권 문제가 본격적으로 진행되었다.[19] 가장 먼저 취해진 조치는 육신 묘의 봉식이다. 사육신의 묘지를 최초로 고증한 허목의 「육신의총비」에 따르면, 노량진 아래 강 언덕에 박씨, 유씨, 이씨, 성씨의 묘라고 쓰여 있는 4개의 비석이 있고, 그 뒤 십여 보쯤 떨어진 곳에 성씨의 무덤이 또 있는데 이는 예부터 성승의 무덤이라 전해졌다고 한다.

허목은 민간에서는 암암리에 전해지는 바가 있음에도 불구하고 비석에 이름을 명백하게 밝히지 못한 사실을 근거로 사육신을 장사지내고 묘를 조성하는 일이 국가적으로 기휘되던 바이며, 사육신 묘가 처음 마련된 과정이 불분명함을 밝혔다.[20] 허적은 노량에서 대규모 열무를 하는 중에 "육신이 죽은 뒤에 어떠한 자가 시체를 거두어서 돌로 표시를 하였으나, 감히 그 이름을 쓰지는 못하고 모씨의 묘라고만 써놓았음"을 밝히며 현재 임금의 행차가 가까이 거둥하였으니 특별히 봉식을 명해줄 것을 청하였고, 숙종은 곧

---

19) 이 과정에서 근거가 되는 바는 앞서 언급하였던 세조의 "當代之亂臣, 後代之忠臣"이라는 발언이다. 이 언급은 『세조실록』에서는 발견할 수 없지만, 숙종은 모든 복위 과정에서 이를 합리적인 근거로 제시하고 있기 때문에 부정할 수 없는 바이다. 그러므로 이 발언이 숙종 이전에는 사육신 복권을 합리화하는 도구로 쓰이지 않았는지 고찰해보아야 한다. 이에 대해 김영두는 「단종충신 追復 논의와 세조의 사육신 인식」에서 과거 사육신의 복권에 대하여 언급이 없었던 것은 특정 집권 세력에 의해 독점되어 다른 시각은 억압되었기 때문인데, 추후에 이런 억압이 느슨해졌을 때 이에 대해 새로운 집권 세력이 새로운 담론을 낼 가능성을 지적하였다.

20) 許穆, 『記言』, 「六臣疑冢碑」. 成大中의 『靑城雜記』 제4권의 「醒言」에 따르면, 김시습이 사유신 사후에 장지한 인물이라는 민간의 이야기에 대해서는 타당성을 인정하나, 어디까지나 민간에서 전해지는 이야기이다.

예조에 봉식을 명한다.[21]

숙종은 노량진을 건너 육신의 묘가 있는 것을 확인하고 그 절의에 감동하여 특별히 관원을 보내어 사제하게 하였고, 이어서 무덤 가까이 있던 사당에 편액을 내렸다. 뿐만 아니라 근시(近侍)를 노산대군의 묘에 보내어 제사하게 하였다.[22] 이후 "나라에서 먼저 힘쓸 것은 본디 절의를 숭장하는 것보다 큰 것이 없다"며 6인을 복작하고 사당에 민절(愍節)이라는 편액을 내린다.[23] 민간에서만 전해지던 사육신의 묘가 비로소 공식적으로 인정되는 순간이었다.

사육신의 묘가 있었다고 전해지는 노량진에 세워진 육신사(현 민절사)를 제외하고 전국적으로 알려진 육신사는 두 군데 정도를 들 수 있다. 하빈사의 경우, 사육신 중 유일하게 박팽년의 직계 후손이 살아남아 현재 대구광역시 달성군 하빈면에 거주하고 있었던 것에서 기인한다. 처음에는 이곳에서 박팽년만 배향하였는데, 현손 박계창이 박팽년의 기일에 꿈에서 다른 다섯 명의 사육신을 보고 나머지 사육신의 대가 모두 끊겼음을 깨닫는다. 이에 숙종 5년(1679) 사우를 세우고 사육신 6명 모두를 배향하였고, 도내 유생들의 소청에 힘입어 숙종 20년(1679) '낙빈(洛濱)'으로 사액되었다.[24] 두 번째로 노은사의 경우, 본관이 창녕인 성삼문의 유택이 남아 있음에 기인하여 세워졌다. 성삼문 사후 부인 김씨가 직접 신주

---

21) 『肅宗實錄』, 숙종 5년 9월 11일.

22) 위의 책, 숙종 17년 9월 2일.

23) 위의 책, 숙종 17년 12월 6일. "나라에서 먼저 힘쓸 것은 본디 節義를 崇獎하는 것보다 큰 것이 없다"로 이어지는 숙종의 비망기는 세조가 육신을 두고 "當代之亂臣, 後代之忠臣"라고 한 것에 근거하여 결과적으로 이러한 복권이 "遺意를 잇고 세조의 盛德을 빛내는 것"이라 밝혔다.

24) 『新增東國輿地勝覽』 제26권, 「慶尙道」.

를 만들어 제사를 지냈다. 김씨 사후 이 신주는 외손 박호에게 돌아갔는데, 박호 역시 후손이 없어 인왕산에 자기 집 신주와 함께 묻었다. 그 후 현종 13년(1672) 당시 호조 아전이었던 엄의룡이 우연히 인왕산에서 성삼문의 신주와 박호 부부의 신주를 발견하였다.[25] 이를 계기로 숙종 2년(1676) 성삼문의 옛집이 있는 홍주에 노은사라는 사당을 세우고 이 신주를 배향하였다. 이후 숙종 11년(1685) 나머지 다섯 명의 사육신도 배향되었다. 숙종 18년(1692) '녹운(綠雲)'이라 사액되었는데, 송시열이 이 지역을 노산군의 '노(魯)'와 은의(恩義)에서 '은(恩)'을 따서 '노은(魯恩)'이라 칭한 것을 계기로 이후 숙종 35년(1709) '노은서원'으로 개칭된다.

송시열은 ②육신사기에서 "대구 하빈사, 홍주 노은사, 과천 노량사 역시 그만한 명의가 있으나, 단종의 묘우 옆에서 사당을 짓는 것만 못하다"는 당시 강원도 관찰사 홍만종, 유세명, 영월 군수 조이한이 숙종 11년(1685)에 논의한 내용을 인용하며 단종의 묘우 옆에 사우를 지을 필요성을 피력하였다.[26] 박태보 역시 ④육신사우기에서 장릉 근처에 사육신을 기리는 사우가 없음을 한탄하고, 강원도 영월에 사우가 필요함을 강조하였다. 이에 당시 강원도 관찰사 홍만종이 장릉 옆에 사당을 세워 육신을 배향하였는데, 이것이 강원도 영월 소재 육신사의 시초였다. ②육신사기에서는 "먼저 본 건물 3칸을 세웠다"고 밝혔고, ④육신사우기에서는 "가장 동쪽에 박팽년, 그 다음 성삼문……그 남쪽의 배향은 엄흥도이다"라고 밝혀 자세한 위치까지 밝혔다.

---

25) 『燃藜室記述』 제4권, 「端宗朝故事本末」.
26) 『六臣祠記帖』 「六臣祠記」.

이후 숙종 29년(1703) 유생들의 청에 의해 봉산서원, 홍산사우, 평택사우 등과 더불어 영월사우를 창절(彰節)로 사액하였다.[27] 이보다 앞서 숙종 24년(1698) 신규가 "노산군의 왕호를 추복할 것"을 상소로 올렸고, 여러 논의 끝에 그 해 11월 묘호를 단종으로 하였다.

4. 창절사 건립 이후 조치

앞서 언급하였듯이, 영월 소재 육신사는 숙종 11년 세워져 29년 창절로 사액되었다. 건립 당시에는 사육신(성삼문, 박팽년, 이개, 하위지, 유성원, 유응부)과 단종의 시신을 수습하였다고 알려져 있는 영월호장 엄흥도를 배향하였다. 창절사가 세워졌던 1698년 장릉 안에 있는 육신사의 이전 여부에 대해서 논한 일이 있었다. 최석정은 정릉 안에 있는 무덤을 파서 옮기지 않았다는 전례를 들며 옮기지 말 것을 주장하고, 숙종이 이를 받아들인다.[28] 영조 34년(1758) 장릉을 봉심(奉審)한 홍상한 역시 사당의 이전 문제를 거론한다. 홍상한은 "장릉의 화소 안에 창절사가 있는데……화소 안에 있는 사당을 옮겨서 건립할 것"을 청하였다. 영조는 두시(杜詩)의 "일체군신제사동(一體君臣祭祀同)"의 구절을 인용하여 허락하지는 않았으나 도신에게 창절사를 수리할 것을 명하였다. 이와 더불어 사육신을 비롯하여 김종서, 황보인 등에게 시호를 내려주고, 사육신의 후손

---

27) 『肅宗實錄』, 숙종 29년 10월 5일.
28) 위의 책, 숙종 24년 11월 29일.

인 박성협에 대한 서용(敍用), 엄홍도 후손에 대한 녹용(錄用)을 명하였다.[29] 이후 영조는 재실에서 『장릉지』를 읽게 하고 사육신과 김종서, 황보인, 정분에게 '충'으로 시호를 내려주었다.[30]

정조조에 이르러서도 수리 및 보수가 진행되었다. 정조 12년(1788) 정조는 "영월 육신사가 장릉 동구에 있는데 원우가 퇴락하여 비바람을 가리지 못한다 하니, 본도로 하여금 재물을 대주어 수리하게 하고, 승지를 보내어 치제하라. 엄호장의 집에도 마찬가지로 치제하라."라는 전교를 내렸다.[31] 『홍재전서』 권21에 「영월 육신사치제문」이 실려 있는데, 육신의 충절을 기리고 무너져가는 육신사를 수리하였음을 밝혔다. 이후 정조 15년(1791) 박팽년의 주손 박기정을 영월 부사에 임명하였다. 박기정은 사육신의 후손 중 유일하게 제사를 지낼 수 있는 반열에 있었기 때문에 정조가 박기정을 영월 부사로 임명한 것이다.[32] 박기정은 영월 부사로 재임시 창절사를 보수하는 등 단종과 그 충신들을 추숭하는 사업을 진행하였다. 정조 15년, 경기 유생 황묵이 화의군 이영을 창절사에 배향할 것을 청하였으나, 예조에서 추가 배향은 금지령이 있다는 이유로 반대하였다. 이에 정조는 금성대군과 화의군 같은 인물은 사육신에 못지않은 충절을 가지고 있는 인물이라 하며, 함께 추배할 만한 인물들을 내각과 홍문관에 묻는다. 이에 한남군, 영풍군, 김종서, 황보인, 정분을 비롯하여 생육신 등 여러 인물이 언급되었다. 정조는 언급된 인물 중 김시습, 남효온, 금성대군 이유와 화의

---

29) 『英祖實錄』, 영조 34년 10월 4일.
30) 위의 책, 영조 34년 10월 7일.
31) 『正祖實錄』, 정조 12년 8월 16일.
32) 위의 책, 정조 15년 3월 11일.

군 이영의 지조를 높이 사서 창절사에 추가 배향하였다. 이 4명의 인물을 제외한 나머지를 장릉 배식단에 배향하는데, 정단에 배식한 사람이 32인, 별단에 배식한 사람이 198인이었다.[33]

순조조에 이르러서는 박충원이 몇 차례 언급된다. 박충원은 1541년 영월 군수로 발령받아 단종의 묘를 봉축하고 단종 사후 제사를 지내준 인물이다.[34] 순조 8년(1808), 김재규 등 250인이 박충원을 노은사에 추배할 것을 청하였으나, 이는 받아들여지지 않았다.[35] 같은 해, 방외 유생이 박충원을 창절사에 배향해달라고 청한 것에 대하여 송지렴이 앞서 있었던 김재규의 상소를 언급하나, 순조는 이전의 상소와 마찬가지로 허가하지 않는다.[36] 순조 11년(1811), 예조에서 박충원을 창절사에 배향하는 일을 다시 한번 언급하고, 대신들과 함께 논의할 것을 청하여 순조가 윤허하였으나, 끝내 받아들여지지 못하였다.[37] 이후 순조 18년(1818), 이은소 등 여러 유생들이 박심문[38]을 언급하는데, 그 역시 사육신 못지않게

---

33) 『홍재전서』, 「莊陵配食錄」, 『正祖實錄』, 정조 15년 2월 21일 명단 참조.

34) 『大東野乘』의 『柳川箚記』에 그와 관련된 일화가 소개되어 있다. 그가 영월 군수로 발령받은 1541년에 앞서서 전에 부임한 군수 3명이 연달아 급사하면서 모든 사람들이 영월을 '흉한 지방'이라며 부임을 꺼렸다. 또한 『駱村遺稿』와 『선조수정실록』 14년 2월 1일자 기사에 따르면, 단종 사후에는 엄흥도가 단종의 시신을 수습하였지만, 時諱로 인해 제대로 된 묘역을 갖추지 못하였기에 훗날 그 위치를 알 수 없었는데, 박충원이 꿈에서 단종을 만나 무덤의 위치를 계시받고 실제로 찾아내어 봉분을 만들고 제문을 지어 치제하였다고 한다. 이후로는 영월에 요괴한 일들이 사라졌고 박충원 역시 의연하게 지냈다고 전해진다.

35) 『日省錄』, 순조 8년 4월 10일.

36) 위의 책, 순조 8년 5월 28일.

37) 위의 책, 순조 11년 3월 20일.

38) 박심문은 계유정난 당시 김종서 등이 살해된 것에 분개하며 조정에 출사하지 않고 성삼문, 하위지 등과 단종 복위를 꾀하였다. 그는 사육신 처형이 일어나기 전에 성삼문과 하위지 등과 나라를 걱정하며 운명을 함께하기를 약속한 인물이다. 이후 질

절의를 바친 인물이었음에도 같은 은택을 받지 못한 것을 아쉬워하며 창절사에 배향해줄 것을 요청한다.[39] 이후 박심문의 후손 박도묵 등이 해당 상소를 언급하는 등, 두 차례에 걸쳐서 창절사 배향을 요청하였고, 순조 19년 윤허를 받았다. 이로써 사육신과 엄흥도를 비롯하여 정조대에 김시습과 남효온, 순조대에 박심문이 배향되면서 현재까지 총 10인의 위패가 모셔져 있는 모습을 갖추었다.

이후 몇 차례 다양한 인물들을 배향하자는 요청이 있었지만 실현되지 못하였다. 고종 13년(1876) 12월, 사성 조성학이 김시습과 남효온을 제외한 조려, 이맹전, 원호, 성담수 등의 인물들이 창절사에 배향되어 있지 않음을 지적하며, 함께 창절사에 배향해 줄 것을 청하는 상소를 올렸고,[40] 이후 이최응,[41] 박재덕,[42] 류응목,[43] 김경락[44] 등이 같은 내용의 상소를 올렸으나, 고종은 성급하게 논의할 수 없는 문제임을 누차 설명하며 결정을 미루었다. 대신 기존에 배향되어 있던 엄흥도에 대한 처우가 보다 개선되는 등의 변화가 있었다. 앞서 7월 이최응은 사육신의 절개를 높이 평가하며, 그들이 단종 복위에 힘썼던 1456년과 간지가 같다고 거론하며 창절사에 배향된 인물들에게 제사를 지내고, 황폐해진 분묘를 수리

정관으로 중국에 갔다가 돌아오는 길에 사육신 처형 소식을 듣고 음독하여 자결하였다.
39) 위의 책, 순조 18년 6월 16일.
40) 위의 책, 고종 13년 12월 13일.
41) 위의 책, 고종 14년 1월 25일.
42) 위의 책, 고종 21년 2월 13일.
43) 위의 책, 고종 28년 6월 4일.
44) 위의 책, 고종 28년 11월 19일.

해야 한다는 상소를 올렸고, 고종이 허락하였다.[45] 같은 해 11월, 고종이 엄흥도에게 '충의'라는 시호를 내렸다.[46] 고종 37년(1900) 이근수가 엄흥도의 후손 엄주호의 말을 언급하며, 엄흥도가 사육신에 못지않은 충성과 절개를 지녔음에도 영구히 제사지내는 은전을 받지 못하였다며 의정부에 품처할 것을 청하였고,[47] 같은 해 의정부 의정 윤용선이 같은 내용의 상소를 올리자 고종이 허가하였다.[48]

5. 맺음말

지금까지 『육신사기첩』의 내용을 통해 강원도 영월 소재 육신사(현 창절사)의 건립에 참여하였던 여러 인물을 비롯하여 약 200년 동안 논의되었던 단종 복위, 소릉 복위, 사육신의 복권 및 추숭 과정과 그에 힘썼던 인물들을 살펴보았다. 성종조에는 소릉 복위를 언급하였다는 이유만으로 남효온이 박해를 받았다. 중종조에 이르러 사림파 세력들의 등장으로 이전보다 활발한 논의가 진행되었고, 그 결과 소릉이 복위되었다. 선조조에 이르러 기대승이 사육신을 난신으로 인지하였던 기존의 인식을 반전하는 발언을 하였다. 그럼에도 남효온과 「육신전」이 경연에서 언급되자 '선왕조를 모욕'한다는 구실로 강하게 비판받는다. 현종조에 송시열이 엄흥도

---

45) 『承政院日記』, 고종 13년 7월 13일.
46) 위의 책, 고종 13년 11월 27일.
47) 위의 책, 고종 37년 4월 13일.
48) 위의 책, 고종 37년 4월 18일.

의 충절을 언급하였고, 숙종조에 들어서 그동안 미온적이었던 사육신의 복권 및 추숭이 빠르게 진행되면서 단종이 복위되고 사육신의 충절이 기려진다. 이 시기에 사육신 묘를 봉식하고, 노량진의 육신사를 비롯하여 강원도 영월의 육신사를 세워 육신을 배향하였다. 영조대에는 세조 집권의 부당함을 주장하였던 김종서, 황보인, 정분 등에게 시호를 내려주고 사육신과 엄홍도의 후손을 녹용하는 등 조치를 시행한다. 정조대에 이르러서는 화의군과 금성대군, 김시습, 남효온을 창절사에 추가로 배향하고 이 4명을 제외한 인물들은 장릉 배식단에 배향한다. 순조조에는 박충원의 추가 배향을 청하는 지속적인 상소가 있었으나, 이후 언급되지 않은 것을 보아 배향되지 않은 듯하다. 고종조에도 남효온, 김시습을 제외한 나머지 생육신의 추가 배향을 청하는 상소가 있었으나 역시 이루어지지 않았다.

육신사가 세워진 배경과 역사는 조선 전반을 통틀어서 가장 충격적인 사건 중 하나였던 계유정난과 그 이후 일련의 희생을 회복하고 속죄하는 과정이라 할 수 있다. 처음에는 단순히 '선왕조를 모욕'하는 일이라 치부되었던 일들이 시간이 지남에 따라 되려 '선왕조를 기리는 일'이 되었으니, 많은 인물들의 고심과 노력이 이러한 인식의 전환을 이루는 과정을 확인할 수 있다.

참고문헌

〈원전자료〉

『六臣祠記帖』.

李圭景,『五洲衍文長箋散稿』.

한국국사편찬위원회,『朝鮮王朝實錄』.

正祖,『弘齋全書』.

李肯翊,『燃藜室記述』.

宋時烈,『宋子大全』.

『大東野乘』.

朴忠元,『駱村遺稿』.

『日省錄』.

『承政院日記』.

成大中,『靑城雜記』.

『列聖御製』.

〈논저〉

정만조,「肅宗朝의 死六臣 追崇과 書院祭享」,『한국학논총』33, 국민대학교 한
　　　국학연구소, 2010.

李根浩,「16~18세기 '단종복위운동' 참여자의 복권 과정 연구.」,『史學研究』
　　　83, 한국사학회, 2006.

김영두,「단종충신 追復 논의와 세조의 사육신 인식.」,『史學研究』, 98, 한국사
　　　학회, 2010.

제주 안핵어사 이경억(李慶億)에게 쓴 남용익(南龍翼)의 친필 송서(送序)*

신영미

* 이 글은 신영미, 「제주 안핵어사 이경억에게 쓴 남용익의 친필 송서(送序)」(『문헌과 해석』 94호, 문헌과해석사, 2023)를 수정 보완한 것이다.

古文眞寶

1. 안핵어사 이경억과 제주 목사 김수익

1651년 4월 27일, 효종은 제주 안핵어사(濟州按覈御史)로 이경억(李慶億, 1620~1673)을 임명한다. 안핵어사는 지방에서 어떠한 사건이 발생했을 때, 사건을 조사하고 민심을 수습하기 위해 왕이 직접 파견하는 관리이다. 당시 제주의 행정구역은 세 개였다. 북부의 제주목(濟州牧), 남동부의 정의현(旌義縣), 남서부의 대정현(大靜縣)이다. 이 시기 제주 목사는 김수익(金壽翼, 1600~1672), 정의 현감은 안즙(安緝, ?~?)이다.

이경억이 안핵어사로 제주에 가게 된 것은 현감 안즙이 긴 칼을 들고 목사 김수익에게 달려와 욕설을 퍼부은 사건 때문이었다. 김수익은 이 완벽한 하극상을 중앙에 보고하고 겸하여 안즙이 관아의 곡식을 함부로 소비한 일까지 알렸다. 안즙은 의금부에 잡혀와 국문당하게 되었는데, 국문을 받는 태도가 심상치 않았다. 그는 계속하여 김수익에게 심한 욕을 퍼부으며 자신이 하극상을 저질렀음은 사실이지만, 그것은 김수익이 청렴하지 못하기 때문이라고 주장하였다.

이 글은 제주 안핵어사 이경억에게 쓴 남용익(南龍翼, 1628~1692)의 친필 송서를 소개하고, 여러 문헌 기록을 활용하여 위의 사건을 둘러싼 맥락과 당시 사대부들의 시각을 살피는 것을 목적으로한다. 본격적으로 송서를 소개하기 전, 이경억과 김수익이 누구인가를 간략히 검토해 본다.

이경억은 대동법을 실행한 이조판서 이시발(李時發, 1569~1626)의 아들이다. 이경억은 7세에 부친을 잃고 편모슬하에서 자랐으나 학업에 정진하여 25세에 문과 장원급제를 이루어낸 수재이다. 훌륭한 가문 배경에 총명함까지 갖춘 그는 훗날 좌의정까지 역임하며 부친보다 높은 자리까지 올랐다.

김수익은 17세기 사대부 사회의 헤게모니를 쥐었던 안동김씨 가문 출신이다. 병자호란 때 분신했다고 알려진 김상용(金尙容, 1561~1637)과 주전론(主戰論)을 펼치다 청에 압송되어 고생 끝에 돌아온 김상헌(金尙憲, 1570~1652) 형제와 6촌 관계이다. 김수익은 문과 급제 후 인조조에 여러 관직을 역임했으므로 당시 갓 즉위한 효종이 믿을만한 인물이었다.

사건의 배경이 되는 제주에 대해 17세기 당시 사람들은 어떻게 인식하였을까. 다음은 효종의 언급이다.

> 탐라 지역은 멀리 바다 밖에 있어 임금의 교화가 미치지 못하고 탐관오리가 제 하고 싶은 대로 부도한 짓을 자행한다. 억울한 일이 있어도 풀지 못하고, 폐단이 있어도 바로 잡지 못하니, 아! 이 지역의 백성만 내 땅의 백성이 아니란 말인가? 나는 이러한 우환을 염려하여 즉위 초에 특별히

【사진 1】18세기(1724-1776) 간행된『해동지도(海東地圖)』의
제주 삼현도 부분

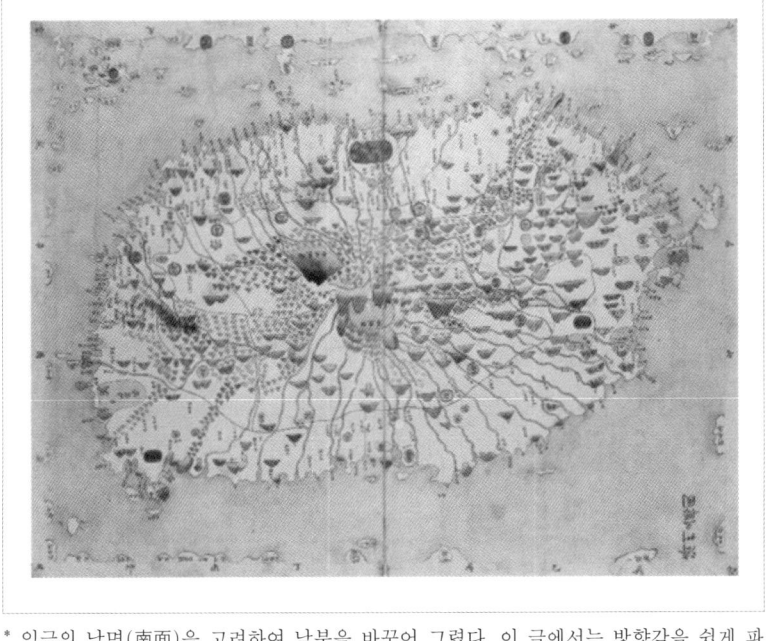

* 임금의 남면(南面)을 고려하여 남북을 바꾸어 그렸다. 이 글에서는 방향감을 쉽게 파악하기 위하여 거꾸로(현재 우리가 보는 방향으로) 배치하였다. 북부, 남동부, 남서부에 붉은색 동그라미로 표시된 부분이 관아 자리이다.(출처: 규장각한국학연구원)

문관을 뽑아 파견하였다.[1]

제주는 동떨어져 있어 파견된 관리가 수탈을 저질러도 알 길이 없으니, '특별히 문관을 뽑아 파견'하는 지역임을 알 수 있다. 비록

---

1) "耽羅一域, 邈在海外, 王化之所不及, 貪官汚吏任其所欲, 恣行不道, 有冤莫伸, 有弊莫救. 嗚呼! 此地之民, 獨非我民乎? 爲慮此患, 卽位之初, 別擇文官以遣矣."『효종실록』 2년 4월 27일 조.

관리가 쉽지는 않더라도 우리 강토요, 우리 백성이 살고 있으니 특별히 관리해야 한다는 의식이 보인다.[2] 효종 즉위 초에 특별히 뽑혀 간 문관이 바로 김수익이다. 현재는 안즙에게 청렴하지 못하다고 지적받았고 이경억의 조사 대상이 될 처지에 놓였지만, 애당초 명망있는 인물이었기에 파견될 수 있었다. 그를 조사하러 가는 이경억 역시 '아무나'가 아닌 '신중하게 선택된' 사람이었다.

2. 17세기 초~중반 관료들과 이경억의 『탐라신행첩』

이경억이 20년의 나이 차가 있는 선배 관료를 조사하기 위해 바다를 건너게 되자, 중앙의 동료들은 시와 편지를 써서 건넨다. 먼 길을 떠나는 동료에게 송별의 편지나 시를 써서 주는 일은 의례적인 행위였지만, 본질적으로는 동료의 고생을 염려하고 임무를 완성하고 무사히 돌아오라는 응원과 격려를 표현하기 위한 아름다운 문화였다. 여기에는 '우리 모두 공무에 힘쓴다'라는 공감과 긍정적 관료의식이 깔려 있었다.

이경억은 이때 받은 시와 편지를 모아 첩(帖)으로 제작하여 보관하였다. 이 자료가 바로 현재 국립제주박물관(소장 국립중앙박물관)에 전시 중인 『탐라신행첩(耽羅贐行帖)』이다. 본래 표제는 간첩(簡帖)이

---

2) 제주에 대한 국왕들의 이와 같은 의식은 다양한 문헌을 통해 확인할 수 있다. 『홍재전서(弘齋全書)』 184권 「군서표기(群書標記)」 6의 「탐라빈흥록(耽羅賓興錄)」 1권 부분 서술을 일례로 들겠다. "계축년(1793) 겨울 제주에 어사 심낙수를 파견하여 민중들의 어려움을 살피고 옥사를 다스리며, 고된 부역을 혁파하고 인재를 찾으며, 고령자에게 잔치를 베풀고 문무를 시험하게 하였다.[歲癸丑冬, 遣濟州御史沈樂洙, 詢衆瘼理庶獄, 革苦役訪人才, 宴高年試文武]"

지만, 성격을 가장 잘 드러내는 이름은 부제로 쓰인 『탐라신행첩』이기에 이 글에서는 『탐라신행첩』이라 일컫는다. 다음은 글을 수록한 인물 목록이다. 17세기 초~중반 정치사, 문학사에서 빼놓을 수 없는 이들의 이름이 보인다.

> 정두경(鄭斗卿, 1597~1673), 이소한(李昭漢, 1598~1645), 신익전(申翊全, 1605~1660), 조석윤(趙錫胤, 1606~1655), 윤문거(尹文舉, 1606~1672), 홍주원(洪柱元, 1606~1672), 홍명하(洪命夏, 1607~1667), 김휘(金徽, 1607~1677), 이항(李杭, ?~?), 이후(李厚, 1611~1668), 오핵(吳翮, 1615~1653), 조귀석(趙龜錫, 1615~1665), 김좌명(金佐明, 1616~1671), 이경휘(李慶徽, 1617~1669), 김시진(金始振, 1618~1667), 신최(申最, 1619~1658), 홍위(洪葳, 1620~1660), 이만웅(李萬雄, 1620~1661), 김징(金澄, 1623~1676), 신혼(申混, 1624~1656), 이단상(李端相, 1628~1669) 남용익, 민정중(閔鼎重, 1628~1692).

성리학적 이념을 깊이 파고들기보다는 관료로 일하며 현실을 파악하는데 능한 사람들이 다수 포진되어 있음을 눈여겨볼 만하다. 17세기 중반이었던 만큼, 대동법의 실행을 이끌었던 서인 한당(漢黨)계 인물들이 눈에 띈다. 대동법은 양반 지주들이 토지세 외에 공물이라는 명목으로 다시 세금을 내야 하는 법이었기에 많은 반발이 있었지만, 실상 그들에게서 조세를 거두지 않는다면 유지되지 않을 조선 왕조를 위한 조치이기도 하였다. 이 지점에서 대동법 실행과 관련된 관료들을 현실 판단이 빨랐던 인물들로 평가할 수 있다.

이들 대다수는 이경억에게 선배, 동료에 해당하지만, 글 잘하는 신진 관료 후배 몇몇도 섞여 있다. 그 몇몇이 바로 이단상, 남용익, 민정중이다. 이 셋은 동갑내기이자 양주(楊州) 송산(松山) 일대(현재의 남양주시 별내면 인근) 동향 출신으로 민후건(閔後騫, 1571~?)에게 함께 수학한 동문이다. 가장 먼저 진사시에 합격한 인물이 남용익으로, 그는 1646년 17세의 나이에 진사가 되었다. 이어서 1648년에는 이단상과 민정중이 합격하였다. 친구들보다 먼저 대과 응시 자격을 갖춘 남용익은 1649년 21세에 문과 합격이라는 쾌거를 이루었다. 이때의 동방(同榜)이 위에도 보이는 신최, 조귀석 등 한당의 후예이다. 남용익은 서인 산당(山黨)계와 친분을 보였지만, 교유에 편협한 태도를 보인 것은 아니어서 두루 친밀한 관계를 유지했다. 『탐라신행첩』은 16세기 중반까지 범서인계의 동류의식을 보여주는 자료이기도 하다.

3. 『탐라신행첩』 수록 남용익의 친필 송서

젊은 관료이자 직계 5대조가 문과에 급제한 적 없던 가문 출신의 남용익이 원만한 생활을 하기 위해서는 사회적인 제스처가 필요했다. 문인 관료 사회는 사회성을 두 가지 능력을 기준으로 판단하였다. 하나는 술 마시며 흥취를 즐기는 풍류남아의 면모이고, 다른 하나는 글솜씨이다. 글솜씨에는 시를 잘 짓는 능력과 변려체 산문을 잘 짓는 능력 두 가지가 있었고 남용익은 모두에 능했다. 더불어 대단한 애주가이기도 하였으므로, 원만한 교유관계를 맺기에 유리한 인물이었다. 그가 이경억에게 쓴 송서에는 변려문이 활용되었다.

다음 장에는 『탐라신행첩』 내 남용익의 친필 송서 부분을 수록하였다. 남용익의 문집『호곡집(壺谷集)』에는「탐라에 안핵사로 가는 어사 이경억에게 쓴 송서[送李御史(慶億)按覈耽羅序]」라는 제목으로 실려 있는데 친필본에는「어사 이경억이 탐라에 사명을 받들고 감에 쓴 서[李御使錫爾奉使耽羅序]」라는 제목으로 수록되어 있다. 제목의 이(李)라는 글자 옆의 붉은 자국은 누군가의 인장을 지운 자국으로 보인다. 송서 마지막 부분에 의령의 고호(古號)인 의춘(宜春) 위에 찍힌 정사각 인장 두 개에서는 한(閑)이라는 글자만 판독할 수 있다. 여기에는 '신묘(辛卯) 오월(午月) 상순(上旬)'이라는 정확한 날짜도 기록되어 있는데, 1651년 음력 5월 상순은 이경억이 어사에 임명된(4월 27일) 직후이다.

문집에도 수록될 정도의 실력이 발휘된 이 글에는 송서(送序)의 전형적인 형식과 이경억 개인에게 초점을 맞춘 내용이 조화롭게 구현되어 있다. 남용익의 글은 시도 문장도 모두 짜임새가 명확한 편이어서 도입부터 결론까지 단락을 나누어 내용을 살필 수 있다. 17세기 전반에 걸쳐 유행한 변려체 스타일도 확인할 수 있는데 이는 한문 원문 대구(對句)에 미학이 있으므로, 번역과 원문을 함께 볼 수 있도록 제시하였다.

【사진 2】『탐라신행첩』 내 남용익의 송서
어사 이경억이 탐라에 사명을 받들고 감에 쓴 서[李御使錫爾奉使耽羅序]

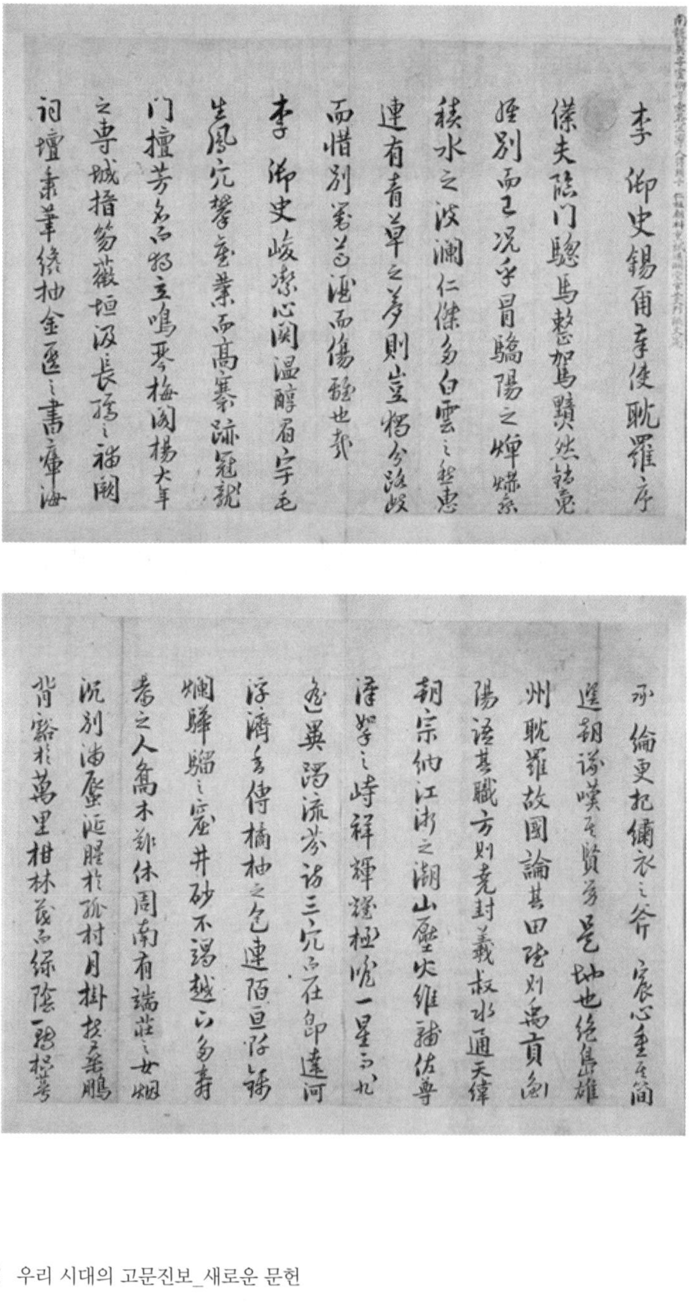

飄然朱質建壯記之以行橐滿志
秋興於芒鞋素衣行經桂枝之軒
泛輕舟諸於朝天之館高帆即掛
鷁首拕云風生羽翰桃飛停鯨牙動
各宦灑神明招相宣路妻子改喜氣
安舒無頻謝傅之嘯將見分涯別
渭陽白日於公心察墨處阿凜凊
雲於直指說冤於覆盆之訟採嘆
於窮荒諭諭宣威則著筆生寒
布惠則於英浮兩殼貨外之祖帳
散盡三盃陸太中之行裝經在一釣
于時發貧眠律地浮日辰宗棟

聞花難而晚嶺黃梅結子暗
而逐寬容程芳日候俱長王事
與行期相促乃有情人挾袂臨津
水石遠旦高士淪澄湖舍惆
悵贈之以言忠助之以加冕嗟乎
聚散者人之常離居者物之理
無如前定高記夢於去年不有
此芳寧辨意於今世君子所以自得
達人所以遣安經冀諸郡斯通
聖君有喜仙樓好迓　慈世無憂
辛卯午月上旬
　　　　宜春南雲卿　編

(소장: 국립중앙박물관)

1) 도입: 이별의 상황에 대한 전형적인 기술

마부가 문에 이르러 총마에 멍에 올리네. 암담하여 넋이 나가겠으니 바로 이별이라 하네.

[僕夫臨門, 驄馬整駕. 黯然銷魂, 惟別而已]

하물며 벌겋게 타올라 이글거리는 햇빛을 무릅쓰고 큰 바다의 물결을 타고 감에랴.

[況乎冒3)驕陽之燀爀, 乘積水之波瀾]

적인걸은 흰구름 보며 부모님을 근심했고 사혜련은 사령운의 푸른 풀 꿈속에 나타났으니,

[仁傑多白雲之愁, 惠連有靑草之夢]

어찌 갈림길에서 헤어지며 이별을 아쉬워하고 술통의 술 마주하며 헤어짐을 가슴 아파할 뿐이겠는가!

[則豈獨分路岐而惜別, 對樽酒而傷離也哉!]

'총마'는 어사가 타는 말의 상징이다. 한나라 환전(桓典)이 어사가 되어 탔던 푸른 말에 관한 일화로부터 사용된 말이다. "암담하게 넋이 나가는 일이 바로 이별[黯然銷魂, 惟別而已]"은 이별곡인 「별부(別賦)」의 첫 소절을 인용한 것이다. 양나라 강엄(江淹, 444~505)의 작품이다. '큰 바다[積水]'는 "흙이 쌓여 산이 되고, 물이 쌓여 바다가 된다.[積土而爲山, 積水而爲海]"라는 『순자(荀子)』의 말을 인용한 것이다. '적인걸'은 당나라 관리로, 부임할 때 떠가는 구름을 보며 부모님 생각에 잠겨 한참 뒤에야 자리를 떴던 인물이다. 사영운

---

3) 문집의 自는 오자이다. 친필본에 따라 冒로 정정하였다.

은 죽은 아우 사혜련을 꿈에서 보고 "못에 푸른 풀이 났다[池塘生靑
草]"라는 시구를 지었다. 적인걸과 사영운의 일화는 길 떠나는 이
의 부모 걱정과 형제 걱정을 의미한다.

　도입에만 다섯 개 이상의 고사를 활용하였고, 고사 자체가 상징
적 역할을 하여 상대적으로 적은 언어를 통해 이별이라는 글의 방
향과 분위기를 설정하였다. '이별하는 상황이다.' '바다를 건넌다.'
'길 떠나는 이가 부모와 형제를 걱정할 것이다.' 등의 사실을 오랜
시간 동아시아 사회에서 공유한 문학 작품들의 이미지, 일화와 함
께 전달하였다.

2) 본론 1: 상대방의 가문과 관력에 대한 칭송

이 어사는 고결한 마음에 온화한 얼굴을 하고 있네.
[李御史峻絜心關, 溫醇眉宇]
봉황 굴에서 깃을 달아 가업 붙들고 높이 나니, 그의 걸음
등용문에서 으뜸이라 아름다운 명성 휘날리며 홀로 우뚝
섰네.[毛生鳳穴, 攀舊業而高騫, 跡冠龍門, 擅芳名而獨立]
매각에서 거문고 소리 울리니 양대년 같은 고을 원이었고,
중서성에서 홀 꽂고 조회하며 급장유처럼 임금 잘못 보완
하고자 하였네.[鳴琴梅閣, 楊大年之專城, 搢笏薇垣, 汲長孺之補闕]
문단에서 붓 잡으니 곧바로 금궤에서 뽑아내듯 글 쓰고,
장독 자욱한 바다로 가라는 윤음 받드니 다시금 수의 어사
의 부월 쥐었네.[詞林秉筆, 方抽金匱之書, 瘴海承綸, 更把繡衣之斧]
성상의 마음 신하 간택 중히 여겼고, 조정의 의론 홀로 수

고 많은 이를 칭송하였네.[宸心重其簡選, 朝議歎其賢勞]

　'봉황 굴'은 훌륭한 인재를 배출하는 가문을 상징한다. '등용문에서 으뜸'이란 말은 이경억이 문과에서 장원을 차지했음을 의미한다. '매각'은 지방 고을의 관아를 뜻한다. 양나라 하손(何遜, ?~517)이 양주 지방으로 부임하여 관아에 핀 매화를 사랑하였다는 일화로부터 비롯한 말이다. '양대년'은 북송의 지방관 양억(楊億, 974~1020)으로 지방관에 자주 차출되었던 인물이다. 이경억이 1646년 부안 현감에 제수됐다가 1651년 다시 안핵어사에 임명되었으므로 이 사람에 비유하였다. '급장유'는 한나라 급암(汲黯, ?~약 기원전 112)이다. 중앙 정계에서 활동하다가 한무제의 강한 권유로 회양태수에 부임한 인물이다. 이경억은 1646년과 1651년 사이 사간원 정언으로 활동하다가 효종의 명으로 안핵어사가 되었다. '홀로 수고 많은 이'는 『시경(詩經)』「소아(小雅)·북산(北山)」을 인용한 것이다. 유능한 관리가 많은 관리 중에 자신이 유독 잘나서 일이 많음을 한탄하는 내용이므로, 이경억을 드높인 것이다.

　본론 첫 부분에서 이경억의 가문, 급제, 현재까지의 관력을 서술하였다. 관료 사회에서 중시된 덕목들이다. 이경억을 역사적 인물들에 비유하면서도 구체적인 상황이 비슷한 사람들을 선정하여 이경억을 위한 글임을 명확히 하였다.

3) 본론 2: 제주의 풍물과 풍속에 대한 상상

　이 땅으로 말하자면 멀리 떨어진 커다란 섬, 탐라 옛 나라.

　[是地也絶島雄州, 耽羅故國]

밭의 세금 제도로 논하자면 우임금이 세금 매긴 형양 같은 지역이요, 직방으로 말하자면 요임금이 희숙을 봉한 부임지 같은 곳이네.[論其田賦則禹貢衡陽, 語其職方則堯封羲叔]

물이 하늘의 씨줄과 통하니 물줄기가 절강의 조수를 받아들이는 것 같고, 산이 화유를 압도하니 보좌가 한라산 꼭대기를 받들고 있는 것 같으리.

[水通天緯, 朝宗納江浙之潮, 山壓火維, 輔佐尊漢拏之峙]

지극히 밝은 빛이 상서롭게 광채 뿜어 별 하나 바라봄에 멀지 않은 듯할 테고, 향기퍼지는 곳을 기이하게 찾아가니 삼성혈을 방문함에 바로 이곳이라.

[祥輝耀極, 瞻一星而非遙, 異躅流芬, 訪三穴而在卽]

황하와 제수까지 소문난 향기 나는 유자와 귤 무더기 있을 테고, 거리마다 길목마다 찬란한 천리마의 소굴이리라.

[達河浮濟, 香生橘柚之包, 連陌亘阡, 錦爛驊騮之窟]

단사정 마르지 않으니 월나라에 장수하는 사람 많고, 교목 있어도 쉴 수 없으니 주나라 남쪽에는 단정하고 장중한 여인들 있으리라.[井砂不竭, 越下多壽考之人, 喬木難休, 周南有端莊之女]

안개가 별포에 깔려있으니 천 개 마을에 이무기의 침 비린내 나고, 달이 부상에 걸려 있으리니 붕새의 등 만 리에 넓구나.[煙沈別浦, 蜃涎腥於千村, 月挂扶桑, 鵬背谿於萬里]

감귤 숲 무성하여 녹음은 우거지고, 탱자꽃이 바람에 날리니 붉은 열매 드리우리.[柑林茂而綠陰轉, 枳萼飄而朱實垂]

장관은 회포 풀기에 충분하고, 맑은 유람은 흥을 일으키기 족하리라.[壯觀足以紓懷, 淸遊足以起興]

'형양', '직방', '요임금이 희숙을 봉한 부임지'는 모두 남쪽에 있었으므로, 제주가 남쪽에 있음을 상징한다. "물이 하늘의 씨줄과 통하니 물줄기가 강절의 조수를 받아들이는 것과 같고"라는 말은 『열자(列子)』 「탕문(湯問)」에서 삼신산(三神山)을 묘사한 부분을 인용한 것이다. 바다에 떠 있는 제주의 위치를 설명하면서 한라산의 이칭인 영주(瀛洲)를 연상시키기 위해 사용하였다. '화유'는 남방의 별자리다. 산이 이를 압도한다는 말은 한라산이 높다는 의미이다. 상서로운 빛을 내뿜은 별은 노인성이다. 한라산 꼭대기에 올라 노인성을 볼 수 있다는 말이 김정(金淨, 1486~1521)의 『제주풍토록』에 나온다. 노인성을 남극성(南極星)이라고도 하므로 화유와 노인성은 모두 남쪽이라는 위치와 관련해 사용한 고사이다.

'삼성혈'은 양을나(良乙那), 부을나(夫乙那), 고을나(高乙那) 세 신인(神人)이 나왔다는 구멍이다. 세 신인은 제주의 성씨라 일컬어지는 양씨(梁氏), 부씨(夫氏), 고씨(高氏)의 시조라 전한다. 〈사진3〉의 『대동여지도』에서도 확인할 수 있다. "황하와 제수……있을테고"는 『서경(書經)』 「우공(禹公)」에서 제수부터 하수까지 떠 간다고 기술한 부분을 인용한 것이다. 제주의 귤이 중국까지 소문났음을 뜻한다. '단사정'은 『포박자(抱樸子)』 「선약(仙藥)」에서 단사정이라는 샘 밑에는 단사가 있어 그 물을 마시면 장수한다고 기술한 부분을 인용한 것이다. 제주의 현무암과 단사를 연결하였다. '월' 역시 남쪽에 멀리 떨어진 제주를 비유한 말이다.

"교목 있어도……여인들 있으리라"는 『시경(詩經)』 「한광(漢廣)」을 인용한 것이다. 쉼 없이 일하는 제주의 여인들을 표현한 구절이다. '별포'는 제주 북부 별도포(別刀浦)로 육지에서 제주로 갈 때 가장 많이 이용한 항구 중 하나이다. 사신과 유배인들은 조천포,

별도포, 애월포를 가장 많이 이용하였다. '이무기의 침 비린내'는 물에 사는 이무기와 바다 마을의 물안개, 바다 비린내 등을 연결한 표현이다. "달이 부상에……만 리에 넓구나"의 붕새는 『장자(莊子)』「소요유(逍遙遊)」를 인용한 것이다. 붕새가 남쪽 바다로 날아가는 모습으로 이경억의 장거리 이동을 상징하였다. '부상'은 동쪽 바닷속 해가 뜬다는 전설 속의 나무로 여기서는 제주를 뜻한다.

　이 부분은 안개, 달빛, 상상 속 동물들을 활용해 세속의 풍경 같지 않을 제주의 모습을 상상으로 묘사하였고 귤, 유자, 탱자 등 육지에서는 나지 않는 식물들로 이색적인 분위기를 그려냈다. 남용익은 가보지 못한 제주에 대해 어떻게 이렇게 상세히 쓸 수 있었을까? 이는 사대부들 사이에서 제주에 대한 인식이 일정 정도 형성되어 공유되고 있었음을 의미한다. 여기에는 김정의 「제주풍토록」이 상당 부분 영향을 끼친 것으로 보인다.

4) 본론 3: 부임지에서 상대방이 펼칠 행보에 대한 격려

> 펄럭펄럭 비단옷 입고 한가롭게 관청을 지나다가, 둥둥 뜬 가벼운 배를 타고 길은 조천관을 향하리라.
> [於是翩翩綵服, 行經拄笏之軒, 泛泛輕舟, 路指朝天之館]
> 높은 돛을 곧장 거는 것은 익수가 흔들리며 바람이 일어서고, 짧은 노를 처음 쉬는 것은 고래 이빨 움직여 눈송이 날리듯 해서일 것이네.
> [高帆卽掛, 鶺首搖而風生, 短棹初停, 鯨牙動而雪洒]
> 신명이 도와주리니 어찌 누공이 오길 기다릴 것이며 의기가 펴지리니 사부의 휘파람처럼 번거로울 일 없으리라.

[神明扶相, 豈待婁公之臨, 意氣安舒, 無煩謝傅之嘯]

경수와 위수가 갈리는 것 보리니 공변된 마음에 뜬 해 분명하며 밝고 찰묵염아하리니 직지에 내린 서리 차고 맑으리.[將見分涇別渭, 明白日於公心, 察墨廉阿, 凜淸霜於直指]

엎어진 동이처럼 억울한 송사에서 원통함 녹여주고 궁벽한 골목의 노래에서 병폐를 찾아내리. 위엄을 펴면 무더위에도 찬 기운 생기고, 은혜를 펼치면 마른 풀뿌리도 비를 얻으리.

[銷冤於覆盆之訟, 採瘼於窮巷之謠. 宣威則暑氣生寒, 布惠則枯荄得雨]

'한가롭게 관청을 지남'은 왕희지가 턱을 괴고[拄笏] 한가로운 관직 생활을 한 적 있는 일화에서 착안한 말로 보인다. '조천관'은 육지와 제주를 잇는 최단 거리 숙소이다. 육지에서 오는 사람들뿐만이 아니라 제주에서 육지로 갈 때도 가장 많이 활용하였다. 여기에는 연북정(戀北亭)이 있었고 제주를 들른 수많은 문인이 여기서 글을 남겼다. 이상은 한성에서 제주로 간 이경억을 상징한다.

'익수'는 뱃머리를 의미한다. '익'이라는 새가 풍랑을 잘 견딘다고 하여 뱃머리에 그리곤 했다. "노를 저으면 생기는 물방울이 고래가 뿜어낸 것과 같다"라는 표현은 바다 마을에 아주 오래전부터 있던 말로 역시 많은 문인의 글에 남아 있다. 이상은 제주로 가는 여정에 대한 상상이다.

'누공'은 당의 재상 누사덕(婁師德, 630~699)으로 넓은 아량을 가진 인물이다. '사부'는 태부로 추증된 동진의 사안(謝安, 320~385)으로 역시 명재상이다. 이경억의 일처리가 원만히 끝나 조정의 고관들이 신경 쓰지 않아도 되리라 기대한 부분으로 보인다. '경수'는 탁하고 '위수'는 맑으므로, 이것이 갈리는 것을 본다는 것은 이경억의 일처리가 명백할 것임을 의미한다.

'찰묵염아'는 '찰렴묵아(察廉墨阿)'라는 말을 재조립한 것이다. 즉 묵대부(即墨大夫)와 아대부(阿大夫)를 규찰한다는 뜻으로, 안핵어사의 일과 통한다. 제나라 위왕은 안 좋은 소문이 들려오던 즉묵대부가 사실은 선정을 폈음을 알게 되자 상을 내렸고, 반대의 경우였던 아대부는 삶아 죽였다. '차고 맑은 서리'는 숙살지기(肅殺之氣)를 상징한다. 엄정히 일 처리하는 이경억의 모습을 비유한 것이다. '직지'는 어사의 대칭이다. 한 무제 때부터 어사를 직지사가, 직지수의사자 등으로 불러왔다. "억울한 송사가 엎어진 동이와 같다"라는 말은 빛이 그 안을 밝힐 수 없음에 나온 말이다. 남용익은 이

【사진 3】김정호(金正浩, 1804~1866)『대동여지도(大東輿地圖)』의
제주 북부 부분 확대본

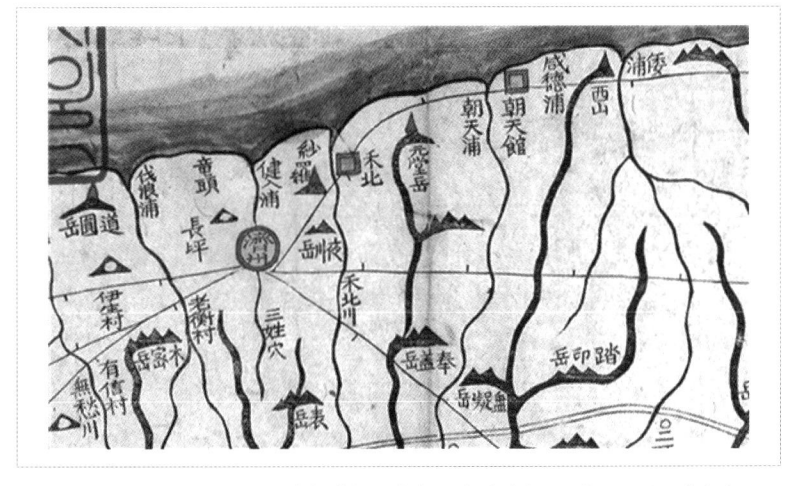

제주목사와 판관이 있던 관아는 '제주'라 표기된 곳에 있었다. 그 남쪽으로는 삼성혈(三姓穴)이 보이고 북동쪽으로는 조천관과 조천포가 보인다. 이 지도에는 표시되어 있지 않으나, 제주목 관아와 조천관 사이에는 별도촌(別刀村)과 별도포(別刀浦)가 있었다.(출처: 규장각한국학연구원)

경억이 이를 다 가려내고 밝혀내길 바라고 있다. 업무를 위해 떠나는 이에게 그 업무를 잘 해내리라는 메시지를 담은 부분이다. 단순히 힘내라는 표현을 넘어선 든든한 격려이다.

5) 마무리: 이별의 時空에 대한 구체적 서술과 충효를 당부하는 전형적인 마무리

은원외의 송별하는 장막에서는 석 잔 술에 각각 빌었고 육태중의 여행 짐에는 오직 한 자루 검만 있었네.

[殷員外之祖帳, 各祝三杯, 陸太中之行裝, 惟存一劍]

시기는 유빈이 협율할 때요, 지랍이 담당할 때라

[于時蕤賓協律, 地臘司辰]

자줏빛 멀구슬나무엔 꽃이 피고 살랑살랑 저물녘엔 바람이 불어오며 누런 매실은 열매를 맺고 어둑어둑 하늘에는 부슬비 내리네[紫楝開花, 輕輕而晚籟, 黃梅結子, 暗暗而陰霏]

나그네 여정 기후와 마찬가지로 기나길 것이요, 왕사는 길 가는 기한과 더불어 재촉하리라[客程共日候俱長, 王事與行期相促]

이에 정든 사람이 소매 잡고 이별하고 한강에 임하여 머뭇거리네[乃有情人摻袂, 臨漢水而遲廻]

고상한 선비들 자리에서 강 구름 바라보며 슬퍼하는구나.[高士當筵, 望湖雲而怊悵]

시 써서 건네주며 밥 더 먹고 가라 권하니

[贈之以言志, 勸之以加湌]

아아! 모이고 흩어짐은 인지상정이요, 차고 비는 일은 외물의 이치이지.[嗟乎! 聚散者人之常, 盈虛者物之理]

앞서 정해지지 않은 일 없으니, 지난해를 꿈속에서도 기억
하네[無非前定, 尙記夢於去年]

이런 수고로운 일 있지 않다면, 어찌 이번 생에 유람할 수
있으리[不有此勞, 寧辦遊於今世]

러므로 군자는 자득하고, 그러므로 달인은 편안함을 따르
네[君子所以自得, 達人所以隨安]

바라건대 착절에 능통하여 성군께서 기뻐하고, 그대가 탄
배 잘 돌아와 모친께서 근심 없기를

[惟冀錯節能通, 聖君有喜, 仙槎好返, 慈母無憂]

　'은원외'는 한유(韓愈, 768~824)의 「송은원외사회골서(送殷員外使回
鶻序)」에 등장하는 은유(殷侑, 767~838)로 외국으로 사신 가면서도
이별을 서운해하는 기미를 드러내지 않은 사람이다. 사람들은 그
런 그를 칭찬하며 송별연에서 많은 시를 써주었다. 이경억의 송별
연 자리와 이경억을 비유한 말이다. '육태중'은 한 고조의 신하 육
고(陸賈)이다. 남월(南越)과의 정치 문제를 해결한 인물로, 이경억이
남쪽 제주의 문제를 해결하러 가기에 인용된 듯하다.
　'유빈'은 일곱 번째 율명으로 음력 5월과 남방인 오(午)를 상징
한다. 이경억이 남쪽 제주로 향하는 5월을 뜻한다. '지랍' 역시 5
월 5일을 의미한다. 여름의 더운 날씨가 한창 기승을 부리고 날이
길 때이므로 "나그네 여정은 기후와 마찬가지로 길다."라 말하였
다. '황매우'는 늦봄에서 초여름 사이에 내린다. 이상에서 아직은
너무 덥지 않은 계절, 한강에서 송별연을 하는 모습이 그려져 있
다.
　'아아!'부터는 이경억의 무사 귀환을 바라는 말이다. 제주는 관

광차 갈 수 없는 곳이기에, 이왕 업무차 가게 된 김에 마음을 편히 먹고 잘 구경하고 오라고 말하였다. 중앙에서 근무하다 지방으로 가는 이에게 글에는 대개 이러한 메시지가 담겨있다.

"지난해를 꿈에서도 기억한다"라는 말은 송서를 짓기 1년 전인 1650년 이들이 함께 세자시강원에서 근무했음을 의미하는 듯하다. "착절에 능통하다"라는 말은 이경억이 외직을 능히 수행하고 오리라는 의미이다. 착절은 복잡해 처치곤란한 일을 의미한다. 끝에는 군주와 모친을 언급하며 충효를 활용한 전형적인 마무리를 선보였다. 충효는 당시 사대부들의 진심이었지만, 공적인 성격을 띤 글에 의무적으로 들어가는 말이었다. 사적으로 매우 친밀한 이에게 주는 글에서는 사대부 사회의 당연한 문화와 관련한 말은 등장하지 않았다.

4. 이경억의 보고와 안즙의 시각에서 본 김수익

이경억은 남용익의 송서를 비롯하여 여러 동료의 글을 통해 응원과 격려를 받고 제주를 다녀온다. 1651년 10월 6일, 이경억은 사건의 경위를 효종에게 아뢴다.

> 전 목사 김수익은 정의 현감 안즙과 잘 지내지 못했습니다. 김수익이 폐첩과 데리고 간 수행원의 말을 듣고 진주, 바다거북 가죽, 앵무조개로 만든 잔, 노실(蘆實) 잔 등의 물건을 백성들에게 요구하니 백성들은 전답을 파는 지경까지 이르렀습니다. 안즙이 망궐례를 하는 날 병을 핑계대

고 참여하지 않자 김수익이 이를 질책하였습니다. 이에 안즙이 떨어진 갓과 지저분한 옷차림으로 칼을 차고 곧장 관아의 뜰로 들어갔습니다. 선 채로 김수익이 삼가지 않았던 일들을 나열하고 이어서 검을 빼 들고 앞으로 가니 김수익이 놀라 피했습니다. 부하들이 그 검을 빼앗자 안즙은 곧 나갔습니다. 애당초 김수익 계문 속의 "안즙이 정의현 곡식을 원부에서 떼먹었다."라는 말도 허위로 엮어 나온 것이라 합니다.[4]

김수익은 다음 해까지 국문당하고 울산에 유배되었다. 안즙 역시 신문을 받고 유배되었는데, 2년이 지난 1653년 12월 다시 서용된 기록이 『승정원일기』에 보인다. 안즙의 죄명은 하극상이었을 것이다.

많은 사람이 보는 앞에서 저질러버린 객관적인 잘못 앞에 보호받을 수 있는 길은 없다. 안즙에 관한 정보는 많지 않기에 그의 인간상에 대해서는 상상이 필요하다. 그러므로 이제 이경억의 조사 결과에 기반하여 안즙이라는 인물이 극단적으로 행동했던 이유를 상상해 보자.

누군가를 혐오하여 주변의 시선을 신경쓰지 않고 과격한 행동을 하기까지는 묵은 감정이 필요하다. 묵은 감정은 사소한 균열로

---

4) "前牧使金壽翼, 果與旌義縣監安緝不相能, 而壽翼聽於嬖妾及所帶偏裨, 求索眞珠玳瑁鸚鵡卮蘆實杯等物於民間, 民至鬻田市之. 緝於望闕禮之日, 稱病不參, 壽翼責之, 緝戴弊帽, 曳裂衣帶劍, 直入府庭中立, 數壽翼不謹之狀, 仍挺劍而進. 壽翼愕避之, 麾下奪其劍, 緝乃出, 而當初壽翼啓聞中, 言緝縣穀欠於元簿者, 則出於搆捏云." 『효종실록』 2년 10월 6일 조.

부터 시작한다. 이 균열은 서로에 대한 무관심 속에서는 생기지 않기에 이들이 서로를 의식하는 사이였음을 짐작할 수 있다. 안즙은 어쩌면 임금의 특별한 선발을 통해 내려온 관리에게 많은 기대를 하고 있지 않았을까? 훌륭한 가문 출신에 풍부한 관력, 나이 쉰을 넘긴 연륜을 갖춘 김수익이었다.

그러나 실제 안즙의 눈앞에 선 김수익은 척박한 땅 제주에 와 진귀한 물건을 거두어 가는 탐관오리에 불과했다. 옆에 둔 여인과 부장도 눈 뜨고는 볼 수 없는 사람들이었다. 믿음과 기대가 분노로 바뀌는 데는 많은 시간이 걸리지 않았다. 그러나 안즙에게는 자신이 내키는대로 상관을 처단할 힘이 없었다. 대신 평소 분노를 대신해 따가운 시선 정도는 보냈을 것이다. 동물조차 느끼는 호오(好惡)의 감정을 김수익이 느끼지 못했을 리 없다. 안즙은 망궐례에도 참여하지 않을 정도로 김수익을 보기 싫어했다. 김수익은 공식 행사 불참이라는 객관적인 사안을 이유로 안즙에게 자신의 감정을 풀었다.

무뢰배가 아니라 현감이라는 지위에 있는 사람이 단순히 상관의 몇 마디에 칼을 차고 달려가는 행동을 했을 리는 없다. 그간 보아온 김수익의 행태에 근거해 안즙의 마음에는 이미 뼛속 깊은 불신이 자리잡고 있었음을 알 수 있다. 상관이긴 하지만 상관으로 인정할 수 없기에 예의를 하나도 갖추지 않은 차림으로 관아에 들어와 '당신이 얼마나 부끄럽고 몰염치한 인간인지'를 외쳤다.

환한 대낮, 보는 눈이 많은 관아에서 이러한 일을 거행한 것은 안즙의 마음에 부끄러움이 없었기 때문이다. 욱하는 성정을 누르지 못했던 것은 맞지만, 차고 갔던 칼은 의기를 보여주는 도구일 뿐 실제로 김수익을 찔러 죽일 계획은 없었다. 있었다면 밤과 같은 인적이 드문 때를 활용한 계획범죄를 실행했을 것이다.

그러나 이런 일이 있었음에도 김수익은 잘못을 돌아보기는커녕 조정에 고자질할 뿐이었다. 더군다나 없던 일을 꾸며내기까지 하였다. 안즙의 처지에서는 욕이 나오지 않을 수 없다. 여기까지가 안즙의 심정을 상상한 부분이다.

잘잘못은 개인이 처한 처지에 따라 다르게 정의되므로 김수익이라고 하여 억울한 점이 없지는 않을 것이다. 가령 관례상 그 정도는 누구나 해오던 일이라면 그는 자신의 처지를 재수없다고 생각할 것이고 안즙이 눈엣가시처럼 여겨졌을 것이다. 인간은 사회적 동물이므로 원리 원칙보다 내가 속한 사회의 분위기 및 나와 비슷한 사람들의 행동에 더 영향을 받는다. 암암리에 용인되는 일들이 내게만 예외가 된다면 억울한 것은 인지상정이다. 현실에서는 원리와 원칙을 따지는 사람이 융통성 없는 사람으로 비난받는다. 사람의 행동은 그가 언제, 어디서, 어떤 상황에 있었느냐에 따라 달라질 수 있다.

1651년 12월 11일, 의주(義州)의 최치강(崔致崗, ?~?)이라는 유생은 김수익이 원통할 것이라며 상소를 올린다. 김수익은 1645년 의주 부윤을 지냈는데, 청렴결백하고 백성을 사랑하여 비석까지 세워질 정도였으므로 이번 일은 하관의 무고일 것이라는 내용이었다. 이 상소는 사실일 수도 있고 아닐 수도 있으나, 당시 김수익을 변호하는 분위기가 전혀 없지는 않았음을 보여준다.

김수익은 한참의 시간이 흘러 1658년이 되어서야 이경석(李景奭, 1595~1671), 이시백(李時白, 1581~1660) 등 원로급 정승들의 변호로 석방된다. 그러나 이후 현종 때가 되어서도 그를 둘러싼 의견은 갈리는 모습이 보인다. 어사에 의해 잘못이 적발된 전적이 있고 취할 것이 없는 사람이라는 평과 주정뱅이 하관에 의해 억울하게 15년을 보낸 불행하고 결백한 사람이라는 평이었다.

5. 김수익을 위로한 남용익의 시

이경억에게 쓴 남용익의 친필 송서를 계기로 1650년경 제주에서 일어난 사건을 살폈다. 이 과정에서 가장 재미있는 것은 남용익의 행보이다. 남용익은 이경억에게 임무를 잘 마치고 돌아오라는 정성스러운 송서를 써서 건넨 인물이다. 이경억의 조사 결과, 죄상은 김수익에게 있었고 김수익은 울산에 유배된다. 이 일을 남용익이 모를 리는 없다. 그런데 남용익은 다음 해인 1652년, 경상 암행어사가 되어 영남을 순행하던 중 군이 울산을 들러 김수익에게 시를 남긴다.

> 「학성에 있는 제주목사 김수익의 유배지에 들려 시를 남겨주었다.(학성은 울산의 이름이다)」
> 「過鶴城金濟州(壽翼)謫所, 留贈(鶴城, 蔚山號)」

茅屋蕭條竹作籬	쓸쓸한 떳집에 대로 만든 울타리
楚臣生計看凄其	초신의 생계 처량하기 그지없네
關山失路誰非客	관산에서 길 잃으니 누군들 나그네 아니겠으며
嶺海逢人似有期	바닷가에서 사람 만나니 마치 기약이나 한듯했네

炎雨晚開多柏島	여름비에 늦게 꽃 핀 동백섬
瘴煙長濕石榴枝	장기에 오래 젖어있는 석류 가지
雲間彩鵲飛應早	구름 사이 채색 까치 응당 일찍 날아오리니
莫向湘潭詠楚辭	상담을 향해 가서 초사 읊지 마시오

『호곡집』권1에 수록된 이 시는 남용익이 25세이던 1652년 2월 7일 효종을 인견 후 영남으로 떠나 복명한 6월 사이에 지었다. 이경억에게 송서를 쓴지 대략 1년만이고, 이경억이 조정으로 돌아와 김수익의 부정을 보고한 10월을 기준으로 하면 반년도 안 된 때이다.

2구의 '초신'은 굴원으로 억울한 신하를 상징한다. 죄를 짓고 유배 간 김수익을 굴원으로 만들었다. 원문의 '처기(凄其)'는『시경(詩經)』「패풍(邶風)·녹의(綠衣)」를 인용한 것으로 처량하다는 뜻이다. 3구의 '관산'은 변방을 의미하여 중앙의 관료가 영남을 어떻게 인식하였는지 보여준다. 4구의 '영해'는 바닷가 지방을 상징한다. 5구와 6구에는 남방인 울산의 풍광이 그려져 있다. 동백섬은『신증동국여지승람』에 따르면 울산의 남쪽 30리에 있는 섬이다. 동백이 가득해 동백도라 불렸다. 여름이니 비록 동백은 아니지만, 비를 맞고 여러 꽃이 폈을 터이다. 바다에 접한 고을은 장기란 소재로 계절감이 표현된다. 이와 함께 남방을 상징하는 또 다른 식물인 석류가 등장했다.

8구로 이루어진 이 시는 6구까지 김수익의 생활, 남용익 자신의 여정, 남방인 울산의 풍광을 묘사하는 내용으로 채워져 있다. 진정한 메시지는 마지막 부분인 7, 8구에 담겨 있다. 까치는 반가운 소식을 상징한다. 비극적인 정치인이자 문학가의 표상인 굴원은 초사를 남기고 상수에 몸을 던졌지만, 당신은 그러한 비극을 읊지 말고 반가운 소식을 기다리라는 것이 이 시를 쓴 이유이다.

남용익은 그가 죄가 없다고 생각했던 것일까. 이러한 행동이 한 번으로 그치지 않았다. 3년 후 1655년, 을미통신사행 종사관이 되어 부산으로 가던 남용익은 다시 김수익에게 들려 또 한 수의 시를 남긴다.

「울산에 있는 전 제주목사 김수익의 유배지에 들려서」
「過蔚山金濟州(壽翼)謫居」

三年重過楚臣家	삼 년 만에 거듭 초신의 집에 들르니
海上安榴正着花	바닷가 석류꽃에 눈길 떼지 못하겠네
榮悴年來皆幻境	영달과 쇠퇴는 세월 가면 모두 덧없고
別離今夕更浮槎	헤어지는 오늘 저녁 다시 배를 탄다네
宗生壯志滄溟破	종생의 씩씩한 뜻은 푸른 바다 헤치고
賈傅羈愁白日斜	가부의 나그네 수심은 밝은 해에 기울리
歸路定知丹鵲下	내 돌아오는 길엔 반드시 붉은 까치 내려오리니
一尊餘興在京華	한 동이 술 남은 흥취는 한성에서 풀리라

1구에서부터 다시 들렀음을 말하였다. 남용익이 이곳에 들린 시기는 여름 무렵이었는데 5~6월에 붉은 꽃을 피우는 석류꽃이 만발한 상태다. 2구의 석류꽃이 안류(安榴)인 이유는 한나라의 실크

로드 개척 당시 안식국[페르시아]에서 가지고 왔기 때문이다. 3구와 4구에서는 영화로움과 쇠퇴가 무상하다는 이치를 통해 상대의 처지를 위로하고 자신이 내일이면 배를 타고 먼 길을 가게 되었음을 말했다.

5구의 '종생'은 남북조 시대 종각(宗慤)으로, 어려서부터 숙부가 장래의 포부를 물으면 "멀리서부터 불어온 바람을 타고 만 리 파도를 헤쳐 나가길 원합니다.[願乘長風 波萬里浪]"라고 하였던 인물이다. 남용익의 포부를 상징하기 위해 인용되었다. '가부'는 한나라 가의(賈誼)로 장사왕 태부로 쫓겨났을 때 상수를 건너며 굴원을 애도한 인물로 여기서는 유배객 신세인 김수익을 뜻한다. 그의 시름이 밝은 해, 즉 군주로 인해 기울 것이라 말한 것으로 시적 전환이 이루어지는 경련을 통해 자신과 상대에게 희망의 메시지를 불어넣었다. 진짜 메시지를 담은 7, 8구에는 왕명을 전하는 사신의 상징인 붉은 까치를 통해 김수익의 해배(解配)를 그려내며, 다하지 못한 회포를 '우리 둘 다 있어야 할 곳, 한성'에서 풀자고 말하였다.

6. 나가며

남용익이 이경억에게 쓴 송서와 남용익이 김수익에게 쓴 시는 모두 『호곡집』에 있다. 이 지점에서 과연 남용익이란 인물이 어떤 사람인지 궁금해진다. 의뭉스러운 사람 같기도 하고, 잘못은 잘못이라 생각하지만 인정(人情)은 인정대로 있었던 사람일 수도 있고, 관료 문인 사회라는 자신이 속한 집단 자체에 애정이 깊었던 사람일 수도 있다. 김수익은 남용익이 소과에 급제하기도 전인 열네

살 소년 시절, 시를 잘 짓는다며 첩(帖)을 내린 적 있었다. 남용익의 행동은 자신의 시재(詩才)를 알아봐 주었던 어른을 향한 감사의 표시였으리라 상상해 볼 수 있다.

남용익은 노소 갈등이 극심해진 기사환국 전까지, 사대부 사회에서 교유관계로 인해 누군가와 큰 균열을 일으킨 적이 없다. 이는 원만한 교유관계에서 비롯한 결과로 보인다. 신뢰할 수 있으면서 모나지 않은 사람이 되는 것은 중요하다. 사람은 삶이 끝날 때까지 실수하고 잘못을 저지르기 때문에, 용서하고 용서받기 위해서 그러하다. 다만, 인간 사회에는 산술적으로, 객관적으로 표현하기 힘든 선이 있다. 안즙의 잘못과 김수익의 잘못 중 무엇이 더 잘못인지도 분명하다. 무례함과 하극상은 큰 잘못이지만 그것이 개인의 욕망을 채우기 위해 입이 있어도 말 못하는 사람 여럿을 괴롭히는 잘못과 동일선상에서 말할 수는 없다. 잘못한 사람에게 인간 대 인간으로 위로를 건넬 수는 있지만, 행위에 관한 판단은 분명해야 할 것이다.

참고문헌

〈원전자료〉

『大東輿地圖』, 규장각한국학연구원 소장본(奎12380).

『冲庵集』, 규장각한국학연구원 소장본(一簑古819.52-G421c).

『耽羅贐行詩帖』, 국립중앙박물관 소장본(본관5032번).

『海東地圖』, 규장각한국학연구원 소장본(古大4709-41).

『壺谷漫筆』, 장서각 소장본(奎10333).

『壺谷集』, 규장각한국학연구원 소장본(一簑古819.53-N15h).

〈인터넷 사이트〉

국사편찬위원회, 조선왕조실록DB(https://sillok.history.go.kr).

한국고전번역원, 한국고전종합DB(https://db.itkc.or.kr).

한국학중앙연구원, 한국역대인물종합정보시스템(http://people.aks.ac.kr).

한국학중앙연구원, 한국학자료센터(https://kostma.aks.ac.kr).

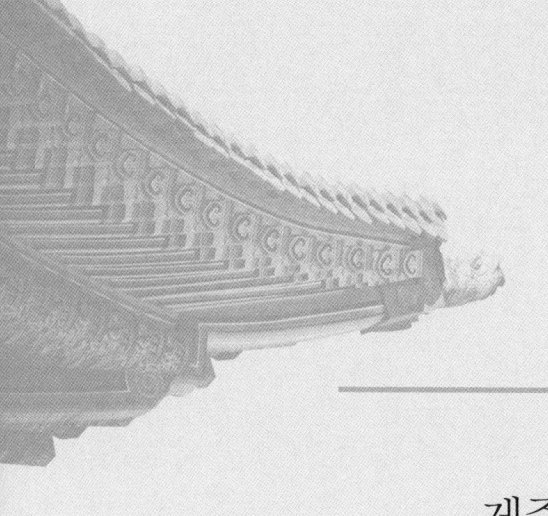

임홍망(任弘望)의
제주 목사 일기 고찰*

이주연

* 이 글은 이주연, 「任弘望의 제주 목사 일기 고찰」(『영주어문』 56집, 영주어문학
회, 2024)을 수정 보완한 것이다.

古文眞寶

1. 서론

전근대 사회에서 제주라는 공간은 쉽사리 출입할 수 없는 곳이었다. 바닷길로만 통할 수 있었고, 그 항해 여정마저 쉽지 않았다. 더구나 유배나 관직에 임명된 경우가 아니라면 개인적인 목적으로 제주를 출입하기란 더욱 어려웠다. 자연히 여타 지역과 비교하면, 이 시기 제주를 직접 방문하고 기록을 남긴 경우는 매우 드물다고 할 수 있다.

임홍망(任弘望, 1635~1715)은 1666년 32세의 나이로 별시문과에 급제하며 승정원에서 관직 생활을 시작하였다. 81세로 생을 마칠 때까지 벼슬을 계속하였으며 형조참의, 도승지를 거쳐 지중추부사가 되어 기로소(耆老所)에 들어갔다. 그는 이러한 자신의 관직 생활을 일기로 기록해 『관직일기(官職日記)』를 저술하였다.[1] 현재 전하

---

1) 『관직일기』의 사진 자료 및 원문과 국역 자료는 2021년 충청국학진흥 고전적 국역 학술용역 사업의 결과물을 참고하였다.

는 것은 1674년부터 1689년까지의 일기이다. 특히 이 시기의 일
기 중에는 제주 목사로 부임했을 때의 일기가 전체 분량의 1/3 정
도를 차지할 정도로 구체적이어서 주목할 만하다.[2]

임홍망은 1680년 대신들의 추천으로 제주 목사에 임명되어 약
1년 반의 재임 기간 동안 꾸준히 일기를 저술하였다. 난생처음 겪
는 뱃길의 여정과 제주의 이색적인 풍경을 생생하게 풀어내었고,
제주 목사로서 시행한 일들도 세세하게 기록하였다. 현재 학계에
임홍망이라는 인물과 그의 저작이 처음 소개되는 만큼, 제주 목사
일기는 그를 다방면으로 이해하기에 중요한 자료라 판단된다. 또
한 17세기 제주의 일면을 이해할 수 있는 새로운 자료를 소개한다
는 점에서 의의가 있다. 이와 같은 인식 아래, 본고는 임홍망의 제
주 목사 일기를 고찰하고자 한다. 이를 위해 먼저 『관직일기』의 구
성과 체재를 살핀 후, 제주 왕복 여정, 제주 목사로서의 공무 활동,
개인적 유람을 중심으로 임홍망의 활동을 밝혀가겠다.

그간 제주와 관련하여서는 김정(金淨), 송시열(宋時烈), 김정희(金
正喜), 최익현(崔益鉉), 김윤식(金允植) 등의 인물을 중심으로 한 유배
문학[3]과 최부(崔溥)의 『표해록(漂海錄)』, 임제(林悌)의 『남명소승(南
溟小乘)』, 김상헌(金尙憲)의 『남사록(南槎錄)』, 장한철(張漢喆)의 『표해
록(漂海錄)』 등의 문헌이나 한라산을 대상으로 한 기행 문학[4] 연구

---

2) 본고는 『관직일기』 중 임홍망이 제주 목사로 재임한 시기의 일기, 즉 1680년 7월부
    터 1681년 12월까지의 기록을 '제주 목사 일기'라고 명명한다.
3) 김새미오(2017); 부영근(2006); 양순필(1992); 양진건(2013); 연민희(2021), 정시
    열(2011) 등 참고.
4) 고윤정(2013); 손오규(2015); 임형택(2021); 정환국(2021); 황만기(2008); 황아영
    (2019) 등 참고.

가 활발히 이루어졌다. 이에 비해 사환 문학의 경우에는 상대적으로 주목받지 못했다. 이형상(李衡祥)의 『남환박물(南宦博物)』, 정언유(鄭彦儒)의 『탐라별곡(耽羅別曲)』, 이원조(李源祚)의 『탐라록(耽羅錄)』 등을 대상으로 하여 지리지나 한시 또는 가사 장르와 관련한 연구 성과가 주를 이루고 있다.[5] 이러한 점에서 볼 때 임홍망의 제주 목사 일기는 제주 사환 문학의 한 축으로 자리매김할 수 있으리라 생각된다.

2. 『관직일기(官職日記)』의 체재와 구성

『관직일기』는 1책의 행초(行草) 필사본으로, 1674년 12월 16일부터 1689년 7월까지 총 15년간의 관직 생활이 담긴 기록물이다. 표지의 손상이 심해 표제 확인은 어렵다. 이에 본고는 이를 『관직일기』라 임의로 명명하기로 한다. 표지에서 희미하게나마 오른편 상단의 '경성(鏡城)', '영주(瀛州)' 등의 글자와 왼편 하단에 '갑인(甲寅)', '정사(丁巳)'로 추정되는 글자를 확인할 수 있다. 이는 임홍망이 일기를 기록할 당시의 관직과 시기를 써놓은 것으로 보인다. 현재 충청남도역사문화원에서 전재(全齋) 임헌회(任憲晦, 1811~1876)의 후손에게 기탁받아 소장 중이다.

오침안정법으로 엮었으며, 별도의 서발문이나 목차는 전하지 않는다. 총 1책, 110면으로 구성되어 있다. 한 면당 10행으로 기록하였고, 행마다 19~25자를 기록했다. 해가 바뀔 때마다 행을 구분해

---

5) 김미수(2020); 김새미오(2020); 김새미오(2023) 등 참고.

간지를 기록하였고, 대체로 월 단위로 행을 구분하였다. 마지막 면에는 '덕장(德章)'과 '죽실(竹室)'이라는 임홍망의 자인(字印)과 호인(號印)이 보인다. 일기의 마지막에는 경신년(1680) 8월 2일 일기를 부기하였다. 이는 마지막 기사년(1689) 7월 일기로부터 약 9년 전 기록으로, 당시 미처 기록하지 못한 일기를 훗날 추기한 것으로 추정된다.

기록 일수는 총 480일 가량으로, 15년 일기라는 점을 고려했을 때에는 분량이 적은 것이 사실이다. 이로 보았을 때 임홍망은 매일 일기를 남기기보다는 중요사항을 중심으로 일기를 작성한 것으로 보인다. 임홍망이 『관직일기』를 작성한 시기는 계속되는 환국으로 조정이 혼란하던 때였다. 그럼에도 임홍망은 일기에 이와 관련한 자신의 정치적인 사견은 드러내지 않았다. 당시 서인과 남인의 정치적 갈등을 잘 보여주는 계사(啓辭)나 소장을 전사(轉寫)해 두었을 뿐이다. 이는 1674년 12월 16, 17일자 일기[6]와 1680년 8월 2일자 일기[7]에서 확인할 수 있다. 임홍망은 당시 사헌부와 승정원에서 송시열의 파직을 청한 합계(合啓), 송시열을 변호하는 계사, 서인들의 처지를 대변하는 김수항의 계사 등을 전사하여 갑인

---

6) 『관직일기』에는 12월 16 · 17일로 표기되어 있으나, 『朝鮮王朝實錄』에는 12월 18 · 19일로 표기되어 있다. 1674년 12월 18일. "兩司合啓. 帝王建統. 繼體之義甚重. 聖人制禮. 嫡庶之分極嚴. 此不可以惑學也. 領中樞府事宋□. 當己亥大喪之日. 大小執禮無不主張.……是日政余以正言首望受點. 而大諫則李柙受點."1674년 12월 19일. "肅謝後避曰噫嘻. 今日是何等時耶. 天下國家事. 有必至之虞. 無可恃之勢. 而自遭大感以後. 人心洶洶. 皆懷危懼.……傳曰觀此避辭中語意. 無非護黨恐貸之態. 誠極駿然. 大司諫李柙正言任弘望. 並姑先遞差."

7) 1680년 8월 2일. "晝講入侍時. 領議政金壽恒所啓. 臣有區區所懷. 久欲一陳. 而未得從容之暇. 今始仰達矣. 昔晉平公問叔向曰. 國家之患. 孰爲大.……上曰. 向時所謂貶薄君父壞亂宗統等語. 予旣知其爲情外構誣. 故被罪諸臣並皆蕩滌而收用. 豈有心知有罪. 而强爲收用.……"

예송과 경신환국 당시의 상황을 간접적으로나마 보여주었다. 이를 통해 임홍망은 일기가 한 개인의 사적이며 주관적인 기록물이라는 한계에도 정확성과 객관성을 확보하려 하였다. 또 한편으로는 지방관으로 재직하면서도 중앙 정계의 동향을 예의주시하며 기록하는 태도를 보였다. 『관직일기』 기록 시 임홍망의 관직과 일기의 주요 내용을 표로 정리해보면 다음과 같다.

【표 1】 임홍망의 관직과 『관직일기』의 주요 내용

연도	주요 관직	주요 내용
1674	정언	정언으로 송시열을 변호하다가 경성 판관으로 좌천됨.
1675	경성판관	경성 판관으로 부임하여 과거 시험 시험관으로 참여.
1676	경성판관	전최에서 중고를 받음. 사직서 올림.
1677	울산부사	박연폭포 유람. 울산부사 부임. 장기에 유배 중인 송시열을 찾아감.
1678	울산부사	울산부사 사직. 양근 미원 유람.
1679	서천군수	서천군수 부임. 풍토병이 생겨 사직상소를 올림.
1680	제주목사	제주 목사 부임. 도내 농사 형편을 살피기 위해 곳곳을 순력.
1681	제주목사	상정법 반포, 한라산 유람, 병으로 체직하고 돌아옴.
1682	-	고향 아산으로 돌아옴.
1683	나주목사	나주 목사 부임. 명성왕후의 상에 곡함.
1684	-	아산 죽곡촌에 집을 지음. 초려 이유태의 상에 곡함.

연도	주요 관직	주요 내용
1685	예조참의, 좌승지, 황해감사	아내의 병세가 위급. 예조참의 · 좌승지 황해감사 등에 임명됨.
1686	황해감사, 형조참의	백일장 시행, 형조참의에 임명.
1687	병조참의, 좌승지, 호조참의	병조참의, 좌승지, 충청 감사, 호조 참의 등에 임명
1688	병조참지, 우승지	진위사로 선출됨. 우승지에 임명. 장렬대비의 상에 곡함.
1689	경주부윤	경주 부윤에 임명. 사직하고 고향 아산으로 돌아옴.

　한편 임홍망의 문집 『죽실집(竹室集)』에도 갑인년(1674)부터 기사년(1689)까지의 일을 기록했다고 하여 「갑기록(甲己錄)」이라는 제목으로 동일한 일기가 수록되어 있다. 『관직일기』의 마지막에 부기한 경신년 8월 2일의 일기를 제외하고는 『관직일기』와 내용이 동일하다. 후대에 『관직일기』를 토대로 글자와 날짜 등을 편집, 정리하여 목활자본으로 편찬한 것으로 보인다. 다만 『관직일기』가 저자 친필인지는 확인이 어렵다. 자인(字印)과 호인(號印)은 일반적으로 저자가 직접 글을 쓴 뒤 찍는 것이므로 친필이라고 볼 수도 있겠다. 하지만 수정의 흔적이 거의 없이 깔끔하게 정리되어 있다는 점, 마지막 부기한 기사년 7월 일기를 제외하고는 「갑기록」과 내용적 차이가 없다는 점, 「갑기록」과 행바꿈마저 거의 동일하다는 점에서 후손이 정리했을 가능성도 열어두어야 하겠다.

【사진 1】충청남도역사문화원 소장『관직일기』

관직일기 표지

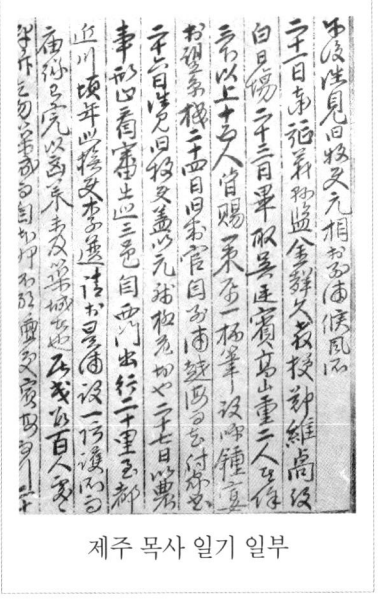

제주 목사 일기 일부

3. 제주 목사로의 발령과 왕복 여정

임홍망은 1680년 7월 5일 대신들의 추천으로 제주 목사에 임명되었다.[8] 김수항(金壽恒), 정지화(鄭知和), 민정중(閔鼎重) 등 40여 조정 관원들의 배웅을 받고 길에 올라,[9] 1680년 윤8월 제주에 도임하여 이듬해 12월까지 약 1년 반 동안 제주 목사로 재직하였다. 제주도에 도착하기까지의 여정은 다음과 같다.

---

8) 1680년 7월 5일. "以大臣薦. 除濟州牧使."

9) 1680년 7월 15일. "肅謝後. 見領台金壽恒. 左台鄭知和. 右台閔鼎重. 領府事金壽興. 光城府院君金萬基. 吏判李尙眞. 戶判閔維重. 禮判趙師錫. 兵判金錫冑. 工判李正英.……其餘送行之人不盡記."

한양(8월 20일) - 금천(21일) - 수원(22일) - 평택(23일) - 아산(23일) - 정산(26일) - 임천(27일) - 임피(28일) - 함열(28일) - 태인(윤8월 1일) - 정읍(3일) - 장성(4일) - 광주(5일) - 나주(5일) - 영암(6일) - 강진(7일) - 해남 관두포(8일) - 광아도(11일) - 추자도 부근(12일) - 도두포[10](12일) - 제주 관아(12일)

임홍망은 8월 20일 한양을 출발하여 금천, 수원을 거쳐 23일 고향 아산에 들렀다. 아산에서 3일간 머문 임홍망은 다시 충청도와 전라도를 지나 마침내 배를 타기 위해 해남에 도착하였다. 당시 해남의 관두포(館頭浦)는 영암의 고달도(古達島), 강진의 남당포(南塘浦)와 함께 제주로 들어가기 위해 바람을 살피는 길목 역할을 하던 곳이다.[11] 임홍망 역시 이곳에서 바람이 순조로워질 때를 기다린 뒤 제주로 향했다. 하지만 뱃길에 오른 바로 다음날 추자도 근처에서 횡풍을 맞는다.

군관과 하인을 불러 함께 상의하려 했으나 그들도 이미 어지럼증으로 쓰러져 인사불성이 되었다.……평소 물길에 익숙한 격군들마저 모두 곤죽이 되어 불러도 대답조차 하지 못했다.……이런 지경이 되었으니 어떻게 할 수가 없었

---

10) 도두포(道頭浦)는 원문에 도도포(都刀浦)로 기록되어 있다. 도두(道頭)의 옛 지명이 도도(道道)였다는 점을 고려하였을 때, 도도포(都刀浦)는 도도포(道道浦), 즉 도두포(道頭浦)로 추정된다.

11) 徐榮輔, 『竹石館遺集』 卷6, 「湖南慰諭別單」, "臣意則靈巖之古達島. 康津之南塘浦. 海南之舘頭浦. 同是濟州入去候風之路."

다. 나도 현기증이 나서 배에 오래 앉아 있지 못해 마침내 선실에 들어가 누웠다. 그러나 이마저도 좌불안석이라 몸이 저절로 좌우로 굴렀다.[12]

뱃멀미로 군관과 하인들은 몸져누웠고, 평소 물길에 익숙했던 뱃사공들도 곤죽이 되었다. 임홍망 역시 현기증이 나서 누우려 하였으나 몸이 이리저리 굴러 어찌할 수가 없었다. 게다가 선실 안의 대야나 그릇도 모두 나돌아다니고, 몰아치는 물보라에 모두가 눈조차 뜨지 못하는 상황이었다.[13] 임홍망은 "배에 있는 모든 사람이 강시와 같아 염불할 겨를도 없었다. 귓가에는 오직 바람과 물소리만 들렸다."[14]라고 하며 '관세음보살'을 외칠 겨를도 없던 긴박했던 당시의 상황을 기록하였다.

마침내 제주에 도착한 임홍망은 관아로 가던 도중, 바다를 보고 지나온 여정을 떠올리며 간담이 서늘해졌다. 그리고는 "대궐을 바라보니 한양이 어디에 있는 줄도 모르겠고, 검은 바다만이 아득하게 출렁거렸다."[15]라고 하며, 험로를 지나 무사히 임지에 도착했다는 안도감과 한양이 있는 육지에 대한 그리움을 간접적으로 토로하였다.

---

12) 1680년 윤8월 12일. "遂招軍官下人. 欲與之商確. 則軍官下人皆眩倒. 不省人事.……格軍輩素慣水路者. 無不如泥. 呼之不應.……到此地頭. 無可奈何. 余亦氣眩. 不能久坐蓬上. 遂入船房而臥. 亦不能帖席安身. 自然左右轉展."

13) 1680년 윤8월 12일. "房內所置洗器唾壺等物自相衝撞. 風浪相激噴沫如雨. 舟中人不能開眼."

14) 1680년 윤8월 12일. "一舟人皆如殭屍. 無暇念佛. 耳邊所聞. 只是風水響而已."

15) 1680년 윤8월 13일. "平明備儀赴官. 於馬上回顧所歷海路. 黑色際天. 大浪如山. 令人不覺心骨俱寒.……遂上望京樓. 不知京城在於何方. 但見黑海茫茫而已."

험난한 여정은 제주 목사를 사임하고 육지로 돌아갈 때도 계속되었다. 신임 목사 신경윤(愼景尹, 1624~1704)이 제주에 도착하자, 임홍망은 임기를 마무리짓고 다시 뱃길에 올랐다. 한양으로 돌아오기까지의 여정을 정리하면 다음과 같다.

　　제주(12월 7일) - 화탈도(7일) - 추자도(7일) - 11일 머무름
　　- 제주도(19일) - 서황도(19일) - 동황도(19일) - 남도 밖(21
　　일) - 어란도(22일) - 해남(24일) - 아산(1월 4일) - 한양(10일)

　제주를 출발한 배는 지금의 화탈섬을 지나 추자도까지 순조롭게 이르렀다. 그러나 곧바로 역풍을 만나 추자도에서 11일이나 머무르게 되었다. 예기치 못한 상황으로 식량까지 떨어지자, 임홍망은 어쩔 수 없이 다시 배에 올랐다.

　　바다 한가운데에 이르자 비가 쏟아부어 지척도 분간할 수
　　없었다.……내가 지남철의 오묘한 이치를 알지 못해 방위
　　를 거꾸로 두어 서쪽으로 가는 배를 두고 동쪽으로 간다고
　　잘못 말했다. 뱃사람들도 어두워 살피지 못하고 그 말만
　　믿고 배를 몰아 잠깐 사이에 배의 후미가 동쪽으로 향하게
　　되었다.[16]

　배에 오른 지 얼마 되지 않아 비가 쏟아졌다. 엎친 데 덮친 격

---

16)　1681년 12월 18일. "行到中洋. 雨下如注. 不辨只尺.……余一不識妙理. 倒置方位. 誤
　　以西向之船. 謂之東向. 船人輩夜黑不能看望. 依其言行舟. 頃刻之間舟尾已向東矣."

으로 임홍망이 지남철을 제대로 사용할 줄 몰라 방향을 착각하였다. 밤이 어두워 뱃사람들도 제대로 확인하지 못한 채 배는 정반대 방향으로 가게 되었다. 동이 텄는데도 육지가 가까워지지 않자, 임홍망은 그제야 지남철의 방향이 거꾸로 되어 있다는 사실을 알았다. 하지만 이미 다시 배를 돌리기는 어려웠다. 이것이 발단이 되어 임홍망은 또다시 바다 한가운데서 죽을 고비를 겪는다.

> 잠시 뒤 바다 한가운데서 폭풍이 일어 배가 수십 걸음을 역행하였다. 배에 있던 모든 물건이 부러졌고, 양쪽에서는 바닷물이 들어와 거의 침몰을 면할 수 없게 되었다. 사람들이 모두 실성할 정도로 통곡하니 곡성이 천지를 진동시켜 진정시킬 수 없었다.……군관과 하인을 불러 모아 저마다 뱃사람을 데리고 안으로 들어가 물을 피내기도 하고 물건을 집어 새는 곳을 막기도 하며, 돛을 내리기도 하고 노를 젓기도 하였다. 모두 죽을힘을 다하여 배가 침몰하지는 않았다.[17)]

폭풍이 몰아쳐 물건들은 모두 부러지고, 양쪽에서 물이 들어와 배가 거의 침몰할 지경에 이르렀다. 상황이 긴박해지자 사람들은 죽을 수도 있다는 생각에 모두 천지가 진동할 정도로 통곡하였다.

---

17) 1681년 12월 18~19일. "俄而颶風從洋中而起. 船遂逆行數十步. 船上諸具. 莫不摧折. 水從兩傍而入. 幾不免仆沒. 人皆失聲而哭聲動天地. 不可鎭定.……招集軍官下人. 各率船人. 或入藏刮水. 或執物補漏. 或下帆. 或運櫓. 皆盡死力. 不至於敗沒."

임홍망은 이러한 상황에서도 정신을 차리고 뱃사람들을 지휘하였다. 마침내 배가 돛을 돌려 가게 되자, 통곡하던 뱃사람들은 그제야 옷을 벗고 기뻐 뛰며 한목소리로 지금에서야 살아났다고 외치기도 하였다.[18)

표류하던 일행은 제주도(濟州島)라는 동명(同名)의 무인도를 발견하였으나, 회오리바람으로 정박에 실패하고 만다. 임홍망은 서황도(西荒島)를 지나 다시 동황도(東荒島)라는 섬에서 인적을 발견해 정박하였다. 임홍망은 "마치 술에 취했다가 깬 것 같기도 하고, 꿈을 꾸다가 깬 것 같기도 하였다."[19)라고 하며 망망대해에서 죽을 고비를 넘기고 살아남은 심정을 밝혔다. 제주도(濟州島), 동서황도(東西荒島)는 현재 지명으로 고증하기 어렵다. 임홍망의 기록에 따르면 정박하려던 제주도는 바다 밑으로 암초가 있어 정박하려던 배가 자주 침몰하던 곳이다. 이 때문에 임홍망은 회오리바람으로 정박하지 못했던 일을 천우신조로 여기기도 하였다.[20) 또 표류하게 된 지점은 홍하도(洪遐島)의 서쪽과 흑산도(黑山島) 남쪽 부근으로, 자칫하면 하루도 되지 않아 중국에 도착할 수 있는 곳이라 하였다. 물살도 세서 배가 지나다니기 어려워 '황차해(荒次海)'라고 불린다는 말을 들은 임홍망은 온몸의 털이 솟구칠 수밖에 없었다.[21)

---

18) 1681년 12월 18~19일. "遂轉帆而行. 船人皆脫衣踊躍. 一口而呼曰. 今也則生. 今也則生."

19) 1681년 12월 19일. "於是泊舟下陸. 宿于幕所. 如醉得醒. 如夢得覺."

20) 1681년 12월 20일. "荒島之西有屛風島. 島之西南有一石嶼. 此是昨日來泊而未泊者也. 其名曰濟州島. 曾有漂船自濟州來. 欲泊是島. 而島邊海底皆是隱石. 遂致全船敗沒. 故得是名. 昨日欲泊之際. 每被風引而去者. 雖謂之天佑神助. 可也."

21) 1681년 12월 20일. "昨日漂到之洋. 以程途計之. 則乃在洪島之西. 黑山之南. 拒中國

제주를 오가며 바다에서 갖은 고생을 한 임홍망은 마침내 22일 저녁 무렵 어란도(於蘭島)에 도착하였다. 이로써 제주를 떠난 지 16일 만에 육지를 밟으며 제주에서의 관직 생활을 마무리지을 수 있었다.

4. 순력(巡歷)을 통한 제주의 풍정(風情) 관찰

제주 목사의 가장 큰 책무 중 하나는 민정을 직접 살피는 순력이었다. 이는 백성의 실상과 요구를 직접 파악하고 해결하기 위한 것으로 중요한 의의를 가진다. 당시 제주도는 전라도에 속하였으나 실질적으로 전라도 관찰사의 통치가 미치기 어려웠다. 따라서 실제 제주의 각종 행정과 순회의 임무는 거의 제주 목사가 담당하였다. 임홍망은 제주 목사로 부임한 지 1주 만에 백일장을 시행하여 민심을 안정시키고,[22] 다시 1주일 후 제주도민의 형편을 살피기 위한 5박 6일의 시찰에 나섰다. 그리고 이동 경로와 동행인, 시찰 지역의 경작 및 방호 상황, 이동 중 마주한 풍경에 대한 소회 등을 일기에 기록해두었다. 시찰 여정은 다음과 같다.

윤8월 27일: 관아 - 도근천 - 애월진 - 명월진
윤8월 28일: 차귀진 - 모슬포 - 대정현

不遠. 終日不回風. 則不日當到南方. 而及其回風之時. 得免大洋之敗. 亦天幸耳. 自此島到于洪島. 謂之荒次海. 以其水波甚惡. 不可行舟故也. 聞其言. 令人竪髮."
22) 1680년 윤8월 21일. "率旋義縣監金聲久敎授鄭維高設白日場."

윤8월 29일: 산방굴 - 천지연폭포 - 서귀포

9월 1일:　　경로폭포 - 정의현

9월 2일:　　성산진 - 수산진 - 별방소

9월 3일:　　김녕촌 - 함덕진 - 조천진 - 관아

　임홍망은 도내 각 고을을 서-남-동-북 순으로 순회하였다. 제
주목에서 출발하여 대정현, 정의현을 돌아보는 일정이다. 임홍망
은 제주목에서 대정현까지 이동하며 직접 도민들을 만나고 지역
을 살폈다. 가장 먼저 방문한 곳은 관아에서 멀지 않은 도근천이
다. 도근천은 순무사 이선(李選, 1632~1692)의 요청으로 방호소를 설
치하려 했으나, 흉년 탓에 아직 성을 쌓지 못했던 곳이다. 임홍망
이 이곳을 지나자 거주민들은 곳곳에서 성을 쌓지 말아 달라 호소
하였다.[23]

　28일에는 차귀진과 모슬포로 이동해 토질과 방호 상황을 살폈
다. 이곳은 다른 지역보다 토질이 비옥한 편이었는데도 땅을 경작
하지 않아 온통 갈대밭이었다.[24] 임홍망은 이렇게 된 이유를 조사
해 일기에 기록하였다.

　　하인에게 물으니 대답은 이러했다. "본 현의 백성이 적어
　　다 개간하지 못했습니다. 그리고 근래에 이사와서 사는 제

---

23)　1680년 윤8월 27일. "自西門出. 行二十里. 至都近川. 頃年巡撫使李選. 請於是浦設
　　一防護所. 而廟議已完. 以凶荒未及築城者也. 居民數百人. 處處呼訴. 乞勿築城. 而自
　　本州不敢擅便."

24)　1680년 윤8월 28일. "自此鎭至毛瑟浦三十餘里. 土品比諸過去之地甚沃. 而自漢拏南
　　麓抵海邊平地數十里. 盡爲蘆田. 無一起耕處. 亦無居民."

주 백성들에게 땅을 다 나누어주었기 때문에 두려워 감히 경작하지 못했습니다."[25]

　땅을 개간하지 못했던 이유는 거주민이 적었던 탓도 있지만, 가장 큰 이유는 제주목에서 이사 온 사람들에게 토지를 나누어주는 바람에 거주민들이 그 땅을 함부로 경작할 수 없었던 데에 있었다. 한편 모슬포는 관사가 숲속에 있는데, 그마저도 몇 사람만이 당번을 서고 있어 방비가 제대로 이루어지지 않는다는 사실을 확인할 수 있었다.[26]

　29일에는 대정현의 명소를 중심으로 길을 나섰다. 대정 현감 이당(李簹, 1661~1712)과 가장 먼저 방문한 곳은 산방굴이다. 산방굴은 산방산 중턱에 위치해 굴 안의 암자에 불상을 모시고 있어 영주십경(瀛洲十景)의 하나로 일컬어지는 곳이다. 당시 대정읍의 백성들이 찾아와 기도하던 장소이기도 하다. 절벽을 타고 산에 오른 임홍망은 굴 안에 암자가 있는 모습을 보고 마치 불당 안에 또 집이 있는 듯하다고 하였다.[27]

　산방산을 내려온 임홍망은 천지연폭포로 이동하였다. 그리고는 그 장관을 이전에 유람했던 박연폭포와 비교해보았다.

25)　1680년 윤8월 28일. "問諸下人. 則答以本縣民人少. 不能盡墾. 而濟民之移居者. 近皆割給. 故由是恐懼. 不敢耕作云."
26)　1680년 윤8월 28일. "自遮歸三十五里. 至毛瑟浦. 此是李選啓請新設之鎭. 而荒茅苦竹之間. 只有若干官舍. 防軍之入番者只數人. 以此防護不可期也."
27)　1680년 윤8월 29일. "自海邊攀厓上山. 山腰有大石窟. 窟中上面作小庵. 狀如佛堂中架屋. 坐佛之處坐以小佛二軀. 層層作石砌. 乃邑民祈禱之所."

폭포의 물줄기는 박연폭포만 못한 듯하다. 그러나 좌우로 석벽이 빙 둘러 있으며 동굴 안에 아름다운 나무가 울창하게 숲을 이루고 있으니, 그 웅장함과 신비함은 박연폭포가 미칠 수 없다.[28]

일전에 임홍망은 박연폭포를 두고 '글로는 형용할 수 없는 동방 제일의 기이한 경관'으로 꼽은 바 있다.[29] 그러나 천지연폭포 유람을 계기로 그 생각에 변화가 생겼다. 폭포의 물줄기는 박연폭포만 못해도, 일대의 경관은 천지연폭포가 훨씬 뛰어났기 때문이다. 좌우로 빙 두른 석벽과 울창한 나무가 숲을 이루고 있는 장관은 임홍망의 시선을 사로잡기 충분했다.

9월 1일, 임홍망은 천지연폭포의 감동이 채 가시기도 전에 경로폭포를 유람하였다. 경로폭포는 물줄기가 바다로 곧바로 흘러내리기 때문에 천지연폭포보다 확 트인 주변 경관을 감상할 수 있는 곳이다. 하지만 평상시 일반인이 유람하기 어려워 세상에 잘 알려지지 않았다. 임홍망은 이 점을 안타깝게 여겼다.[30]

마지막 날인 2일에는 정의현 성산진을 방문하였다.

산이 평원에서부터 구불구불 이어져 바다로 들어가는데

---

28) 1680년 윤8월 29일. "瀑布之掛流. 似不及於朴淵. 而左右石壁逶迤屛列. 洞中佳木欝苑成林. 奇壯幽怪. 非朴淵所能及."

29) 1677년 9월 21일. "此瀑爲東方第一奇觀. 非文字所可形容者."

30) 1680년 9월 1일. "早食後自西歸行五里許. 至海邊有驚鷥瀑. 瀑自石上直下海口. 其爽槩軒豁非天池之所能及. 而但幽怪之狀小遜焉. 皆島中勝地. 而非俗人所常遊覽者. 是以世無得以稱焉. 可惜也."

겨우 수레와 말을 용납할 만한 길이었다. 바닷속에서부터 갑자기 우뚝 솟아올라 사방의 석벽이 바다에 꽂혀 있는데 몇천 길인지 알 수 없었다.……절벽을 부여잡고 아래를 내려다보니 눈이 황홀해지고 다리가 떨리고 심장이 두근거려 두려워 마음이 안정되지 못하였다.[31]

성산(城山)은 그 이름처럼 바닷가에 성채를 세운 듯 아름다운 모습이었다. 들판에서부터 바다까지 펼쳐진 산세와 바다에서부터 우뚝 솟은 석벽의 모습은 그야말로 장관이었다. 절벽을 부여잡고 내려다본 풍경은 아찔하고 황홀해 마음을 진정시키기 어려울 정도였다. 이는 『신증동국여지승람』의 "뻗쳐 큰 바다 가운데로 들어간 것이 5리 가량 되는데 형세가 개미허리 같다. 석벽이 깎은 듯이 병풍같이 둘러서 있는데 높이가 천여 길이나 된다."[32]라고 한 것과도 흡사하다.

5박 6일의 일정을 마치고 감영으로 돌아온 임홍망은 다음과 같은 일기를 남겼다.

올해 장마가 져서 섬에 큰 흉년이 들었다. 농민들은 이전 미를, 포민들은 진상품을 감면해 달라고, 공천들은 신공을 면제해달라고, 사천들은 대속해달라고, 목동들은 또 부역을 줄여달라고 요청하였다. 백여 명이 무리지어 곳곳에서

---

31) 1680년 9월 2일. "山自平原中逶迤入海. 僅容車馬之道. 至海中忽然斗起. 四面石壁揷立海水. 不知其幾千丈.……攀崖下窺. 目力悅惚. 股戰心悸. 凜不可定."

32) 『新增東國輿地勝覽』, "延袤入大海中. 可五里許. 勢如蟻腰. 石壁削立. 周布如屛. 高可千餘丈."

호소하고 길을 막아 다닐 수가 없었다. 도민들의 신역이
육지 백성보다 백 배나 많기 때문이다.[33]

시찰을 마치고 돌아온 임홍망은 흉년으로 인한 도민들의 피해
를 구제하는 일을 급선무로 여겼다. 일기에 따르면 당시 제주도민
의 신역은 육지의 백성들보다 무거웠다. 이 때문에 도민들은 임홍
망이 가는 곳마다 길을 막으며 저마다의 고충을 이야기하며 신역
을 해소해달라 호소하기도 하였다.

이처럼 직접 시찰을 다니며 도민들의 사정을 알게 된 임홍망은
4개월 뒤 상정법(詳定法)을 제정하였다. 상정법은 대동법을 바탕으
로 지방의 특성에 따라 세율을 조정한 법이다. 당시 제주의 세정
(稅政)은 약자에게는 가혹하고 강자에게는 관대한 경향이 있었다.
임홍망은 상정법을 통해 도민들의 부역을 바로잡고자 했다. 추후
법이 반포되자 도민들은 이를 매우 편하게 여겼다.[34] 임홍망은 이
것을 책자로 만들어 시행할 것을 조정에 요청하기도 하였다. 심해
지는 풍토병으로 일 년 내내 고생한 것이 헛수고가 되기를 원하지
않았고,[35] 후대의 관리들이 탐욕을 부리지 못하도록 하나의 규례
를 만들려는 의도였다. 이 때문에 임홍망은 도민들에게 300년 동

---

33) 1680년 9월 3일. "蓋以今年霖潦. 島中大失稔. 農民則乞移轉. 浦民則請減進上. 公賤
則乞免貢. 私賤則請代贖. 牧子則又請蠲役. 百十爲群. 處處呼訴. 道枳而不能行. 蓋以
島民身役百倍於陸民故也.

34) 1681년 1월. "詳定法始完. 蓋三邑賤役不均. 弱者苦强者歇. 到界後卽定詳定都監. 以
前縣監文榮後. 前座首吳尙賢爲監官. 三邑賦役一切釐正. 是月始畢頒布. 民甚便之."

35) 1681년 6월 3일. "是月改正詳定. 作爲冊子. 啓請施行. 蓋以水土之病入夏轉劇. 如有
不幸. 則終歲勤勞恐歸於虛套故也."

안 최고의 목사로 칭송받기도 하였다.[36]

5. 한라산 유람

임홍망은 병으로 제주 목사를 교체해달라는 장계를 올린 뒤, 개인적인 유람을 목적으로 한라산을 방문하였다. 지금의 관음사 코스로 등산을 시작해 영실 코스로 하산하는 1박 2일 일정이었다.

관아를 나서 한라산 정상에 도착하기까지의 여정은 간결하게 기록되어 있다. 임홍망은 전약(典藥) 한시달(韓時達), 역학(譯學) 김성화(金聲和)와 함께 관아 서문을 나서 남쪽으로 35리쯤 내려간 뒤 한라산에 도착하였다. 그리고는 곧바로 등산길에 올라 삼각봉 아래 탐라계곡 부근에서 점심을 먹은 뒤, 다시 10리 정도를 올라가 정상에 도착하였다.[37]

> 백록담을 내려다보니 봉우리 위 사면은 성과 같고 가운데는 움푹 패어 연못이 되었는데 수심은 겨우 무릎까지였다. 빗물이 항상 고여 있어 큰 가뭄이 들어도 마르지 않는다고 하니 기이하다.[38]

---

36) 任徵夏, 『西齋集』卷7, 「王考竹室府君履歷行錄」. "遂作爲冊子. 啓禀而行之. 後來者. 雖貪吏. 亦不敢不遵.……至今島人頌之曰. 三百年來. 惟任, 崔二人而已. 崔卽三宰公寬也."

37) 1681년 8월 16일. "率典藥韓時達譯學金聲和. 往漢挐山. 早食後, 出西門向南, 而行三十五里許至山底. 林藪之下馬所憩, 仍上山行二十里, 由林下而行, 不見天日. 至峯底, 澗邊中火訖, 又行十餘里, 始到絶頂."

38) 1681년 8월 16일. "俯視白鹿潭. 峯上四面如城. 中凹作潭. 水深僅沒膝. 蓋雨水之恒

마침내 정상에 올라 사방을 바라보니 하늘과 바다가 한 가
지 색이어서 먼 곳은 구분이 되지 않았다. 북쪽으로는 추
자도, 백도, 초도, 대화탈도, 소화탈도, 청산도 등이 눈 아
래 늘어서 있는데 점점이 찍힌 것이 마치 파도 위의 갈매
기 같았다.[39]

　정상에 오른 임홍망의 눈앞에는 백록담이 펼쳐졌다. 성처럼 둘
러 있는 봉우리 사이에 무릎 높이로 패인 연못은 임홍망의 시선을
끌기 충분했다. 항상 빗물이 고여 있어 마르지 않는다는 사실도
이색적이었다. 또 정상에 올라보니 사방이 탁 트여 하늘과 바다의
경계를 구분하기 어려웠고, 북쪽으로는 부임하며 뱃길로 지나왔던
추자도와 백도 등 여러 섬의 모습도 찾아볼 수 있었다. 바다 아래
작은 점처럼 늘어선 섬들은 마치 파도 위를 나는 갈매기처럼 보이
기도 하였다.
　하산길에는 한라산의 또 다른 명소인 영실(靈室)과 존자암(尊者
庵)을 방문하였다. 영실은 천태만상의 기암(奇巖)이 둘러 있는 공간
으로, 그 모습이 마치 석가모니가 설법을 펼친 영산(靈山)과 닮았다
하여 붙여진 이름이다. 임홍망은 이를 "북쪽으로는 석벽이 옥병풍
처럼 둘러 있고, 산 위에는 흰 바위가 즐비해 마치 기이한 부처 같
았다."라고 기록하였다. 또 바위틈에서 나온 시원한 샘물을 맛본
뒤에는 이곳 영실을 제주도에서 제일가는 선경으로 꼽기도 하였

留者. 而雖大旱亦不竭云. 可異也."

39)　1681년 8월 16일. "遂上絶頂. 而望四方. 天水一色. 遠不可辨. 北面則楸子白島草島.
　　大小火脫靑山等島. 列於眼下. 點點如波上鷗."

다.[40)]

그리고는 하룻밤을 묵기 위해 영실에서 10리쯤 떨어져 있는 존자암으로 이동하였다. 존자암은 예로부터 한라산을 유람하던 사람들이 머물렀던 공간 중 하나이다.

> 산 위에 뜬 달은 구슬 같았고 석상은 얼음 같아 정신이 맑아지고 몸이 서늘해 잠들지 못했다. 지팡이를 짚고 바위 위를 거닐며 남쪽 바다를 굽어보니, 달빛이 바다 아래까지 반사되어 마치 둥근 명주가 만 자나 되는 보석쟁반 위를 달리는 듯했다. 보고 있자니 상쾌해 한 점 속세에 매인 기운조차 없게 하였다.[41)]

임홍망은 밝은 달빛과 서늘한 밤공기에 정신이 맑아져 쉽게 잠들지 못했다. 잠시 주변을 거닐다가 바위 위에서 남쪽 바다를 내려다보니, 달빛이 바다 저 아래까지 환하게 비출 만큼 밝게 빛났다. 임홍망은 이를 두고 명주 구슬이 만 자나 되는 옥쟁반 위를 달리는 것 같다고 하여, 상쾌하고 탈속적인 승경을 묘사하였다.

한편 임홍망은 한라산을 등반하며 관찰한 식생까지도 일기에 기록하였다.

---

40) 1681년 8월 16일. "遂從山腰環而南. 行二十里許至靈室. 北面石壁環作玉屏. 山上白石齒齒. 狀似奇佛. 自水石隙瀉出淸冽可飮. 眞島中第一洞天也."

41) 1681년 8월 16일. "山月如珠. 石床如冰. 神淸骨冷. 不能假寐. 杖策而徘徊於巖上. 俯視南溟. 月影倒射海底. 如一團明珠. 走萬尺玻瓈盤中. 見之令人爽然無一點塵累氣也."

산 아래에서부터 20여 리까지는 잡목이 숲을 이루고 있었다. 여기서부터 봉우리 밑 7, 8리까지는 모두 같은 종류의 나무였는데, 측백나무 같기도 하고 삼나무 같기도 하고 회나무 같기도 했으나 모두 아니었다. 이 지역 사람들은 이를 구향목이라 하였다. 중간중간 노가자나무가 있었는데 이 역시 육지와는 달랐다. 열매는 작은 앵두만 했고 색은 붉고 맛은 달았다. 구향목 열매는 회나무 열매와 같았다.[42]

그의 기록에 따르면 당시 한라산은 지면에서 20여 리까지는 잡목으로, 그 위에서부터 삼각봉 아래 7, 8리까지는 구향목으로 이루어져 있었다. 육지에서만 살았던 임홍망은 구향목을 알지 못해 이를 측백나무나 삼나무나 회나무가 아닌가 추측해보기도 하였다. 중간에 보이는 노가자나무 역시 육지에서 보던 것과는 달리 열매가 앵두처럼 작고 붉고 달았다. 1702년 제주 목사를 역임한 이형상(李衡祥)도 "남쪽 산기슭에 나무가 있는데 측백나무도 아니고 삼나무도 아니며 박달나무도 아니고 전나무도 아니었다. 깃발과 일산 같기도 한데 전하기를 계수나무라고 한다."[43]라는 기록을 남긴 바 있다. 현재까지도 한라산에는 1,800여 종의 다양한 식물이 자라고 있는바, 당시 육지에서 잠시 섬으로 부임해 온 이들로서는 식생을 정확하게 분별하기 어려웠을 것이다.

---

42) 1681년 8월 16일. "自山底至二十里. 則皆雜木樹立成藪. 而自此至峯底七八里. 則都是一木. 似栢非栢. 似杉非杉. 似檜非檜. 土人謂之丘香木."

43) 李衡祥, 『南宦博物』. "南麓有樹. 非栢非衫. 非檀非檜. 隱隱如幢盖. 傳以爲桂也."

봉우리 밑에서부터 산 위 몇 리까지는 노송나무로 보이는 나무가 있었는데 바위 위에 덩굴로 자랐다. 열매는 산 앵두 같았고 색은 검고 맛은 시고 달았다. 이 지역 사람들은 이를 만향이라 하였으니, 『남명소승』에서 "덩굴로 자라는 지초가 있다."라고 한 것이 이것이다.[44]

삼각봉 밑에서부터 산 정상까지는 노송나무로 보이는 나무들이 분포하고 있었고, 바위에는 제주도민들이 만향(蔓香)이라 부르는 넝쿨이 자라고 있었다. 열매는 산앵두와 비슷하게 생겼는데 거무스름했고, 맛은 시면서도 달았다. 임홍망은 앞서 한라산을 유람한 임제(林悌)가 "덩굴로 자라는 지초"라고 한 것이 바로 이 만향이라 언급하기도 하였다. 참고로 이형상은 이를 '만지(蔓芝)'라고 부르며, 맛이 달고 향기가 기이하다고 기록한 바 있다.[45] 한편 임홍망은 동물에 관해서는 백록담 근처에 사슴 십여 마리가 무리지어 다녀 포수에게 뒤쫓게 했으나 잡지 못했다는 짧은 기록을 남겼다.[46]

한라산은 예로부터 섬 가운데 있어 탈속의 공간으로 여겨졌던 공간이다. 그리하여 영주(瀛州)라 일컬어지고 삼신산(三神山) 중 하나로 꼽혔던 산이다. 임홍망은 등반 전부터 한라산의 이러한 명성을 듣고 유람에 대해 큰 기대감을 가졌을 것으로 보인다. 그러나

---

44) 1681년 8월 16일. "間有老架子木. 而亦與陸地木異. 結實如小櫻. 紅而甘. 丘香實則如檜木實. 自峯底至山上數里. 則有木如老松. 蔓生於石上. 有實如山櫻. 而黑而酸甘. 土人謂之蔓香. 南溟小乘所謂有芝蔓生. 是也."

45) 李衡祥, 『南宦博物』, "又有蔓芝着地筆茸. 莖有細毛. 色類靑苔. 隨節生根. 或如釵股. 或如緝絲. 味甘而香雖非桂芝. 然亦異矣."

46) 1681년 8월 16일. "有鹿十餘成群. 自潭邊上山而去. 使善炮者逐. 不能及."

그 실제 유람은 한라산이 가진 명성이나 임홍망이 갖고 있던 기대에 미치지는 못했다. 이에 임홍망은 산행을 마치고 관아에 돌아와 실상이 명성과 다른 점이 있었다는 아쉬움의 후기를 남기기도 하였다.[47]

6. 결론

본고는 임홍망의 제주 목사 재임 중 활동을 중심으로 그의 일기 자료를 고찰해보았다. 임홍망은 조선 후기 아산 출신의 문인으로, 81세로 생을 마칠 때까지 관직 생활을 했던 인물이다. 그는 자신의 관직 생활 전반을 일기로 기록하였다. 현재 1674년부터 1689년까지 총 15년간의 일기가 전한다. 그 중 임홍망이 제주 목사로 재임하던 시기 저술한 일기를 '제주 목사 일기'라 명명하였다.

제주 목사 일기를 통해 먼저는 관인(官人) 임홍망의 모습을 확인할 수 있었다. 임홍망은 직접 도내를 순시하며 제주의 풍토와 백성들의 종합적인 형편을 일기에 기록하였다. 그리고 이를 바탕으로 상정법을 제정해 도민들의 신역을 줄여주고자 하였다. 이는 당시 제주 지방민들의 모습 역시 대략적이나마 짐작할 수 있게 해준다. 또한 임홍망은 제주를 오고 가는 항해 여정 중의 표류 경험, 제주의 여러 명소를 방문하고 느낀 소회를 일기에 기록하였다. 이 과정에서 당시 육지와 제주를 오가는 항로의 일면과 당대 한라산

---

47) 1681년 8월 17일. "蓋玆山也. 在絶島中. 幽遐詭瑰. 崒嵂峻極. 四面環海. 茫茫無際. 與塵寰隔絶. 自古以瀛洲稱. 而列於三神山. 然名實不相符. 可恨也."

등람 여정 및 분포 식생도 확인할 수 있었다.

　주지하듯 제주와 관련한 고전문학은 여타 지역과 비교했을 때 그 수가 현저히 적으며, 그마저도 유배문학과 기행문학이 주류를 이루고 있다. 본고는 제주 목사 임홍망과 그의 제주 목사 일기를 처음으로 학계에 소개하여 또 하나의 제주 관련 자료를 검토하였다는 의의가 있다. 이는 비록 문학적 의미를 크게 부여할 수 있는 자료는 아니지만, 한 개인이 제주에서 실제 보고 겪었던 사실을 진솔하게 기록했다는 점에서 가치가 있다. 이는 임홍망 개인 행적은 물론, 당시 제주의 풍토와 지역민들의 생활 제반에 대한 증언 자료로서 유의미한 자료가 될 것이다.

참고문헌

〈원전자료〉

任弘望, 『官職日記』, 『竹室集』.

徐榮輔, 『竹石館遺集』.

李衡祥, 『南宦博物』.

任徵夏, 『西齋集』.

『國朝人物考』.

『東輿圖』.

『承政院日記』.

『新增東國輿地勝覽』.

『朝鮮王朝實錄』.

한국고전번역원 한국고전종합 DB.

〈논저〉

고윤정 · 오상학, 「조선시대 유산기에 나타난 한라산 등람배경과 관행」, 『濟州島研究』 제56집, 제주학회, 2021.

김미수, 「제주 목사 李源祚의 『耽羅錄』 연구」, 『대동한문학』 제63집, 대동한문학회, 2020.

김새미오, 「제주유배문학의 연속성에 대한 시론: 김진귀-김춘택-임징하를 중심으로」, 『영주어문』 제36집, 영주어문학회.

_____, 「「탐라별곡」에 표현된 제주목사의 책무와 그 시선」, 『濟州島研究』 제54집, 제주학회, 2020.

_____, 「『남환박물(南宦博物)』의 가치와 그 시선」, 『연민학지』 제39집, 연민학회, 2023.

부영근, 「추사 김정희의 제주 유배시 고찰」, 『영주어문』 제11집, 영주어문학회, 2006.

손오규, 「한라산 山水遊記의 산수문학적 연구」, 『퇴계학논총』 제26집, 퇴계학부산연구원, 2015.

심경호, 「조선시대 개인일기의 종류와 기록자 계층」, 『동아한학연구』 제14집, 고려대학교 한자한문연구소, 2020.

양순필, 「우암 송시열의 제주유배시 소고」, 『백록어문』 제9집, 제주대학교 사범대학 국어교육과 국어교육연구회, 1992.

연민희, 「운양(雲養) 김윤식(金允植)의 제주 유배일기 고찰」, 『해양문화재』 제15집, 국립해양문화재연구소, 2021.

오수정, 「조선 전기 제주목사의 역할과 권한」, 『탐라문화』 제62집, 제주대학교 탐라문화연구원, 2019.

임형택, 「『남명소승(南溟小乘)』을 읽는다: 백호문학(白湖文學)에 있어서 현실과 상상」, 『한국문학연구』 제65집, 동국대학교 한국문학연구소, 2021.

정시열, 「조선조 제주도 유배 문학의 위상」, 『한국고전연구』 제24집, 한국고전연구학회, 2011.

정환국, 「18세기 제주문인 정체성의 일단: 장한철 『漂海錄』의 경우」, 『한국문학연구』 제65집, 동국대학교 한국문학연구소, 2021.

홍순만, 「제주 목사에 관한 서설」, 『濟州島史研究』 제1집, 제주도사연구회, 1991.

황만기, 「『南槎錄』에 나타난 淸陰 金尙憲의 作家意識」, 『東方漢文學』 제36집, 동방한문학회, 2008.

황아영, 「崔溥의 『漂海錄』에 나타난 문학적 서술방식 연구」, 『漢文古典研究』 제38집, 한국한문고전학회, 2019.

고시언(高時彦)의 『성재집(省齋集)』과 여항인의 자의식

강민형

1. 서론

2021년 출간된 『여항문학총서 속집』은 이전에 알려지지 않았던 여항인의 문집을 발굴, 소개하였는데, 그 중에는 홍세태와 같은 시기에 활동한 유찬홍(庾纘洪), 이득원(李得元), 김만최(金萬最), 김부현(金富賢) 등의 문집도 포함되어 있다. 그 중에서 역관 고시언(高時彦, 1671~1734)의 문집 『성재집(省齋集)』이 주목할 만하다.

고시언은 역관 가문에 태어나 홍세태 등과 교유하면서 문학활동을 이어갔고, 홍세태가 편찬한 『해동유주(海東遺珠)』를 이어받아 여항인들의 시를 모아 정리한 『소대풍요(昭代風謠)』를 편찬하는데 주도적인 역할을 하였다. 그의 문집 『성재집』은 총 4권으로 이루어져 있는데, 1권에는 시, 2권에는 산문, 3권과 4권에는 경서를 읽고 나서 자신의 생각을 정리한 「독서차록(讀書箚綠)」이 실려 있다. 그의 시문은 존주의식과 반청사상을 드러내기도 하였고, 「효녀박씨전(孝女朴氏傳)」, 「김중진전(金重鎭傳)」 등을 통해 효의 가치를 강조하는 등 보수적인 면모가 있다. 그렇지만 더 깊이 살펴보면 여항인으로서의 특수한 면모도 드러난다.

2. 적극적인 '사(士)' 의식 표명

短葛徘徊小院東	짧은 갈옷 입고 작은 집 동쪽을 배회하다
驚梧一葉乍金風	가을바람에 떨어지는 오동잎 하나에 놀라네.
孤城月桂蟲吟裏	외딴 성에 걸린 달은 벌레 소리 안에 있고
萬樹秋涵露氣中	많은 나무는 가을에 이슬을 머금었네
今古紛紜何日了	예나 지금이나 분주함은 언제야 끝나려나?
乾坤遼闊此途窮	천지는 넓건만 이 길을 궁벽하구나.
家貧不恤還憂國	집이 가난해도 돌보지 않고 도리어 나라를 걱정하니
自笑愚衷漆室同	어리석은 마음이 칠실과 같아 자조하노라.

－『성채집』 권1「칠 월 밤에 나무 아래에서 더위를 쫓다.

[七月夜納凉樹下]」[1]

---

1) 『여항문학총서 속집(이하 『여총 속집』)』 1, 『省齋集』 권1, 398면. 『風謠續選』에는 「月夜」라는 이름으로 되어 있다.

이 시는 단출한 옷을 입고 가을을 맞는 심정을 노래한다. 화자의 처지는 한가로움을 느낄 새도 없이 바쁜데 여전히 궁벽한 신세를 면하지 못하고 있다. 여기까지만 보면 신세 한탄에 그칠 수 있겠으나, 결구에서 근심의 원인이 개인의 신상이나 집안 문제가 아니라 나라를 향한 충정임을 드러냈다. 마지막 연에서 자신의 우국이 주제넘은 걱정이라고 자조하고는 있지만, 그래도 공적 사명감을 품은 관료이자 선비라는 자의식을 감추지 않았다.

시 자체의 풍격은 별도의 논의가 필요하겠지만, 『풍요속선』에도 실릴 정도면 여항인 사이에서는 가치를 인정받았다고 할 수 있겠다. 일견 내용은 단순하지만, 역관 등 기술직 중인들이 자신 또한 현실을 직시하고 나라를 염려하는 '사(士)'라고 역설하고 있다는 점에서는 주목할 만하다.

고시언이 말하는 '우국'의 양상은 「관동의 노래(關東歌)」라는 고시에 구체적으로 나타난다. 내용이 길지만 조선 후기의 사회상과 이를 바라보는 여항인의 시선을 볼 수 있기에 전체를 번역하여 싣는다,

君不見	그대는 보지 못하였는가?
關左廣潤厥土沃	관동은 광활하고 땅도 비옥한데
六畝二升稅卽貂	여섯 묘 2승에 세금은 적게 거두네.
茫茫空地無非田	넓은 빈 땅에 밭 아닌 곳 없으니
耕牧其中能饒足	그 안에서 경작해 거둔 것이 풍족하다네.
東市朝鮮一利窟	동쪽 시장인 조선은 이익을 얻는 소굴이라
肯持鋤穤事齟齬	호미를 짊어지고 악착함을 일삼네.

歲將鉅萬渡江去	해마다 수 만 금을 끌어와 강 건너가면
半入燕市半審柵	절반은 연경 시장으로 절반은 심양 책문으로 들어가지.
山西羊毛盡冠帽	산서 땅의 양털은 모두 관리의 모자가 되고
青布木綿如山積	청포와 무명은 산 같이 쌓였네
一年交易數四至	일 년에 교역이 네 차례에 이르는데
輕車快馬還往速	가벼운 수레와 빠른 말은 도리어 빨리 달리네.
歸來突兀大第宅	돌아오면 우뚝 솟은 큰 저택에는
左右蛾眉美衣食	좌우에는 미인과 아름다운 옷과 음식 있구나.
聞風山西盡襁負	듣자 하니 산서에서는 모두 둘러업고서
離親射利仍土着	어버이를 떠나 이익을 노려 눌러산다 더라.
灣民生涯亦如此	의주 백성의 생애가 또한 이와 같아
鶩死門市多奸慝	시장에 내달려 죽으니 간특함 많네.
一自釜倭變詐作	한번 부왜가 사기를 일으키고 나서
舘貨阻斷事異昔	관가의 재화가 끊겨 일이 이전과 달라졌네.
八路礦採既不少	팔로에서 광부들이 이미 적지 않은데
年年北輸公私赤	해마다 북쪽의 수송으로 공사의 수레가 텅 비었네.
整我實貨換虛物	우리의 실제 재화를 가지고 헛된 물건과 교환하니

目前隨手孔消鑠	눈앞에 따르던 손이 크게 사라지네.
遼民日饒我日瘠	요동의 백성은 날로 부유해지고 우리는 날로 가난해지니
彼此得失可歎息	피차 간의 득실을 탄식할 만 하도다.
嗚呼何時	오호라 어느 때에야
交市之弊一洗濯	교역의 폐단이 한번에 씻겨
長使邊圉自清肅	오래도록 변방이 저절로 고요해질까?

- 『성채집』 권1「관동의 노래[關東歌]」[2]

이 시는 역관으로서 바라본 대중국 무역의 실상을 고발하고 있다. 조선의 물자를 가지고 중국으로 가서 양털과 청포(靑布), 무명 등을 사오느라 교역할 때마다 적자가 나고 있었다. 조선의 재화를 중국의 사치품과 맞바꾼 결과 조선 백성의 생활이 날로 궁핍해지는 현실을 고발하고 있다. 당시 중국과의 교역에서 큰 이익을 얻는 역관의 신분으로서 교역의 실상을 드러내는 것도 특이하지만 비판적 시선으로 바라보는 점에서 이 시는 더욱 주목할 만하다.

영의정 김 상국이 사역원(司譯院)에서 관리를 뽑도록 하였는데, 일찍이 사역원의 동쪽 누각에 올라 그 아래를 굽어보니 맑고 시원한 샘이 있었고 마음속에 감회가 일어나 마침내 열천(冽泉)이라고 누각의 이름을 붙였다. 누각이 관리를 뽑은 곳에 속해 있어서 여러 상공이 이 일을 기록하고 이어서 나에게 명하여 서문을 짓게 하셨으니 대개『시경

2) 『여총 속집』 1,『省齋集』 권1, 410~411면.

(詩經)』「조풍(曹風)・하천(下泉)」의 뜻을 취한 것이다.

「하천」을 지은 시인은 쇠퇴하고 어지러운 가을에 마침 차가운 샘이 강아지풀을 적시는 것을 보고서 감발하여 비흥(比興)을 지었으니, 비통하게 주나라 도읍 풍호(豐鎬)에서 「주남(周南)」과 「소남(召南)」이 지어진 때를 아득히 상상하여 끝나지 않는 생각을 읊은 것이다. 지금 우리 상국의 감회도 또한 이 샘으로 인하여 발현하였다. 나라 안의 샘 중에 무슨 이유에서인지 유독 여기에만 감흥이 일어났으니 그 까닭이 이 사역원에 있지 않은 것인가?

이 사역원은 외교를 관장하고 늘 중화와 사령을 주고받았으니, 중화의 흥망성쇠는 그 맥락이 진실로 사역원과 관련이 있다. 이 때문에 이 누각에 한 번 오르면 저 중화를 생각하는 마음이 흘러나와 생기고 북쪽을 바라보면 생각이 내달려 타버린 누각의 찬 재를 슬퍼하고 종산(鍾山)의 황량한 가시덤불을 애통해하니 사물에 의탁해 감흥을 일으킴이 천년 전의 시인의 뜻과 기약하지 않았는데도 부합하여 그 또한 슬프도다![3]

내가 생각건대 상국이 열천이라고 편액을 단 것은 단지 천

---

3) 『여총 속집』 1, 『省齋集』 권2, 412면, 「冽泉樓序」. "首揆金相國領提擧于譯院, 嘗登院之東樓, 瞰其下, 有泉淸冽, 有感於心, 遂以冽泉名樓. 屬提擧趾, 齋相公記其事, 繼又命小子爲序, 蓋取曹風下泉之意也. 夫下泉之詩人, 當衰亂之秋, 適見冽泉之浸苞稂, 感發爲比興, 慨然遐想乎豐鎬二南之際, 有詠歎不盡之思焉. 今我相國之感, 亦因泉而發, 則國中之泉何限而獨有感於此者, 豈不以其在是院也乎? 是院職掌交聘, 常通辭令於中華, 則中華之廢興盛衰, 其服絡固有關於是院者. 是以一登斯樓也, 則念彼中華之心油然而生, 北望馳想, 愴煤閣之寒灰, 傷鍾山之荒棘, 托物興感, 與千古詩人之意, 不期而合, 其亦悲夫!"

하의 대의를 잊지 않을 뿐만 아니라 또한 여기에서 역관 벼슬을 하는 자로 하여금 모두 시인의 뜻을 우러르고 따라서 각자 주나라를 존중하는 정성을 품도록 한 것이다. 이것이 또한 옛사람이 말한 『춘추(春秋)』의 대의를 비록 부녀자와 아이라도 모두 알 수 있도록 한다는 말이다.……내가 역관 자리에 끼어서 성대한 일을 직접 보니 격앙을 이기지 못하여 망령되이 시를 지어 바쳤으니 대개 옛날에 노래가 뒤섞여 나온 것을 본받았다. 위항의 뜻을 감히 말세의 남은 소리라고 할 수 없도다.[4]

위의 글은 사역원에 있던 정자 열천루(洌泉樓)에 관한 서문이다. 이 글을 지은 연도를 구체적으로 알 수는 없으나 열천루라는 이름을 지은 영의정이 누구인지는 확인할 수 있다. 영의정이 김상헌의 후손이라고 밝혔으니 이 사람은 바로 노론사대신 중에 하나인 김창집(金昌集, 1648~1722)이다.

김창집이 내세운 존주의식은 당대 노론이 공유하던 가치관이고, 열천이라는 이름도 여기저기 붙인 사례가 있다. 그런데 고시언은 모화의식을 담은 열천이라는 이름과 사역원이라는 장소를 연결지어 김창집이 밝히지 않은 의미를 설명하고 있다. 바로 사역원이 외교문서를 담당하는 곳이어서 중화의 흥망성쇠를 더욱 절실히 받아들이기 때문이라는 것이다. 이를 통해 고시언은 역관의 자

---

4) 『여총 속집』 1, 『省齋集』 권2, 412면, 「洌泉樓序」. "竊以爲相國之列泉命額, 非徒不忘天下之大義 亦使象胥之仕於是者 皆得以仰追風人之義 各懷尊周之誠 此又古人所謂麟經大義 雖婦孺皆可使知之者也.……小子跡厠舌官, 獲覩盛事, 不勝激昂, 妄以詩律呈獻, 蓋效古者謳謠雜出, 委巷之義, 非敢曰曹檜之餘音也."

리가 존주대의를 최전선에서 구현하는 장소라는 사명의식을 담아
내고 있는 것이다.

> 중화의 말은 천지의 바른 소리이니 나라에 내외 없이 두루
> 밝혀야 할 바이다. 하물며 우리 동방은 제후의 법도를 신
> 중히 하여 사령을 계속 주고받아서 중국의 말을 중하게 여
> 겼으니 또한 여러 이민족에 비길 바가 아니다. 그러므로
> 조종에서 매번 문사로 하여금 중국에 말을 물어보았는데
> 지금은 그 책임이 오로지 사역원에 있다.[5]

이 글은 사역원에서 중국어 교재로 사용하던 『오륜전비(伍倫全
備)』를 번역한 『오륜전비언해(伍倫全備諺解)』서문의 시작 부분이다.
『오륜전비』는 명나라 관료 구준(丘濬, 1421~1495)이 편찬한 『오륜전
비기(伍倫全備記)』를 가리킨다. 이 책은 오자서(伍子胥)의 후손이라는
설정이 붙은 오륜전(伍倫全), 오륜비(伍倫備)라는 가상의 인물을 주
인공으로 충효를 이야기한 희곡이다. 본래 사역원에서는 『노걸대
(老乞大)』, 『박통사(朴通事)』, 『직해소학(直解小學)』을 교재로 사용하였
다. 그런데 『직해소학』의 문장이 당대 중국어가 아닌 까닭에 『오
륜전비』를 교재로 채택하였으니, 정음과 속음이 다 담겨 있고 완
곡한 가르침까지 갖추어서 역관을 가르치기에 적합하기 때문이라
고 밝혔다.[6]

---

5) 『여총 속집』 1, 『省齋集』 권2, 413~414면, 「伍倫全備諺解序」. "中華之語, 天地正音,
   國無内外, 所當通曉, 況我東世謹侯度, 辭令縷續, 則華語爲重, 又非諸象鞮之比而已.
   故自宗朝, 每令文士質語于中朝, 今其責專在譯院."

6) 『여총 속집』 1, 『省齋集』 권2, 414면, 「伍倫全備諺解序」. "本業三書, 初用『老』, 『朴』,

위 인용문에서 고시언은 나라에서 안팎 따질 것 없이 중국어를 두루 익혀야 한다고 강조하면서 언어에서의 모화사상을 강조하는 듯하다. 그러면서 현재 중국어 학습은 사역원만이 담당하고 있지만 과거에는 이 일이 문사(文士)의 역할이었음을 강조하였다. 당시 사대부가 공유하고 있던 모화사상을 바탕으로 자신들의 역할이 한갓 잡직에 그치지 않는다고 주장하였다.

현존하는 『오륜전비언해』에는 관찬서인데도 고시언의 서문만 있을 뿐, 다른 사대부 관료의 서발은 없다. 이는 조정에서 역관으로서의 고시언의 역량을 인정한다는 의미도 있겠지만, 당시 조선의 관료들이 중국어 학습에 그다지 관심을 두고 있지 않다는 반증이기도 하다. 고시언이 선대 여항인 유희경(劉希慶)의 정려문을 읊은 오광운(吳光運)의 시에 차운하면서 유희경의 충효와 학문을 기린 뒤 "백 년 만에 낡아진 문을 수리하노니, 붉은 편액은 고을에 새로워라.[百年修廢墜, 朱額里閭新.]"라고 끝맺었다. 여항인의 절조를 사회가 제대로 기리지 못하고 있는 현실에 대한 은근한 비판이 담겨 있다. 물론 원시를 지은 오광운은 「소대풍요서」에서 여항인의 가치를 인정하였고, 다른 사대부들도 유희경, 홍세태 등의 여항인을 호평한 시문을 남기기는 하였다. 그렇지만 고시언은 여항인들이 당대 조선 사회에서 충분히 인정받지 못하고 있다고 본 듯하다.

내가 순화리에 있을 적에 때마다 백붕(百朋)과 서로 어울리

及『直解小學』, 中古以『小學』非漢語, 易以此書, 蓋其爲語雅俚, 並陳風諭備至, 最長於譯學.'

다가 정해년 이후 10년 동안 만나지 않는 날이 없어서 문장을 보고 마음을 알아가며 세월조차 잊었으니 그때에는 만남만 있을 뿐 흩어짐은 없었다. 그러다 을미, 병신년 두 해에 나는 연달아 북쪽으로 갔고 돌아와보니 백붕은 또한 남쪽으로 가서 일 때문에 머물렀다. 무술년 가을이 되어서야 비로소 흩어졌다가 돌아오니 참으로 4년이라는 오랜 시간이 걸렸다. 그러다 백붕이 사행에 차출돼서 일이 많았고 오래 흩어짐을 근심하다가 오히려 틈을 타서 날마다 모였다. 내가 얼마 안 있어 마침내 떠나니 과거의 긴 만남 때문에 지금의 빈번한 헤어짐에 이르렀으니 이는 진실로 세상 이치의 순환이다.

지금 백붕은 바다를 건너가 동해의 일출과 후지산(富士山) 기이한 일출을 보고 오사카(大阪), 에도(江戸)의 번성함을 보느라 거의 만날 겨를이 나지 않았다. 그리고 나도 올겨울에 연경(燕京)으로 가서 이때 고죽성(孤竹城)과 망해정(望海亭) 사이를 읊조렸다. 남북으로 서로 그리워하는 거리가 만여 리이니 그 흩어짐이 또한 심하였다. 내년에 백붕과 내가 앞뒤로 돌아올 테니 이미 돌아온 후에는 만나서 흩어지지 않을 수 있겠는가! 아니면 다시 흩어지는 이치가 있으려나! 이는 알 수 없다.[7]

---

7) 『여총 속집』 1, 『省齋集』 권2, 413~414면, 「聚散說贈別金百朋世鎰赴日本序」. "記余在順化里, 時與百朋相從, 自丁亥以來, 十年之間, 無日不會, 以看文譯心, 遺忘歲月, 其時則蓋有聚而無散, 曁乙未丙申兩歲, 余連有北山之役, 及歸而百朋又出使南中, 因事淹滯, 至戊戌秋, 始歸其散, 實四年之久, 而百朋仍差信使之行卒卒多故, 而悶其久散, 猶乘暇日會, 余未幾遂行, 夫以昔之聚長, 故致今之散頻, 是固物理之循環矣. 今百朋去涉重溟, 觀扶桑之日出, 與富士日光之奇, 致閱大坂江戸之殷, 庶應接不暇, 而余亦於今冬,

친구이자 일본어 역관인 김세일(金世鎰)이 일본으로 갈 때 쓴 증서(贈序)로, 벗 사이에 모이고 흩어지는 이치를 논하였다. 「열천루서」와 「오륜전비언해서」에서 역관으로서의 사명감을 드러냈다면 위 글은 역관으로 겪어야 하는 현실적 애환을 기술하였다. 예전부터 함께 어울렸던 사이지만 직책으로 인해 각각 청나라와 일본으로 흩어져 만나기가 어려워진 현실을 토로하면서 다시 만나기를 기약하기 어려운 역관의 처지를 드러내고 있다.

3. 여항인의 가치 부각

『성재집』에서 고시언은 여러 시문을 통해 조선에서 여항인의 문학과 절행이 지니는 의의를 극력 높이고 있다. 물론 고시언이 조선이 추구하는 가치를 완전히 탈피한 인물은 아니다. 기존에 추구하던 보수적 가치관을 고수하고 있는 면도 존재한다. 「열천루서」에서는 존주양이와 대일통사상은 사대부부터 여항인까지 성심으로 공유하고 있는 가치관임을 강조하였다.[8] 이러한 관점에서 보면 고시언의 사상이 기존의 가치관과 다를바 없어 보인다. 하지만 시문과 「독서차록」을 면밀히 살펴보면 변별점이 나타난다.

將赴燕山, 吟嘯於孤竹望海之間于斯時也. 南北相望實, 萬有餘里, 則其散亦極矣. 明年則百期與余當先後還歸, 而旣歸之後, 能仍聚而不散乎! 抑有復散之理乎! 是未可知也."
8) 『여총 속집』1, 『省齋集』권1, 412면, 「洌泉樓序」. "昔夫子作春秋, 尊中國攘夷狄, 而大一統之意, 昭如日星, 垂之於天下萬世. 我東文化慕擬中華, 上自學士大夫, 下至委巷之賤, 莫不知尊周之爲重以血誠服事."

心聲精微爲詩律	마음의 소리는 정미하여야 시율이 되니
陶寫性靈宣壹鬱	성령을 가다듬어 울적함을 펼치네
如鳥鳴春蟲鳴秋	새가 봄에 울고 벌레가 가을에 울듯
皆自天機中流出	모두 천기로부터 흘러나오네.
……	
吾東文明小中土	우리 동방은 문명이 있는 작은 중국이요
學士杠榛蔚如霧	학사의 무리가 안개처럼 우거진데,
獨有滄浪一褐夫	유독 창랑만이 한 명의 갈부로서
搜羅貫穿能神悟	두루 관통하여 신묘하게 깨달았지.
流離困窮殆死亡然後	떠돌며 곤궁하여 거의 죽을뻔한 후에
大放厥辭掩千古	크게 글을 내어 천고를 덮었네.
同時羽翼有數子	동시에 벗된 이가 여러 명인데
竹翁詞調最淸楚	죽재옹의 가락이 가장 청초하더라.

– 권1 「죽재 이득원의 시 뒤에 제하다.[題李竹齋得元時後]」 중[9]

장인 이득원(李得元)의 시집에 쓴 시이다. 앞부분에서 시라는 것은 천기로부터 흘러나와 성령을 가다듬는다고 하였다. 이는 장유, 김창협 등이 제창하고 홍세태 등이 이어받은 천기론을 수용한 것이다. 그런데 다음 구절을 보면 선배 문인을 향한 일반적인 찬사에 그치지 않고 있다. 조선을 '작은 중국[小中土]'이라고 한 것은 소중화의식을 달리 표현하였을 뿐이지만, 이어서 시에서 신묘한 깨달음을 얻은 이는 오직 홍세태뿐이라고 하였다. 뒤에 나오는 장인을 향한 헌사는 차치하더라도, 홍세태에 대한 평만 놓고 보면 고

---

9) 『여총 속집』 1, 『省齋集』 권1, 398면.

시언은 홍세태를 위시한 여항인의 시문이 조선에서 가장 심오한 경지에 도달하였다고 보았다. 요약하자면 문명의 새로운 중심은 조선이요, 조선 문단의 새로운 핵심은 여항인이라고 선언하고 있는 것이다.

或樂昌辰歌畎鑿	혹은 좋은 시절 즐기며 격양가를 노래하고
或鳴不平辭慨忼	혹은 불평을 노래하며 울분을 말한다네.
褐夫文章生無用	갈부의 문장은 생전에 쓰이지 않고
向人空爲巴里唱	남에게는 헛되이 파인하리[10]이 되었네.
死而身與草同腐	죽어서는 몸이 풀과 함께 썩어지고
殘篇斷簡覆瓿盎	얼마 없는 남은 시편은 항아리만 덮을 뿐.
遺珠掇拾此意勤	남은 글을 모음은 이 뜻이 동하여서
爲哀寒微名不颺	한미하여 이름이 날리지 않음을 슬퍼해서라네.
……	
與東文選相表裡	『동문선』과 더불어 표리를 이루니
一代風雅彬可賞	일대의 풍아가 빛나서 감상할 만하네.
貴賤分歧是人爲	귀천이 나뉘는 것은 사람이 만들었지만
天假善鳴同一響	하늘이 빌려준 善鳴은 똑같이 울린다네.

– 「『소대풍요』 뒤에 쓰다[題昭代風謠後]」 중[11]

---

10) 본래는 초나라에서 유행하던 노래로, 통속적인 유행가를 지칭하는 표현이다.
11) 『여총 속집』 1, 『省齋集』 권1, 402면. 『昭代風謠』에는 「書昭代風謠卷首」라는 제목으로 실려 있다.

위의 시는 고시언이 『소대풍요』를 편찬한 소감을 표현한 시이
다. 여기서도 시절을 잘못 만나서 여항인의 시문이 세상에 전해
지지 않음을 안타까워하며 사람이 만든 신분에서는 차이가 있지
만 하늘로부터 품부받은 재주는 귀천의 구분이 없다고 강변하였
다. 『소대풍요』에 서문을 지은 오광운(吳光運), 조명교(曺命敎), 윤광
의(尹光毅) 등도 타고난 자질에는 귀천이 따로 없음을 긍정하면서
여항인이 지니고 있는 장점을 인정하였다.[12] 그렇지만 이들의 논
의에는 당시 국가의 문교(文敎)가 잘 이루어지고 있다는 사대부의
자긍심이 깔려 있고,[13] 여항인이 과거 공부에 매달리지 않아 한가
로울 수 있었기에 천기를 보존할 수 있었다고 밝혔다.[14] 「제소대
풍요후(題昭代風謠後)」와 비교하자면, 당대 여항인의 상황을 낭만적
으로만 보고 있을 뿐 여항이니 품고 있던 비애나 울분은 주목하
지 못하였다. 이러한 점을 아울러 보았을 때 고시언의 정변(正變)
및 풍아(風雅)에 관한 논의는 단순히 『시경』이라는 경전을 논하는
데에 그치지 않고, 시를 통해 여항인의 감정과 가치를 드러내고자
하였던 호소라고 볼 수 있다.

이는 명대 사대부가 지니고 있던 견해보다도 진일보한 면이 있
다. 명청 교체기의 사대부들은 민중에 대한 불신을 노골적으로 드
러냈다. 특히 왕부지는 "천하에서 인심을 가두고 천리를 어그러트

---

12) 『여총 속집』 1, 『昭代風謠』, 119~123면.

13) 『여총 속집』 1, 『昭代風謠』, 123면. "我朝文敎之盛, 可見於斯, 而其俗尙之有異於中
華者, 亦可以推知矣."

14) 『여총 속집』 1, 『昭代風謠』, 119면; 吳光運, 『藥山漫稿』 권15, 「昭代風謠序」. "惟我
國閭井之人, 限於國制, 科擧無所累其心, 生於京華, 又無方外孤絶之病, 得以遊閑詩
社, 歌詠文化."

리는 자는 세속보다 심한 것이 없다.[天下之錮人心, 悖天理者, 莫甚於俗]
(『독통감론(讀通鑑論)』권22)"라고 하면서 노골적으로 세속을 낮잡아
보았다. 아울러 왕부지는 소인이 군자를 어지럽히는 것이 이적이
화하를 어지럽히는 것과 같다고 하였는데,[15] 위에서는 서민을 소
인과 동일시함과 동시에 "서민은 세속이고 세속은 금수이다.[庶民
者, 流俗也. 流俗者, 禽獸也.](『俟解』)"라고 하며 서민을 금수와 나란한 반
열에 놓았다.

> 맹자가 말하기를, "요임금의 옷을 입고 요임금의 말을 외
> 우면 이 또한 요임금일 뿐이다."라고 하였고 초나라 장왕
> 이 우맹을 보고 손뼉을 치고 담소하는 걸 보고 손숙오가
> 다시 살아났는지 의심하였다고 한다.……어찌 신분과 땅
> 이 미천하고 세대가 낮다는 이유로 홀대하겠는가? 내가 예
> 전에 말하기를 천지간에 시와 글씨에서 진나라와 당나라
> 의 면모를 다시 볼 수 없다고 하였는데, 요새 다행히 홍창
> 랑(洪滄浪, 홍세태)이 시를 지어 능히 진취를 이뤄 개원(開元),
> 천보(天寶) 시대의 성대함을 열어서 마침 정곡(貞谷, 이수장)
> 노인과 같은 시대에 놓았다.
> 생각건대, 하늘이 두 노인을 내어 동국을 문명화함이 우연
> 은 아닌 듯하다. 그런데 세상이 귀로 듣는 것은 귀하게 여
> 기고 눈으로 본 것을 천하게 여겨 정곡과 창랑이 각기 진
> 풍을 이루고 당풍을 이룸을 믿는 자는 고작 열에 한둘이고

---

15) 『讀通鑑論』 권14. "嗚呼 ! 小人之亂君子, 無殊於夷狄之亂華夏, 或且玩焉, 而孰知其
害之烈也 ! "

의심하는 자가 반이고 알지 못하는 자가 또한 서넛은 된
다.[16]

  고시언은 사자관(寫字官) 출신 이수장(李壽長, 1661~1733)의 글씨를
모은 서첩에 쓴 서문에서, 홍세태가 시에서 진일보를 이루어 당풍
(唐風)을 회복하였고, 이수장이 글씨로 일가를 이루어 왕희지(王羲
之) 등 진나라 서예의 수준에 도달하였다고 하면서 이 두 사람으
로 인해 조선이 문명화하였다고 평하였다. 신분에 관한 문제를 직
접적으로 언급하지는 않았지만, 고시언에게는 여항에 위치한 자
신들이 조선을 중화의 수준으로 끌어올리는 데 중요한 역할을 수
행하였다는 긍지를 드러낸 것이다. 앞서 고시언이 국풍을 "느긋하
고 부드러우면서 함축하여 대놓고 드러내지 않았다.[雍容婉順, 含蓄
不露.]"라고 평한 것도, 사대부가 아닌 여항인이야말로 천부적 본성
을 간직하고 있다는 의식의 발현인 듯하다.
  「독서차록」에서 『시전(詩傳)』을 다룬 안설을 보면 기존의 분류에
의문을 가지고 자신의 견해를 진솔하게 드러낸 구절이 여럿 보인
다. 원나라의 학자 유근(劉瑾)이 『시전통석(詩傳通釋)』에서 음시(淫詩)
로 분류되는 정풍(鄭風)의 시 중에서 「치녀(緇衣)」, 「고구(羔裘)」, 「여
왈계명(女曰雞鳴)」 등을 박석 중의 옥이라고 평가하며 기존의 통설
에 이의를 제기한 적이 있는데,[17] 고시언은 정풍(鄭風)에 한정하지

---

16) 『여총 속집』 1, 『省齋集』 권2, 414면, 「貞谷家藏帖序」. "孟子曰: '服堯之服, 誦堯之
   言, 是亦堯而已.' 楚莊見優孟衹掌而疑叔敖之復生, ……豈可以人地之微, 世代之下而
   忽之哉? 余嘗謂天地間, 詩翰不可復見晉唐, 而近幸有洪滄浪爲詩能一蹴而造開寶之
   盛, 適與翁生並一世. 意者, 天之生二翁, 以文明東國者, 意非偶然, 而世方貴耳而賤目,
   其晉其唐, 信者十才一二, 疑者半, 不知者亦三四矣."
17) 劉瑾, 『詩傳通釋』 권4. "愚按, 鄭風之有 「緇衣」, 「羔裘」, 「女曰雞鳴 出其東門」數篇,

않고 국풍(國風) 전체의 정격과 변격의 문제를 가지고 정면으로 기존 견해에 반론을 개진하였다.

> 패풍(邶風)의 「백주(栢舟)」, 「녹의(綠衣)」는 대변(大變)에 놓였지만 문장의 기운이 느긋하고 부드러우며 온후하면서도 슬픔이 있고 올곧게 자신을 지키며 근심하면서도 애석해하지 않고 원망하면서도 화내지 않는다. 이 시들을 읽으면 사람들을 감복하게 하니 미혹에서 돌이킬 수 있고 분노에서 평온해질 수 있으니 희로애락이 중도를 잃지 않는다고 할 만하다. 고금의 부인이 변고에 놓여서 이처럼 올바른 자가 있지 아니한데, 이 시들이 변풍(變風)에 놓였으니 의심스럽다.
> 대개 주남(周南), 소남(召南)에도 변격이 있으니 「표유매(摽有梅)」, 「강유사(江有汜)」, 「야유사균(野有死麕)」이 이것이다. 여러 국풍(國風)에 또한 정격이 있으니 「백주(栢舟)」, 「녹의(綠衣)」, 「치의(緇衣)」, 「고반(考槃)」, 「여왈계명(女曰雞鳴)」이 이것이다.[18]

전통적으로 국풍에서 주공과 소공의 교화를 입어 지었다는 주남과 소남은 정풍으로, 그 외의 지역의 시들은 변풍으로 분류하고

乃礫中之玉也."

18) 『여총 속집』 1, 『省齋集』 권3, 「讀書箚錄」〈詩傳〉, 428면. "邶風, 「栢舟」, 「綠衣」數篇. 處於大變, 而辭氣雍容巽順, 忠厚惻怛, 貞正自守, 憂而不惜, 怨而不怒. 讀之, 令人感服, 迷惑可以開回, 忿懥可以寬平, 可謂喜怒哀樂, 不失其中. 古今婦人, 處變未有若此之正者, 而居於變風, 可疑. 蓋二南, 亦有變者, 「摽梅」, 「江汜」, 「野麕」, 是已. 諸國亦有正者, 「栢舟」, 「綠衣」, 「緇衣」, 「考槃」, 「女曰雞鳴」, 是已."

있는데 고시언은 이러한 분류에 의문을 제기하였다. 시의 정변은 시가 지어진 지역이 아니라 시 자체의 풍격을 가지고 따져야 한다는 것이 그의 주장이었다.

> 「칠월(七月)」 한 편은 하늘을 바라보며 때를 살피고 온갖 사물을 굽어 관찰하였다. 남녀가 섬기는 일과 노인과 어린 이를 부양하며 윗사람이 사랑하고 아랫사람이 충성함에 각각 올바른 도를 얻었고 제사를 흠향함에 모두 바른 절도가 있으니 「요전(堯典)」의 역상수시(曆象授時)와 「대우모(大禹謨)」의 정덕후생(正德厚生)과 서로 표리를 이룬다. 이것이 바로 국풍에서 가장 정격인 것이다. 「치효(鴟鴞)」, 「동산(東山)」의 시는 빈(豳)과는 연관되지 않는데 빈풍이라는 이름을 덮어써서 마침내 빈풍의 다른 시와 더불어 변풍이 되었으니 애석하도다.[19]

「독서차록」에서 변풍 중에서 빈풍의 「칠월」을 별도로 꼽아서 정풍의 풍격이 있다고 높이 평가하였다. 아울러 「치효」와 「동산」은 주공이 성왕에게 자신의 충정을 호소한 내용으로써 빈 지역과는 상관이 없는데도 빈풍으로 들어갔다고 하였다. 고시언이 여기에서 애석함을 표한 이유는 당시 여항인들이 가지고 있던 정서에서 실마리를 찾을 수 있다. 고시언의 입장에서는 변풍 속의 일부

---

19) 『여총 속집』 1, 『省齋集』 권3, 「讀書箚錄」〈詩傳〉, 428~429면. "「七月」一篇, 仰天觀時, 俯察品物, 男女服事, 老幼安養. 上愛下忠, 各得其道. 祭祀宴享, 皆有其節, 與堯典之曆象授時, 禹謨之正德厚生, 相爲表裏. 此乃風之最正者也. 「鴟鴞」·「東山」等篇, 不干於豳風, 而冒豳之名, 遂以此並與豳詩爲變風, 惜哉!"

시들이 제 가치를 인정받지 못하는 것처럼, 여항인들이 신분상 사대부만 못하기에 제 가치를 인정받지 못하였다고 생각한 것이다.

> 풍씨가 말하였다. "공자께서 부모의 나라를 떠나심에 오히려 천천히 하셨는데 하물며 중국을 버리고 이적으로 감에 있어서랴? 이는 격앙함이 있어 말씀하신 것이지 평소의 뜻이 아니셨다.[馮氏曰 "夫子去父母之國, 尚且遲之, 況舍中國而之夷狄乎? 此有激而云, 非素志也."]

> 내가 생각건대 성인은 말 한마디조차 사람을 가르치지 않는 게 없는데 어찌하여 다른 사람의 말처럼 과격하게 표현한 것이겠는가? 대개 중국이면서 오랑캐의 법도를 쓰면 오랑캐가 되고 오랑캐이면서 중국으로 나아가면 중국이 되는 것이 공자의 큰 법칙이다. 세상 사람은 모두 누항의 천인과 오랑캐가 가르칠 수도 없고 감화될 수도 없다고 말하였다. 그러므로 공자께서 이렇게 말하였으니 도를 행하는데 이적과 중화의 간격이 없음을 보이신 것이다.[20][愚按, 聖人一言一辭, 無非教人, 豈如他人之言, 過激而發者乎? 蓋中國而夷狄則夷狄之 夷狄而進於中國則中國之, 夫子之大法也. 世之人, 皆陋賤夷狄, 以爲必不可教, 必不可化. 故夫子語此, 所以示道之行, 無間於夷夏也.]

「자한(子罕)」에 "공자께서 구이로 가고자 하셨다.[子欲居九夷]"라

---

20) 『여총 속집』 1,『省齋集』권4,「讀書箚錄」〈論語〉460면.

는 구절에 관한 대전(大全)의 소주(小註)를 자신의 안설로 반박하였
다. 여기에서도 신분과 지역을 가지고 사람을 차별하고 무시하는
세태를 비판하였다. 이는 송시열(宋時烈) 등이 제창한 이른바 조선
중화중의의 자장(磁場)에서 해석할 수 있다. 송시열은 이자성의 난
이후 중국 대륙은 이적이 되었고 조선만이 중화의 가치를 간직하
고 있다고 보았다.[21] 그는 예전 남방의 이적이었던 칠민(七閩) 땅이
주자 이후로 중화문명이 찬란히 발전하였음을 언급하면서 중화와
이적을 구별하는 기준이 지역과 종족이 아니라 문화에 달려 있음
을 천명하였다.[22]

이적(夷狄)과 화하(華夏)는 다른 땅에서 태어났으니, 땅이 다
르면 기질도 다르다. 기질이 달라서 습속도 다르고, 습속이
달라서 보고 배운 것이 절대로 같을 수 없다. 그 안에서도
다시 귀천이 있으니 특별히 땅의 경계가 나뉘고 하늘로부
터 받은 기질이 다르니 어지럽혀서는 안 된다.[23]

당시 중국의 사조와 비교하자면, 명청 교체기를 즈음하여 왕부

---

21) 『宋子大全』권138,「皇輿考實序」. "自是以來, 輾轉推遷. 以至於今日, 則虞夏巡狩之
國, 孔朱講道之處, 皆非疇昔之舊, 而臭敗腥羶矣. 安得挽天河之水而一洗之也! 惟我
東方僻在一隅, 故獨能爲冠帶之國, 可謂周禮在魯矣. 使聖人而復起, 想必乘桴而東來
矣. 然則其亦幸而吾儕生此偏邦也."

22) 『宋子大全』권31,「雜錄」. "中原人指我東爲東夷, 號之雖不雅, 亦在作興之如何耳. 孟
子曰:'舜東夷之人也. 文王西夷之人也.' 苟爲聖人賢人, 則我東不患不爲鄒魯矣. 昔七
閩實南夷區藪, 而自朱子崛起於此地之後, 中華禮樂文物之地, 或反遜焉. 土地之昔夷
而今夏, 惟在變化而已."

23) 『讀通鑑論』권14, "夷狄之與華夏, 所生異地. 其地異, 其氣異矣. 氣異而習異, 習異而
所知所行茂不異焉. 乃於其中亦自有其貴賤焉, 特地界分, 天氣殊, 而不可亂."

지는 위의 인용문처럼 중화와 이적이 태생부터 달라서 이러한 구분을 함부로 어지럽혀서는 안 된다고 주장하였다. 그런데 고시언은 소주를 반박하는 형식으로 당대 중국의 사대부가 간직하고 있던 화이관에 정면으로 이의를 제기하였다. 여기까지만 보면 고시언의 주장은 송시열의 견해를 답습하는 데 그치는 듯하다. 그렇지만 국풍과 소아를 비교한 안설에 이르러서는 여항인으로서 고시언만이 지니고 있는 견해가 드러난다.

국풍의 문장은 느긋하고 부드러우면서 함축하여 대놓고 드러내지 않았다. 소아에 이르러서는 곧장 슬픔을 나타내니 국풍과 조금씩 달라졌다. 「기보(祈父)」 이후부터는 소아의 어조가 너무 트여서 말에 격절이 많다. 「절남산(節南山)」에서는 "가보가 송을 지어 왕의 혼란을 궁구하노니[家父作誦 以究王訩]"하고, 「정월번상(正月繁霜)」에서는 "빛나는 주나라를 포사가 멸하리로다.[赫赫宗周 褒姒滅之]" 하였으며, 「시월일식(十月日食)」에서는 "포사가 들고 일어나 막 거하네(艶妻煽方處)" 하였다. 「우무정(雨無正)」은 "주나라 종실이 이미 멸망하였네.[周宗既滅]" 하였으며, 「소완(小宛)」에서는 "저 어리석어 알지 못하는 자는 한결같이 취하여 날마다 심해지네.[彼昏不知 壹醉日富]" 하고, 「교언(巧言)」에서는 "군자가 참소하는 자를 믿어 어지러움이 이 때문에 심해지네. [君子信盜 亂是用暴]" 하였다. 이는 재앙을 근심하고 참소를 미워하는데 군주는 아둔하고 신하는 아첨하여 감추고 기휘하는 바가 없으니 여기에서 시인과 충신의 풍격과 세상의 변화를 또한 볼 수 있다. 성인은 말이 박절하지 않는데 알지 못하겠다만 어째서 이런 시를 취하였는가?[24)]

소아에 이렇게 격앙된 어조의 시가 나오는 이유에 대해 『모시정
의(毛詩正義)』의 서문에서는 "왕도가 쇠잔하여 예의가 폐하고 정교
가 그릇되어, 나라마다 정사가 달라지고 집집마다 풍속이 달라짐
에 이르러 변풍(變風)과 변아(變雅)가 나타났다.[25)]"라고 하였고, 주
자는 "아(雅)가 변함에 이르러서는 또한 모두 당시의 현인과 군자
가 시절을 근심하고 풍속을 병통으로 여겨 지은 것이지만 성인이
이걸 모았다. 그 충후하고 슬픈 마음과 선을 펼치고 사악을 막는
뜻이 또한 후세에 말 잘하는 선비가 능히 미칠 바가 아니다.[26)]"라
고 하였다. 고시언은 여기에서 한 발 더 나아가 소아의 시들이 올
바른 풍격에서 벗어났다고 지적하였다. 그러면서 국풍 전체가 온
유돈후한 특질이 있다고 판단하였으니 앞서 국풍의 정변을 논하
던 안설과는 모순이 있는 듯하다. 다만 이 언설은 국풍의 변풍조
차도 위에서 거론한 소아의 시보다 성인의 정신을 잘 담고 있다는
표현으로 보아야겠다. 정풍에 있는 시에도 정격을 벗어난 시가 있
고, 소아에 놓여있다는 이유만으로 성인의 정신을 벗어나 격절이
심한 시가 있다는 주장은 당대 사대부 중에서도 바른 성정을 간직

---

24) 『여촌 속집』 1, 『省齋集』 권3, 「讀書箚錄」〈詩傳〉, 430면. "國風其辭, 雍容婉順, 含
  蓄不露. 至於小雅, 則質直慨愴, 與風稍異. 自祈父以後, 雅聲太爽, 語多激切. 如「節
  南山」云: '家父作誦, 以究王訩.' 「正月繁霜」云: '赫赫宗周, 褒姒滅之' 「十月日食」云:
  '艶妻煽方處' 「雨無正」云: '周宗既滅' 「小宛」云: '彼昏不知, 壹醉日富' 「巧言」云: '君
  子信盜, 亂是用暴.' 其憂災疾讒, 主昏臣佞, 無所隱諱, 此詩人忠臣之風而世變, 亦可見
  矣. 聖人辭不迫切, 未知, 何以取此乎?"

25) 『毛詩正義』, 「序」. "至于王道衰, 禮義廢, 政敎失, 國異政, 家殊俗, 而變風變雅作矣."

26) 『詩經集傳』, 「序」. "至於雅之變者, 亦皆一時賢人君子閔時病俗之所爲, 而聖人取之.
  其忠厚慨怛之心, 陳善閉邪之意, 尤非後世能言之士所能及之."

하지 못하고 있는 이가 있음을 에둘러 비판한 것이다.

4. 결론

고시언은 자신이 단순한 기술직 역관이 아니라 나라를 근심하는 선비라는 점을 강조하였다. 「관동의 노래」를 통해 청나라와의 교역으로 피폐해지고 있는 민생 경제를 개탄하고, 「열천루서」와 「오륜전비언해서」에서 역관이 춘추대의와 대명의리를 최전선에서 지켜왔으며, 외국어 학습이 단순한 기술이 아니라 문사가 행해 온 선비의 소양이라는 점을 강조하였다. 아울러 홍세태, 이득원 등의 시와 이수장의 서예를 통해 여항인이 조선 문화의 새로운 중추로 떠올랐다고 주장하였다.

참고문헌

〈원전자료〉

林熒澤 主編,『李朝後期 閭巷文學叢書』, 驪江出版社, 1986.

대동문화연구원 엮음,『여항문학총서 속집』1-2, 성균관대학교 출판부, 2022.

『毛詩正義』.

『詩經集傳』.

王夫之,『讀通鑑論』, 中華書局, 1975.

宋時烈,『宋子大全』.

李珥,『栗谷全書』,『韓國文集叢刊』44~45, 민족문화추진회, 1989.

劉瑾,『詩傳通釋』.

〈논저〉

강명관,『조선후기 여항문학 연구』, 창작과비평사, 1997.

김현국,「『昭代風謠』 연구」, 성균관대학교 석사학위논문, 2019.

박철상,「『성재집(省齋集)』의 출현과 고시언(高時彦)의 생애」,『漢文學報』42,
　　　우리한문학회, 2020.

안대회,『한양의 도시인』, 문학동네, 2022.

안재호,『왕부지철학 – 송명유학의 총결』, 문사철, 2011.

윤재민,『조선후기 중인층 한문학의 연구』, 고려대학교 민족문화연구원, 1999.

안대회,「조선 후기 여항문학(閭巷文學)의 성격과 지향」,『漢文學報』29, 우리
　　　한문학회, 2013.

조만자,「『昭代風謠』의 編纂과 刊行에 관한 書誌學的 研究」, 성균관대학교 석
　　　사학위논문, 2018.

陳來 지음, 안재호 옮김,『송명성리학(원제: 宋明理學)』, 예문서원, 1997.

〈인터넷 사이트〉

동양고전종합 DB(http://db.cyberseodang.or.kr/front/main/main.do)

한국고전종합 DB (http://db.itkc.or.kr)

中國哲學書電子化計劃 (https://ctext.org/zh)

안정복(安鼎福)의 『문장발휘(文章發揮)』
– 문장에 능하지 못했던 이가 기획한 대규모 문장 선집

박기완

1. 머리말

순암 안정복에 대한 연구는 성리학과 경학, 사회사상, 서학, 교육 등 다양한 방면에서 이루어졌다.[1] 하지만 그의 문학에 대한 연구는 다른 분야에 비해 소략한 편으로 시나 전(傳) 정도만 다루어졌을 뿐이다. 문학에 대한 연구가 소략한 것은 현재 전하는 자료들로 볼 때 안정복이 문인보다 학자에 가깝다는 점과 문학론을 명시적으로 밝혀놓은 자료를 찾기 어렵다는 점 때문이다.[2]

안정복이 남긴 다종의 저술 가운데 시문과 관련된 것으로는 『백선시(百選詩)』, 『팔가백선(八家百選)』, 『천수당절(千首唐絶)』, 『문장발휘(文章發揮)』가 있다. 4종의 책 모두 역대의 명문장과 명시를 안정복이 직접 재편집하고 정선한 것이다. 이를 보면 그가 시문에 관심이 없었다고 말하기는 힘들다. 그러나 4종의 책은 대체로 온전히

---

1) 함영대(2013) 224~250면.
2) 윤재환(2023) 63면.

전하지 않고 그나마 『문장발휘』를 제외한 책 3종의 서문만 남아 있기 때문에 문학론의 대체만을 살펴볼 수 있었다.

다만 안정복은 이들 서문에서 자신을 '글도 못 하고 시도 못 짓는[不文不詩]' 사람이라 소개하였으며, 문학론의 큰 틀 역시 도학자의 영역을 크게 벗어나지 않았다. 바로 이 점이 안정복의 문학론이 큰 관심을 받지 못한 주된 이유라고 할 수 있다. 게다가 각 종류의 시문 선집에서 안정복이 직접 정선한 작품들이 구체적으로 무엇인지 알 수 없었기에 문학론의 실질을 살펴볼 수가 없었던 것이 현실이다.[3]

필자는 국립중앙도서관 소장 안정복 수택본(이하 수택본)에서 지금까지는 발견되지 않았던 『문장발휘』의 편린을 확인할 수 있었다. 이에 따라 우선 안정복의 저술목록을 다시 검토하며 『문장발휘』의 편찬 경위를 살펴보고, 수택본 『혹관(或觀)』(한古朝93-6)에서 안정복이 직접 설계한 『문장발휘』 목록을 세세하게 살펴본 후에, 다른 수택본을 통해 실제 『문장발휘』가 어떤 형태의 책이었는지, 나아가 이 방대한 분량의 문장 선집이 가지는 문학사적 의의를 탐구하고자 한다.

---

3) 시선집인 『백선시』와 『천수당절』은 완질은 아니지만, 동명의 제목으로 국립중앙도서관에 소장되어 그 일면을 어느 정도 확인할 수 있다. 이와 달리 문장 선집인 『팔가백선』과 『문장발휘』는 동명의 제목으로 소장되어 있지 않아 그가 정선한 문장의 일면조차 확인하기가 힘든 상태이다.

2. 안정복의 저술목록과 『혹관』을 통해 살펴본 『문장발휘』의 편찬 경위

안정복의 저술목록은 1788년 자신의 책력일기에 정리한 『저술목록』[4]과 『하학지남』이나 『일성록』 권미에 정리된 것이 있으며,[5] 이외에도 필사본 문집 초고인 『부부고』 16책 중간에 저술을 정리한 목록이 있다. 다만 『하학지남』이나 『일성록』 권미에 정리된 목록은 자손이나 후대의 누군가가 정리한 것으로 그중에는 안정복의 저술로 생각되지 않는 것도 많이 포함되어 있다. 가장 신뢰할 수 있는 저술목록은 안정복이 만년에 친필로 정리한 1788년 책력일기의 『저술목록』이다.[6]

여기에 따르면, 『문장발휘』는 10권 구성의 미완성 책이다. 이 외에 『하학지남』 권미 저술목록에는 총 49종의 목록 중 48번째로 『문장발휘』가 있으며 몇 권으로 이루어져 있는지는 적혀 있지 않다. 한편 『일성록』 권미 저술목록에는 "문장발휘 10권. 을해년(1755)에 시작하였다. 정월에 기록했을 뿐 등출하지는 못하였다.[文章發揮 十卷 乙亥始 只正月錄而未及謄出]"라는 기록이 붙어 있다.

세 가지 저술목록의 기록을 종합하면, 『문장발휘』는 총 10권 구성으로 1755년 정월에 기록하기 시작했으나 1788년까지도 여전히 완성되지 못한 책이라 할 수 있다. 그런데 『부부고』 권16에 「종제가 때가 지나 상복을 입었으므로 변칙적으로 상복을 벗는 것에

---

4) 국립중앙도서관 소장 『안정복일기』 52(한貴古朝93-44-52), 4면.
5) 김현영 외(2013) 30면.
6) 김현영 외(2013) 30면.

관해 물은 것에 답하다[答從弟成服後時變除之問 丙子(1756)七月]"의 뒤에 붙은 저술목록은 위의 기록과 달리『문장발휘』가 16권이라 하였다.

또한 "『가례훈해』 4권 미완성[家禮訓解四卷 未成]"의 경우와 같이 다른 미완성 저술에는 '미완성[未成]'을 부기(附記)했으나,『문장발휘』에는 이러한 표기가 존재하지 않는다.『부부고』중간의 저술목록에 따르면『문장발휘』는 1756년 무렵에 이미 완성되었을 수도 있는 16권의 책이라 할 수 있다. 그러나 가장 믿을 만한 것은 역시 안정복 자신이 만년에 정리한 저술목록이며, 이에 따르면『문장발휘』는 10권 분량의 미완성저술이다.

이렇듯『문장발휘』에 대한 기록이 다양한 것은 책 자체가 미완성이었다는 데서 비롯된 것이라 할 수 있다. 미완성이었기에 분량과 구성도 바뀔 수 있었을 것이며, 저술하기 시작한 해는 있으나 완성된 해는 없는 것이다. 한편, 비슷한 해에 저술을 시작한 그의 대표작『동사강목』의 편찬 과정을 살펴보는 것은『문장발휘』의 편찬 경위를 살펴보는 데 도움이 된다.

『동사강목』은『문장발휘』저술을 시작한 다음해인 1756년에 시작했으나 종이의 부족과 병세의 악화 등의 문제로 인하여 4년 후 1760년 무렵에 초고가 완성된다. 그러나 이 역시 초고에 불과할 뿐 이후로도 여러 차례 보완 작업이 계속되어 1778년 최종적으로 마무리된다.[7] 안정복이 특히나 심혈을 기울인『동사강목』의 상황도 그러한데, 상대적으로 중요도가 떨어지는 문장 선집에 해당하는『문장발휘』의 상황은 더욱 좋지 않았을 것으로 추측할 수 있다.

---

7) 박종기(2006) 70면.

그렇기에 그의 저술목록들 속『문장발휘』는 권의 구성도 초기와 만년이 다르고, 그마저도 끝내 미완성에 그칠 수밖에 없었다고 할 수 있다.

　종합해보자면,『문장발휘』는 저술을 시작한 1755년과 다음해인 1756년까지는 16권 분량의 형태였다가,『동사강목』과 비슷하게 꾸준한 보완 작업을 거쳐 10권 분량으로 줄어든 것으로 보인다. 다만『동사강목』과 달리 이 책은 그마저도 완성본의 형태로 간행되지는 못하였다. 수택본『혹관』은 이렇듯 과정 중에 있었던『문장발휘』를 있는 그대로 보여주는 책이다.『혹관』에 수록된『문장발휘』관련 대목을 소개하기 이전에 국립중앙도서관의『혹관』해제를 먼저 인용한다.

　　　고전과 소설 등에서 참고하기 위해 요약하거나 중요한 부분을 초록하고, 단어의 뜻을 정리하여 학업에 참고하기 위해 만든 잡록(雜錄).……『혹관』이 언제 간행되었는지는 현재로는 알 수가 없다. 책이 필사본으로 국립중앙도서관에 소장된 것이 유일하고 교정부호가 있어 안정복이 필사한 것으로 생각된다.『혹관』의 내용이 대부분 목록(目錄)과 초록(抄錄)으로 이루어져 안정복의 직접적인 사상을 살펴볼 수 있는 자료는 아니지만, 안정복이 당대의 고전(古典) 중 어떤 것을 중요하게 생각하고 있었는지 간접적으로 살펴볼 수 있다. 특히 좌전(左傳), 사기(史記), 전국책(戰國策), 장자(莊子), 제사책략(諸史策略), 고공기(考工記), 맹자(孟子) 등 중국 고전에 관심을 기울이고 있는 사실을 이 책을 통해 확인할 수 있다. 한편 '소설어록문자초'에서는 한자어를 한글로 뜻을 달아 놓았는데, 당대 한글의 변천과정에 대해 살필 수 있는 좋은 자료라고 생각된다. (김경숙)[8]

안정복의 수택본은 거의 모든 종류가 국립중앙도서관『선본해제 14』에 이미 소개되었다. 이 책에는 안정복이 소장하거나 저술했던 책에 대한 상세한 해제가 수록되어 있다. 안정복은 생전에 자신이 직접 지은 책은 저서롱에, 빌린 책을 옮겨 적은 것은 초서롱에 구분하여 보관하는 습관이 있었다. 이렇게 구분되어 보관된 책은 그 자체로 방대한 분량이 되었는데, 후대로 오면서 그 구분이 모호해져 저서와 초서를 구분할 수 없는 것들이 많아졌다. 심지어 하나의 책 속에서도 초서와 저서가 함께 있거나, 저서라고 하더라도 다른 사람의 작품을 편집한 경우도 있었기에 그 구분은 더욱 어려운 것이 사실이다.

『선본해제 14』는 대체로 이를 충실히 구분하였지만, 간혹 저서와 초서를 제대로 파악하지 못한 것도 있다.『문장발휘』의 전체적인 설계와 목차가 정리된『혹관』에 대한 해제가 이에 해당한다. 즉, 안정복이 자신의 저술인『문장발휘』의 목차로 정리한 역대의 작품 제목들이 해제자에게는 그가 "목록하고 초록한"것으로 보였으며, 그렇기에『혹관』은 안정복이 당대의 고전 중 무엇을 중요하게 생각했는지를 "간접적으로나마"알 수 있는 자료에 불과했던 것이다. 물론 실제로『혹관』의 전체 구성을 보면 책 자체가 하나의 단순한 목록이나 초록 정도로 보이는 것이 사실이다. 전체 구성을 제시하면 다음과 같다.

---

8) 국립중앙도서관(2012), 〈혹관(或觀) 해제〉

<표 1> 수택본 『혹관』의 전체 구성

면수	내용
1~7면	속(續)『사문유취(事文類聚)』「천부(天部)」 초록
8~16면	속(續)『사문유취(事文類聚)』「세시부(歲時部)」 초록
17~19면	장자목록(莊子目錄)
20면	북사문자초(北史文字抄)
21면	작문모범(作文模範)
22면 전체 구상	발휘목록(發揮目錄)
23~41면 상세 목차	문장발휘목록(文章發揮目錄)
42~59면	소설어록문자초(小說語錄文字抄)
60면~93면	오강조항우임제표(烏江吊項羽林悌表) 기타 여러 사람의 과표 및 사물잠(四勿箴)

이렇게 보면 『문장발휘』 목록은 각종 초록과 목록 사이에 섞여 안정복의 저술이 아닌 단순 초록으로 보인다. 하지만 『문장발휘』 목록을 자세히 살펴보면 『혹관』에 수록된 여타의 목록 및 초록과는 달리 방대한 분량으로 안정복이 직접 세심하게 『문장발휘』를 설계하고 목차를 구성했음을 알 수 있다. 『문장발휘』와 관련된 『혹관』의 초록은 책의 21면 〈작문모범〉부터 시작된다. 이 면에는 『문장발휘』의 전체 구상이 간략하게 제시되어 있다.

【사진 1】『혹관』21면 〈작문모범〉

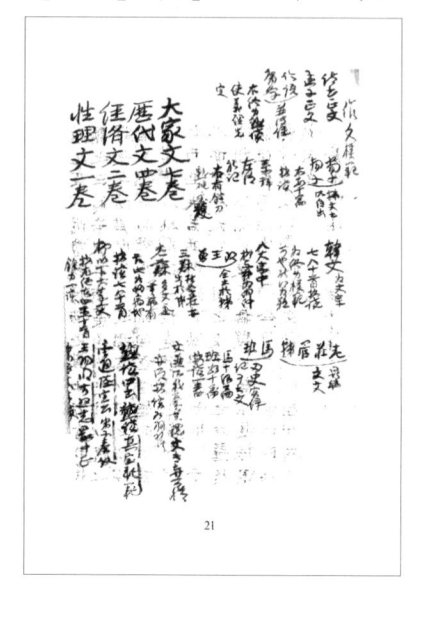

좌측 상단에는 대가문(大家文) 7권, 역대문(歷代文) 4권, 경제문(經濟文) 2권, 성리문(性理文) 1권이 적혀 있다. 이는 이후 23면부터 시작되는 『문장발휘』의 실제 목차 및 구성과 그대로 일치하는 것으로 보아, 세부목록을 작성한 다음 다시 앞에 표기한 것으로 추정된다.

그런데 23면에서 41면까지 이어지는 14권 분량의 『문장발휘』 상세 목차를 하나하나 살펴보면, 『문장발휘』는 초반의 상세한 설계와는 달리 목차의 구성조차 미완성으로 남았던 것으로 추정된다.[9] 또한, 이 14권 구성은 앞서 저술목록들에서 『문장발휘』의 권수가 16권 혹은 10권이라 했던 것과도 다르다. 이와 관련한 단서는 본격적인 『문장발휘』 목록을 나열한 23면 바로 앞 22면의 발휘목록(發揮目錄)에 있다.

22면은 23면에 비하면 조금 더 난삽한 글씨로 "『발휘』 목록을 다시 정하다[發揮目錄更定]"라는 표제가 붙어 있다. 이후의 목록과는 달리 자유로운 규격에서 쓰인 『문장발휘』의 구성을 살펴보면 다음과 같다.

---

9) 자세한 내용은 본고의 3장에서 다룰 예정이다. 책의 후반부에 해당하는 권11 일부와 권13이 결락되었다.

上篇元字集卷之一 大家文

上篇亨字集卷之二 大家文

上篇利字集卷之三 大家文

上篇貞字集卷之四 大家文

中篇東字集卷之五 大家文

中篇南字集卷之六 大家文

中篇西字集卷之七 大家文

中篇北字集卷之八 大家文

下篇仁字集卷之九 歷代文

下篇義字集卷之十 歷代文

下篇禮字集卷之十一 歷代文

下篇智字集卷之十二 歷代文

下篇信字集卷之十三 歷代文

續篇天字集卷之十四 經濟文

續篇地字集卷之十五 經濟文

續篇人字集卷之十六 性理文

上篇 元亨利貞四集

考工記

孟子

戰國策 ---1권

列子

莊子上 ---1권

莊子下

馬史 ---1권

韓文

歐文 ---1권

中篇 東西南北四集

檀弓

左傳

公羊

穀梁 ---1권

國語

漢書 ---1권

柳文

老泉

東坡 ---2권

　"다시 정하다"라는 말에서 알 수 있듯, 이 16권의 구성은 안정 복이 14권의 목차 구성을 먼저 해본 후에 약간의 수정을 거쳐 다 시 정한 것으로 보인다. 또한, 수택본 『잡서초(雜書抄)』(한古朝93-5) 에서 확인할 수 있는 『문장발휘』의 수권 역시 이 장의 설계대로 대가문 상편인 『고공기』에서부터 시작한다.

　정리하자면, 『문장발휘』는 각 책의 세부 목차를 제시해가며 14 권 구성을 일차적으로 마무리짓고는 추후에 16권으로 확장하여 다시 큰 틀을 수정한 것이라 볼 수 있다. 이렇게 『문장발휘』를 16

권으로 확정한 이후에 저술을 본격적으로 진행하였으며, 그렇기에 『부부고』권16에 수록된 저술목록에서 『문장발휘』를 16권 구성이라 적은 것으로 보인다.

한편, 『문장발휘』와 관련하여 주목할 만한 책으로 안정복의 유서(類書)이자 백과전서(百科全書)인 『잡동산이(雜同散異)』를 들 수 있다. 안정복의 초서 및 저서와 『잡동산이』의 밀접한 관계에 대해서는 이미 선행연구에서 다룬 바 있다.[10] 그중에서 특히 주목할 것은 안정복이 『잡동산이』44권에 초록한 홍매(洪邁)의 『만수당인절구(萬首唐人絶句)』 및 「당인절구(唐人絶句)」(134수)와 안정복의 시선집 『천수당절』의 관련성이다.[11]

이외에도 『잡동산이』44권의 이면을 자세히 들여다보면 44권은 그 자체로 하나의 방대한 시선집 및 초록에 해당한다. 여기에는 『황명경세굉사(皇明經世宏辭)』(『증정국조관과경세굉사(增定國朝館課經世宏辭)』), 『시수(詩藪)』, 『품휘(品彙)』(『당시품휘(唐詩品彙)』), 『율수(律髓)』(『영규율수(瀛奎律髓)』) 등에서 초록한 시들이 수백 편 수록되어 있기 때문이다. 안정복은 이러한 초록을 바탕으로 『천수당절』과 『백선시』라는 시 선집을 저술할 수 있었다.

이와 동일한 맥락에서 『잡동산이』43권의 초록 역시 안정복의 문장 선집 『팔가백선』과 『문장발휘』의 저술과 밀접한 관련이 있음을 알 수 있다. 『잡동산이』43권에는 『문장격선(文章格

---

10) 최식(2022a), 최식(2022b). 이 연구에 따르면 『잡동산이』의 판본은 초고본 42권, 정서본 53권, 정서본을 바탕으로 1981년에 간행된 영인본 4책 등 총 3종이 존재하는데, 본고에서 다루는 『잡동산이』는 초고본 42권(총 45권 중 7·8·18권 결락)에 해당한다.

11) 최식(2022a), 242~244면.

選)』상권, 『고문정종(古文正宗)』(『장동초선생휘집필독고문정종(張侗初
先生彙輯必讀古文正宗)』), 『명세문종(名世文宗)』(『철영명세문종(摄英名世
文宗)』), 『천하재자필독서(天下才子必讀書)』, 『고문연감(古文淵鑑)』,
『고문백선(古文百選)』, 『고문정선(古文精選)』(『팔가고문정선(八家古文精
選)』), 『주서절요초(朱書節要抄)』의 목록이 상세하게 나열되어 있
다. 이렇듯 안정복은 『잡동산이』에서 역대의 문선(文選)을 정리
하고 초록한 것을 바탕으로 자신의 문장 선집 『문장발휘』와 『팔
가백선』을 저술한 것으로 보인다.

　『문장발휘』의 목차를 보면 작품명에 "성탄초(聖歎抄)"라 부기(附
記)되어 있는 곳이 많은데, 이는 김성탄(金聖歎)의 문장 선집인 『천
하재자필독서』에서 가져왔음을 밝힌 것이다. 이는 『잡동산이』 43
권의 초록이 『문장발휘』의 편성에 큰 영향을 주었음을 시사하는
대목이다. 다음 장에서는 이러한 『문장발휘』의 구성과 특징에 대
해 자세히 알아보고자 한다.

3. 『문장발휘』의 구성과 특징

　앞서 언급한 『혹관』 21면의 첫머리에는 '작문모범'이라는 제목
아래 모범이 될 만한 역대의 명문이 수록되어 있는데, 이는 사실
택당(澤堂) 이식(李植)이 쓴 동명의 글을 안정복이 다시 요약하여 정
리한 것이다.[12] 자세히 살펴보면 시서(詩書), 맹자(孟子)의 정문(正文)
과 논어(論語), 용학(庸學)의 정문 및 집주(集注)부터 시작해서 순자

---

12)　李植, 『澤堂先生別集』 권14, 「作文模範」.

(荀子), 양자(揚子), 좌전(左傳), 예기(禮記), 당송팔가(唐宋八家), 제자백가(諸子百家), 사마천(司馬遷), 반고(班固)의 글이 순서대로 제시되어 있다.

여기에는 단순히 책의 목록만 정리된 것이 아니라, 경전에는 "익숙히 읽으라[熟讀]", 좌전과 예기 등에는 "여력이 있으면 익숙히 보라[有餘力熟觀]", 당송팔가에는 "여력이 있으면 한번 읽어 보라[餘力一讀]"는 말도 아울러 적혀 있다. 택당이 나열한 이 책들은 대체로 이후 『문장발휘』 세부 목차에 대가문, 역대문, 경제문, 성리문이라는 구분에 맞게 재배치되어 삽입되었으며 더욱 자세한 제목으로 구성되어 있다.

그런데 이식이 선별한 작품도 작품이거니와 안정복이 문장 사대가 중 한 사람인 이식의 선문관(選文觀)을 특히 중시하는 모습은 기존에 알려진 그의 보수적 색채와는 다르게 보인다. 『순암집』에 실린 그의 '독서하는 순서[讀書次第]'는 철저히 경학과 성리서를 우선으로 한 다음 약간의 역사서와 경세서로 보충할 뿐이다.[13] 여기서 안정복이 제시한 책들은 그의 제자이자 성호학파의 중요한 맥을 이은 황덕길(黃德吉)의 「독서차제도(讀書次第圖)」에도 나타난다.[14]

여기서 황덕길은 먼저 읽을 것[先讀], 다음으로 읽을 것[次讀], 아울러 볼 것[兼看]의 목록을 목록화하되, 제자백가의 서적은 일체 포

---

13) 안정복, 『순암집』 권6, 「書贈鄭君顯」. "大學, 論語, 孟子, 中庸, 心經, 近思錄性理諸書, 兼致其功. 詩書, 春秋, 綱目, 諸史及經綸, 兼用功. 易, 禮, 右二書, 自爲別段工夫."

14) 한편, 이와 관련하여 순암의 간행본 문집인 『순암집』이 황덕길에 의해 편집되었다는 사실은 우리가 알고 있는 보수적 도학자로서의 순암의 모습이 황덕길에 의해 강조된 것일 수 있음을 시사한다. 여기에 대해 필자는 추후 순암의 초고본 문집인 『부부고』와 간행본 문집 『순암집』을 비교하는 작업을 진행하고자 한다.

【사진 2】 황덕길(黃德吉), 〈독서차제도(讀書次第圖)〉

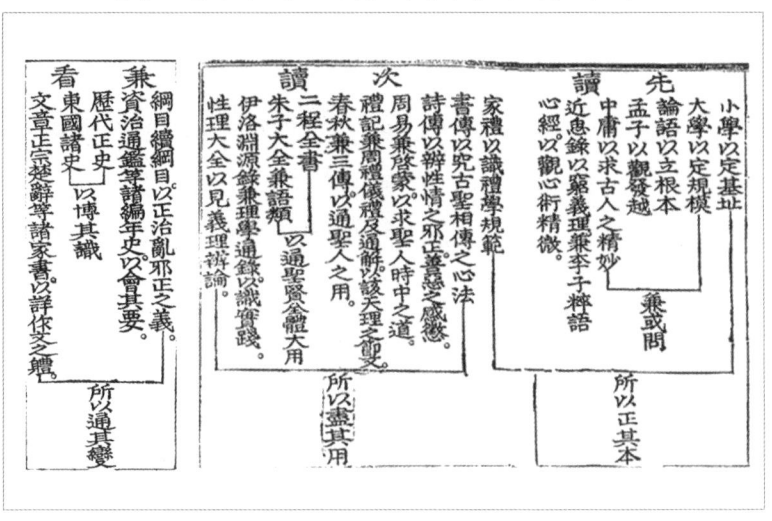

함시키지 않았다.[15] 먼저 읽을 것에는 『소학』과 사서(四書), 『근사록』과 『이자수어』, 『심경』을 제시하여 본질을 바로세우기 위한 경학 저술만을 강조하였다. 다음으로 읽을 것에는 『가례』및 오경(五經)과 아울러 성리학을 심화 학습할 수 있는 『이정전서(二程全書)』, 『주자전서(朱子大全)』및 『이락연원록(伊洛淵源錄)』, 『이학통록(理學通錄)』, 『성리대전(性理大全)』을 제시하였다. 마지막으로 아울러 볼 것에는 『통감』과 역대 역사서, 우리나라의 역사서와 아울러 작문을 익히기 위한 책인 『문장정종』과 『초사』 등을 제시하였다.

여기서 황덕길이 작문의 체식을 상세히 학습하기 위해 제시한 『문장정종』은 편찬자 진덕수가 밝혔듯, "아무리 공교로운 문장이라 하더라도 의리를 밝히고 세상의 쓰임에 절실한 것이 아니면 신

---

15) 심경호(2007), 369면.

지 않은", 다시 말해 철저히 의리에 입각한 문장만을 모은 선집이
다.[16] 이에 비해 안정복의 『문장발휘』는 선정한 책들만 보아도 조
금 더 문장 자체에 주목한 선집으로 보인다. 단순하게 말하면, 안
정복은 『잡동산이』에서 『문장정종』의 목록을 초록하지도 않았거
니와 이단으로 배제해야 마땅할 제자백가의 책들 또한 『문장발휘』
에 수록하고 있기 때문이다.

지금부터는 23면부터 시작되는 『문장발휘』의 목록을 살펴보며
그 구성과 특징에 대해 더 자세히 논하고자 한다. 23면에서 가장
먼저 눈에 띄는 것은 안정복이 "문장발휘목록"이라는 표제 아래
작은 글씨로 남긴 기록이다. 그는 "매권(每卷) 팔십사오장(八十四五
張), 매장(每張) 이십행(二十行), 매행(每行) 이십이자(二十二字)"라 쓰고
는 더 작은 글씨로 "주석과 평은 글머리에 쓴다[注及評書低頭]"고 하
였다. 이렇듯 『문장발휘』는 주석과 평의 위치는 물론이고, 한 장에
들어갈 글자 수까지 세세하게 계획한 책이라 할 수 있다.

〈표 2〉 『문장발휘』 목록

대분류	중분류(편수)	작가 및 수록 작품	비고
卷之一 大家文 上篇 上 上篇 大家文 元字集	左傳	鄭伯克段 등 24편	正宗, 文宗, 必讀 兼採
	公羊傳	葬宋繆公 등 8편	
	穀梁傳	虞晉滅夏陽 등 2편	
	史記 上	項羽本紀	

---

16) 『文章正宗』,「綱目」. "夫士之於學, 所以窮理而致用也. 文雖學之一事, 要亦不外乎此,
故今所輯, 以明義理, 切世用爲主, 其體本乎古, 其指近乎經者, 然後取焉, 否則辭雖工
亦不錄."

대분류	중분류(편수)	작가 및 수록 작품	비고
卷之二 大家文 上篇 中 上篇 大家文 亨字集	史記 下	信陵君傳 등 13편	
卷之三 大家文 上篇 下 上篇 大家文 利字集	漢書	李陵傳 등 12편	
卷之四 大家文 中篇 單 上篇 大家文 貞字集	國語	召公諫厲王止謗 등 11편	見類纂 正宗, 文宗, 必讀 兼採
	戰國策	杜赫欲重景翠 등 33편	見類纂 正宗, 文宗, 必讀 兼採
	列子	列子居鄭圃 등 5편	誤在諸史策略下
	莊子	逍遙遊 등 6편	選類纂所抄
	諸史策略	李克論相 등 27편	初在列子上
卷之五 大家文 下篇 上 中篇 大家文 春字集	考工記	首章 등 11편	
	孟子	轂觫章 5편	
	韓文[韓愈]	佛骨表 등 52편	軌範 眞寶 부기. 주자, 小宋 평어 및 부록한 작품 존재
卷之六 大家文 下篇 中 中篇 大家文 夏字集	柳文[柳宗元]	封建論 등 40편	聖歎抄 부기 17편
	歐文[歐陽修]	論逐路取人箚子 등 49편	聖歎抄 부기 14편, 주자의 평(朱子曰甚好) 및 부록한 작품 존재
	荊公文[王安石]	讀孟嘗君傳 등 10편	聖歎抄 부기 3편
	南豊文[曾鞏]	宜黃縣學記 등 5편	聖歎抄 부기 1편
卷之七 大家文 下篇 下 中篇 大家文 秋字集	蘇文[蘇軾]	靈壁張氏園亭記 등 55편	聖歎抄 부기 19편, 주자 및 기타 평어(衆口稱快)
	老泉文[蘇洵]	管仲論 등 14편	聖歎抄 부기 3편
	潁濱文[蘇轍]	君術策 五 등 18편	聖歎抄 부기 1편

대분류	중분류(편수)	작가 및 수록 작품	비고
卷之八 歷代文 仁字集	三代文	五子之家 등 『서경』 6편, 谷風 등 『시경』 4편	
	春秋文	王子朝 告諸侯文 등 10편	
	戰國文	樂毅 與燕惠王書 등 14편	
	先秦文	韓非 八姦 등 10편	
	西漢文上	陸賈 資質 등 33편	
卷之九 歷代文 義字集	西漢文下	司馬遷 秦楚月表 등 16편	聖歎抄 부기 1편
	東漢文	班彪 王命論 등 17편	應劭 封禪記, 崔寔 政論에 세주.
	季漢文	荀悅 遊俠論 등 11편	
	晉文	羊祜 讓開府表 등 12편	
	南北朝文	宋江淹 上建平王書 등 7편	
卷之十 歷代文 禮字集	唐文	太宗 帝京篇序 등 32편	
	宋文	王禹偁 待漏院記 등 38편	聖歎抄 부기 4편
	元文	閻復 加封孔子制 등 5편	
	明文上	劉基 夏后氏郊 등 10편	
卷之十一 歷代文 智字集	明文下	공란	
卷之十二 經濟文 上	없음	賈誼 過秦論中 (二丈) 등 26편	

대분류	중분류(편수)	작가 및 수록 작품	비고
卷之十三 (누락)			
卷之十四 性理文單	없음	周子 愛蓮說 등 74편	

『문장발휘』는 대가문 7권, 역대문 4권, 경제문 2권, 성리문 1권 순서로 구성되어 있으며, 각각의 분량에서 알 수 있듯 중요도 순으로 배치한 것으로 보인다. 먼저 대가문은 역사서와 제자백가 등의 선진고문과 당송고문이 골고루 수록되어 있다. 뒤에 시대순으로 배치된 역대문의 작가들보다는 훨씬 더 대가(大家)의 글들을 가장 먼저 다룬 것으로 보인다. 춘추삼전(春秋三傳)을 비롯한 역사서는 물론이고, 역대 역사서에 수록된 책략(策略)을 별도로 자신이 정리한 『제사책략』 등의 목록을 보면, 역사에 특장이 있었던 안정복의 취향이 다분히 반영된 것으로 보인다.

대가문에 속한 책들을 순서대로 나열하면 춘추삼전, 『사기』, 『한서』, 『국어』, 『전국책』, 『열자』, 『장자』, 『제사책략』, 「고공기」, 『맹자』, 당송팔가인데, 여기서 특기할 만한 것은 「고공기」와 『맹자』이다. 다른 책은 모두 안정복이 『잡동산이』에서 참고한 중국의 역대 문장 선집에도 수록된 책이지만, 「고공기」와 『맹자』는 그렇지 않기 때문이다.

『맹자』에서 안정복이 선별한 장은 곡속장(穀觫章), 당로어제장(當路於齊章), 호연장(浩然章), 허행장(許行章), 호변장(好辯章)으로 모두 맹자의 논리적인 변론으로 유명한 장이다. 또한 『맹자』가 『열자』나 『장자』와 함께 대가로 취급된다는 점에서 안정복이 사서(四書)조차 철저히 문장 차원에서 다루는 모습을 확인할 수 있다. 이는 문장에서도 의리를 중시한『문장정종』과는 확실히 다른『문장발휘』만의 특징이다.

「고공기」는 수택본『잡서초(雜書抄)』에서 안정복의 실제 비평을 확인할 수 있다.『잡서초』역시 해제에 따르면 안정복의 단순 초록에 불과하지만,[17] 권1에서 초록한 책들은 모두 명백히 안정복의『문장발휘』기획에서 '대가문'에 포함되었던 책들이다. 순서는 안정복이 22면에서 다시 정한 것과는 차이가 있지만「항우본기」다음으로 수록된「고공기」의 앞머리에는 안정복이 22면에서 다시 정한 것대로 "문장발휘상편상(文章發揮上篇上)"이 적혀 있다. 글씨 또한『혹관』과는 달리 초서체가 아닌 것으로 보아 단순 초록이 아닌 간행을 목적으로 쓰인 것으로 보인다. 실제로 그는 설계 단계에서 제시한 매장 20행, 매행 22자의 규격도 지켰고, 주석과 평을 글머리에 쓴다는 규칙도 지켰다.

지금부터는「고공기」의 두주를 통해 안정복 문장관의 일면을 살펴볼 것이다. 그는 먼저「고공기」에 대해 간략히 설명한 후, 행을 바꾸어 문장 차원에서 이 책이 가지는 의의를 평하였다. 특히 의의를 평가한 대목이 인상적이다.

문장의 묘는 서사(敍事)와 상물(狀物)에 있다.「고공기」는 이 두 가지를 겸하여 기력(氣力)이 웅혼(雄渾)하고 기관(機關)이

---

17) 국립중앙도서관(2012), 〈잡서초 해제〉. "『잡서초』는 조선 후기의 실학자 안정복이 중국의 고전 중 참고할 만한 글을 따로 모아 정리한 책으로 두주를 달아 주요한 내용과 설명을 덧붙였다.『잡서초』는 안정복이 중국의 고전을 모아 한 권의 책으로 만든 초록이다. 필사본으로 2권 1책으로 엮었고 권1에는 사마천의『사기』「항우본기」,『주례』의「고공기」,『예기』의「악기」,「중용」,「단궁」,『한서』,『자치통감』등에서 발췌한 글을 실었고 권2에는「학부통변서」를 덧붙이고 있다. (김경숙)"

유전(流轉)하며 자법, 구법, 장법이 절로 그 가운데 있다. 왕세정(王世貞)이 "문장 가운데 성인으로 서사가 마치 조물주가 사물을 그려내는 것과 같다."라고 하였으니, 믿을 만하다.[18]

문장의 묘처가 일의 서술과 사물의 묘사에 있다는 안정복의 발언은 『팔가백선』, 『천수당절』, 『백선시』 등 다른 시문 선집 서문에서는 볼 수 없었던 안정복 문장론의 구체적 일단이다.[19] 한편, 안정복이 언급한 왕세정의 말은 『예원치언』 권3 첫머리에 보인다.[20] 여기서 왕세정은 「단궁」, 「고공기」, 『맹자』, 『춘추좌씨전』, 『전국책』, 『사기』를 문장 가운데 성인으로 꼽았고, 『한서』를 문장 가운데 현인으로, 『장자』, 『열자』, 『능엄경』, 『유마경』을 문장의 귀신으로 꼽았다.

왕세정이 제시한 책은 불경만 제외하고는 모두 안정복이 『문장발휘』의 첫 대목인 대가문에 편성한 책이다. 이 자체로 안정복의 문장론에 왕세정이 준 영향을 알 수 있을뿐더러 『문장발휘』가 『잡동산이』에서 초록한 중국의 문장 선집만을 단순히 정리한 것이 아니라 더욱 다양한 역대의 문장 평가를 종합하여 정리한 것임을 알

---

18) 『잡서초』. "文章之妙, 在敍事與狀物. 考工記, 兼是二者, 而氣力雄渾, 機關流轉, 字法句法章法, 自在其中. 王世貞謂, 文之聖者, 敍事猶化工之肖物. 信然."

19) 「고공기」는 일찍부터 정연한 서술과 정밀한 묘사, 문장 표현에 대한 세심한 고민을 통해 '古今奇文'이라는 호평을 받아왔다. 조선에서 「고공기」를 문장 차원에서 주목한 사람으로는 허균이 대표적이다. 이와 관련해서는 조창록(2012) 참고.

20) 『藝苑卮言』 권3. "《檀弓》, 《考工記》, 《孟子》, 左氏, 《戰國策》, 司馬遷, 聖於文者乎? 其敍事則化工之肖物.班氏, 賢於文者乎? 人巧極, 天工錯.莊生, 《列子》, 《楞嚴》, 《維摩詰》, 鬼神於文者乎? 其達見, 峽決而河潰也, 窈冥變幻而莫知其端倪也.諸文外, 《山海經》, 《穆天子傳》亦自古健有法."

【사진 3】『잡서초』 19면 「고공기」

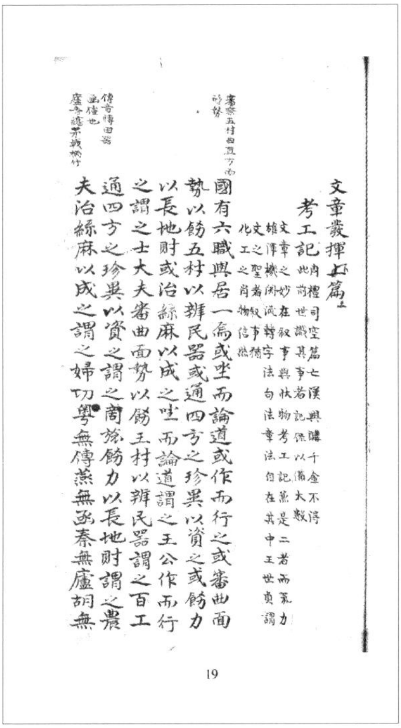
文章發揮 卷之篇上
考工記
國有六職興居一爲或坐而論道或作而行之或審曲面
勢以飭五材以辨民器或通四方之珍異以資之或飭力
以長地財或治絲麻以成之坐而論道謂之王公作而行
之謂之士大夫審曲面勢以飭五材以辨民器謂之百工
通四方之珍異以資之謂之商旅飭力以長地財謂之農
夫治絲麻以成之謂之婦功粵無鎛燕無函秦無廬胡無
19

수 있다.[21]

대가문만으로도 『문장발휘』는 문장 선집으로서 충분히 가치가 있는 책이다. 그런데 안정복은 더 나아가 역대문과 경제문, 성리문으로 세분화하여 문장을 분류했다. 여타의 문장 선집과 구분되는 『문장발휘』만의 특징은 여기에 있다. 분류 자체에서부터 안정복이 중시했던 것이 무엇인지를 보여주기 때문이다.

역대문은 삼대문(三代文)부터 시작하여 명문(明文)까지를 시대순으로 수록하였다. 분량은 다른 시대에 비해 부족하지만, 남북조문(南北朝文)과 원문(元文)까지도 다루는 것이 특징이다. 삼대문은 『서경』과 『시경』의 몇 편을 다루고 있으며, 춘추문부터 명문, 나아가 경제문과 성리문은 인명과 사건 혹은 작품을 병렬해 목차를 구성하였다.

춘추시대부터 진한시대까지의 역대문은 춘추삼전이나 『사기』, 『한서』 등에 나오는 것을 채록한 것이 많다. 그렇기에 대가문과의 구분이 모호하다고 생각할 수도 있지만 실제로 역대문에서 다루

21) 이외에도 『문장발휘』 목록에는 주자의 평을 포함한 다양한 주석이 있다.

는 인물은 대가문과 대비해 중요도는 떨어질지 몰라도 훨씬 더 다채로운 것이 특징이다. 예컨대 안정복은 제자백가 중에서 특히 문장이 더 뛰어나다고 생각한 열자와 장자는 대가문에 별도로 수록한 반면, 순황(荀況)이나 한비(韓非)는 역대문 중 선진문과 계한문 등에 각각 두 작품씩만 배치하였다.

역대문에서 다루는 인물과 작품의 폭이 워낙 넓기에 낯선 것들이 많지만 그중에서도 가장 돋보이는 것은 원문이다. 원문은 염복(閻復)「가봉공자제(加封孔子制)」, 요수(姚燧)「서강한선생사(序江漢先生死)」, 유관(柳貫)「요수시의(姚燧諡議)」, 허유임(許有壬)「문승상전기(文丞相傳記)」, 양유정(楊維楨)「몽학도인전(夢鶴道人傳)」총 5편이 수록되었다. 이들 작품은 모두 『명세문종』 중 원문에 수록된 작품들로 안정복은 『명세문종』을 통해 조선에서는 존재 자체도 낯설었던 원대의 작가와 작품을 접하고 그중에서도 특히 좋은 문장을 선별할 수 있었던 것으로 보인다.

그렇다고 해서 안정복이 『명세문종』을 그대로 축약해 『문장발휘』를 만든 것은 아니다. 가령 『명세문종』 권23 송문에는 장재「서명」, 왕우칭「대루원기」, 주돈이「애련설」, 구양수「붕당론」 등이 시대순으로 배치되어 있는 반면, 안정복은 구양수는 대가문, 왕우칭은 역대문, 장재와 주돈이는 성리문에 각각 구분하여 배치하였다. 이로 보아 안정복은 일단 중요도 순으로 대가문을 먼저 추린 뒤에 역대문과 경제문, 성리문 등으로 조금 더 분야를 세분화하여 목록을 구성했다고 볼 수 있다.

경제문에서는 동중서, 가의 등의 책문(策文)을 수록하였다. 이 역시 시대순으로 구성한 것으로 추정되는데, 하권이 누락되어 안정복이 당나라 육지(陸贄)의 주의(奏議) 이후 경제문으로 꼽은 글이 무엇인지는 알 수 없다는 점이 아쉽다. 경제문은 가의, 동중서 외에도 가산(賈山), 조조(晁錯), 조충국(趙充國), 최식(崔寔), 이표(李彪), 소작(蘇綽), 회남왕(淮南王), 양웅(揚雄), 유향(劉向), 노온서(路溫舒), 육지의 작품이 있다. 대체로 인물당 한두 편의 상소와 책문이 실려있는데 가의와 육지의 글이 각각 5편, 8편으로 특히 많은 비중을 차지한다.

성리문은 단권으로 분량은 가장 적지만 주돈이부터 이정 형제, 장재, 소옹, 주희에 이르기까지 송대 대표 학자들이 성리학의 정수를 담은 글이 시대순으로 수록되어 있다. 이외에도 사마광(司馬光)과 범준(范浚), 여대림(呂大臨)의 글도 수록되어 있기는 하지만, 주자 글의 비중이 전체 74편 가운데 56편을 차지할 정도로 압도적이다. 주자의 글은 사서의 서문에서부터 감흥시(感興詩)에 이르기까지 상당히 다양한데, 이를 통해 안정복이 단순히 『잡동산이』 권43에 옮겨 쓴 『주서절요초』 외에도 주자의 문집 전체를 폭넓게 참고하였음을 알 수 있다.

『문장발휘』의 구성에서 아쉬운 것은 초반부 대가문이나 역대문의 상세한 목차에 비해, 후반부로 갈수록 누락된 것이 많다는 점이다. 특히 권11의 역대문 중 명문 하와 권13의 경제문 하가 그러한데, 이는 훼손된 것이 아니고 오히려 안정복이 일부러 공란으로 남긴 것으로 보인다.

명문 상에서 안정복은 유기(劉基), 송렴(宋濂), 방효유(方孝孺), 해진(解縉), 주침(周忱), 상로(商輅), 주홍모(周洪謨)의 논(論)과 기(記), 전(傳) 등을 다양하게 다루었다. 이는 앞서 원문과 마찬가지로 대부분 『명세문종』 권28을 참고한 것으로 보인다.

다만 『잡동산이』 속 『명세문종』의 권29와 권30은 '국조문(國朝

文)'이라고 쓰기만 했을 뿐, 구체적 작품명은 공란으로 남아 있다. 그렇기에『문장발휘』의 명문 하의 목록도 공란으로 남길 수밖에 없었다고 추측할 수 있다. 경제문 하권은 당나라 육지 이후로 공란인데, 이 역시 비슷한 이유에서 그렇게 된 것으로 추정된다. 다만 안정복은『문장발휘』목록을 다시 정할 때도 여전히 경제문을 2권 분량으로 유지해두었기에, 후일에 누락된 부분과 관련된 책을 빌리고자 했음을 알 수 있다.

4. 맺음말

〈표 2〉의 비교에 따르면, 안정복은『좌전』과『국어』,『전국책』에 『고문정종』,[22]『명세문종』,『천하재자필독서』를 아울러 채록하였다는 기록을 남겼고,『국어』,『전국책』,『장자』는『백가류찬』을 참고하였다고 기록하였다. 또한, 한유의 작품에는 군데군데『고문진보』,『문장궤범』등 출처를 표기하였고, 유종원부터 이후의 당송팔가문, 나아가 역대문 중 서한문과 송문에는 김성탄의『천하재자필독서』를 참고하였음을 밝히고 있다.

이를 통해 안정복이『잡동산이』43권에 초록한 역대 문장 선집 중 특히 어떤 책의 영향을 더 받았는지 알 수 있다. 그중 유일하게 『잡동산이』에 초록되지 않은『백가류찬』은 유가류 12권 외에 도가류 4권, 법가, 명가, 묵가, 종횡가, 잡가, 병가 등 8가지 유별로

---

22) 『正宗』이라 줄여 썼기에『문장정종』이라 생각하기 쉽지만,『잡동산이』권43을 보았을 때, 이는『고문정종』임을 알 수 있다.

분류해 제자백가의 사상을 총체적으로 조감하는 데 참고가 되는 자료이다. 안정복이 1785년 책력일기의 이면에 작성한 「가장서책 구질(家藏書冊舊帙)」에는 전부터 집안에 내려오던 서책 82건에 대한 제목이 나열되어 있는데 그중에는 책을 소장하게 된 경위가 기록된 것도 있다. 『백가류찬』 총 38권에는 조부 안서우가 창락찰방을 지내던 때에 인쇄하여 가져왔다는 기록이 있다. 그렇기에 제자백가에 대한 안정복의 관심은 당대의 유행에서 비롯된 것이기도 하지만, 특히 가학(家學)에서 비롯된 것일 가능성이 있다.[23]

『문장발휘』에서 김성탄의 『천하재자필독서』의 존재는 그 자체로 안정복이 문장을 단순한 의리 차원으로만 바라보지 않았음을 보여주는 사례라 할 수 있다. 다만 앞서 언급한 『명세문종』의 경우와 같이 『천하재자필독서』도 초록한 부분에 공란이 있는 것으로 보아 안정복이 책 전체를 빌려 볼 수는 없었음을 알 수 있다. 『문장발휘』에서는 당송팔대가 중 유일하게 한유의 작품에만 '성탄초(聖歎抄)'가 적혀있지 않은데, 『잡동산이』의 초록에도 『천하재자필독서』 중 당문에 공란이 있다가 유종원의 작품부터 초록이 되어 있고, 이후 송문에는 나머지 팔대가의 작품이 공란 없이 적혀있기 때문이다.

그렇다면 안정복이 어디서 이토록 다양한 문장 선집을 구할 수 있었는지 의문이 생기는데, 이에 대해서는 한 가지 가능성을 제기

---

23) 그동안 안정복의 학문과 사상에 있어 가학의 영향은 대체로 미미하거나 그마저도 역사 분야에 국한되어 있었다. 하지만 『문장발휘』 내에서 『백가류찬』의 존재는 제자백가에 대한 관심, 나아가 문장의 차원에서도 가학의 영향이 있었음을 보여주는 하나의 사례라 할 수 있다. 안정복의 조부인 양기재 안서우의 폭넓은 독서 경향에 대해서는 박기완(2021) 참조.

하며 글을 맺기로 한다. 최근 선행연구에서 안정복이 필사한 『고문연감초』 3권의 저본이 된 『고문연감』이 이용휴와 이가환 부자의 장서 중에 있었다는 정황을 바탕으로 안정복이 이들로부터 책을 빌려 보았을 가능성을 제기하였다.[24] 여기에 더하여 『흠영』에서 유만주는 이용휴가 김성탄의 글을 모방해서 문체가 기이하다고 하였으며, 그가 소장한 책이 많은데 거의 기이한 문장과 색다른 책이라고 하였다.[25]

안정복과 이용휴의 교유 역시 각자의 문집에서 흔적을 찾을 수 있으며, 안정복이 보낸 편지의 내용을 통해 이용휴가 안정복에게 당기(堂記)도 써주었음을 알 수 있다.[26] 특히 안정복이 당기에 대해 "문장이 매우 좋다."고 말하는 부분은 이들의 교유가 문학적 차원에서도 이루어졌음을 보여주는 대목이다. 다만 아직 이용휴와 이가환 부자의 장서 가운데 『천하재자필독서』를 발견하지 못하였기에, 이 또한 『고문연감』과 마찬가지로 아직은 하나의 가능성으로 남겨둔다.

추후의 연구에서는 가학의 영향과 김성탄, 이용휴 등의 영향을 보다 집중적으로 탐구하는 동시에, 수택본 『잡서초(雜書抄)』를 비롯한 다른 책들에서 안정복의 문장 비평 양상을 자세히 살펴보고자 한다. 이를 통해 기존에 부각되지 않았던 안정복의 새로운 모습을

---

24) 김하라(2023) 336면.

25) 유만주, 흠영 1784년 1월 13일 조. 김하라(2023) 311면에서 재인용.

26) 『貞敬集』, 「送安百順出宰木川序」; 『覆瓿稿』, 「答惠寰書」, "頃從邸吏, 伏奉下狀, 副以堂記, 感荷難勝. 不惟文章儘好, 命意實協本意." 다만 안정복이 이용휴에게 보낸 편지는 간행본인 『안정복집』에는 실려있지 않고 초고본 문집 『부부고』에만 수록되어 있다.

보여주고자 한다.

　문장 자체에 주목한 안정복의 문장 선집은 안정복 연구에 대한 새로운 패러다임을 제시할 수도 있다. 기존의 안정복 연구는 각 전문 분야에서 독립적으로 이루어졌다. 가령, 『동사강목』은 작가론의 방식으로 연구되지 않고 그 내용에 대한 역사학적 분석만 이루어졌을 뿐이다. 『문장발휘』의 발견은 그의 문장을 역사나 사상 차원에서만 볼 것이 아니라 문장 그 자체의 효용에 주목하여 새롭게 읽을 것을 요구한다.

　비록 안정복이 겉으로는 자신을 "글도 못 짓고 시도 못 짓는" 사람이라 하였지만, 그는 분명 "좋은 문장이란 무엇인가?"를 고민했던 인물이다. 『문장발휘』 속 역대의 명문장들처럼 경세를 논하거나 성리를 말하고 역사를 평하는 안정복 자신의 모든 문장에서 말이다. 특히 그의 대표작이라 할 수 있는 『동사강목』, 『임관정요』 등의 저술은 『문장발휘』의 저술과 시기적으로 맞물려 있기에 더욱 문장의 차원에서 접근할 필요가 있다.

참고문헌

〈원전자료〉

국립중앙도서관 소장『安鼎福日記』,『或觀』,『雜書抄』.

국립중앙도서관 소장『文章正宗』.

규장각 소장『雜同散異』.

〈논저〉

국립중앙도서관,『선본해제 14 순암 안정복』, 2012.

김하라,「錦帶 李家煥의 藏書『古文淵鑑』」,『한국문화』102집, 서울대 규장각한
　　　국학연구원, 2023.

김현영 외,『순암 안정복의 일상과 이택재 장서』, 성균관대출판부, 2013.

박기완,「양기재 안서우 문학 연구」, 성균관대학교 석사학위논문, 2021.

박종기,『안정복, 고려사를 공부하다』, 고즈윈, 2006.

심경호,「조선후기 지성사와 제자백가-특히『관자(管子)』와『노자(老子)』의 독
　　　법과 관련하여-」,『한국실학연구』13집, 한국실학학회, 2007.

윤재환,「순암 안정복과 순암계열 문인들의 문학론」,『제13회 실학연구 공동발
　　　표회 자료집』, 실시학사 11월 발표, 2023.

정우봉,「序跋類를 통해 본 조선시대 逸失本 文章選集의 편찬 현황과 그 의미」,
　　　『민족문화연구』49집, 민족문화연구원, 2008.

조창록,「楓石 徐有矩와『周禮』「考工記」」,『동방한문학』51집, 동방한문학회,
　　　2012.

최식,「『雜同散異』의 形成 過程과 抄書·著書」,『대동한문학』71집, 대동한문학
　　　회, 2022a.

최식,「『雜同散異』의 異本과 特徵」,『한국실학연구』43집, 한국실학학회,
　　　2022b.

함영대,「순암 안정복 연구의 현황과 과제」,『한국실학연구』25집, 한국실학학
　　　회, 2013.

『기전고(箕田攷)』 연구

김수현

1. 머리말

본고는 구암(久庵) 한백겸(韓百謙 1552~1615)의 「기전도(箕田圖)」와 「기전유제설(箕田遺制說)」을 통하여 정전(井田) 및 기전(箕田)의 유제 (遺制)에 대한 한백겸의 관점을 살펴보고, 『기전고(箕田攷)』에 실린 여러 문인의 글을 검토함으로써 그들의 입장을 심층적으로 분석 하고자 한다.

『기전고』는 국가적으로 편찬된 책으로, 1790년(정조14) 이가환 (李家煥)과 이준겸(李義駿)의 주도 하에 편찬되었다. 『기전고』의 시 작을 여는 글이 바로 한백겸의 「기전유제설」이다. 그동안 평양성 의 기전은 정자(井字) 모양으로 알려져 있었고, 관련 작품들 또한 기전의 유제를 정자 모양이라고 표현하였다. 한백겸이 처음으로 기전의 유제가 전자(田字) 모양이라고 밝히고 이것이 은나라의 제 도라고 주장하였다. 아울러 직접 기전의 유제에 대한 그림을 그렸 다. 그의 주장에 동의하지 않은 문인들도 많았지만, 그의 저술이 당대뿐만 아니라 이후에도 큰 영향을 주었다는 사실은 확실하다.

그의 저술 다음으로 서경(西坰) 유근(柳根 1549~1627), 악록(岳麓) 허성(許筬 1548~1612), 성호(星湖) 이익(李瀷 1681~1763)의 글이 차례로 실려 있다. 이들이 제시한 정전 및 기전유제 관련 논지를 이해하고『기전고』의 편찬 관련 기록을 조사함으로써 조선시대 문인들이 정전과 평양의 기전 유제에 대해 어떻게 생각하였고『기전고』는 어떤 배경에서 편찬되었는지 알아보고자 한다.

그간 한백겸에 관한 연구는『동국지리지(東國地理志)』및 그의 예학, 학문관에 대한 연구 등으로 유형화할 수 있다.[1] 한백겸과 기전유제설은 부분적으로 다루어졌는데, 한백겸의 경제적 관심이 기전유제설 저술로 이어졌다는 해석이 주를 이루고 있다. 지금완은 한백겸의 문집『구암유고(久菴遺稿)』를 번역하고 해제 성격의 논문을 제출하였다.[2] 지금완은 한백겸이 역사지리학자라는 명칭에 갇혀 있었다고 지적하며 그의 학문 및 철학관을 조명했다. 한백겸이 살았던 시대는 임진왜란과 기근 때문에 토지제도가 문란해져 수탈이 심한 때였으므로 토지 개혁 사상이 있었을 것이라 하였다. 이 고민이 정전제도에 대한 관심으로 이어졌고「기전유제설」은 이러한 배경에서 저술되었다고 설명하고 있다. 한백겸이 청주 목사(淸州牧使)였을 때 정사를 잘했다는 기록이 있고,[3] 그가 올린 상소문「곡물변통소(貢物變通疏)」는 공물제도의 폐단을 지적하며 개혁안을

---

1) 기존의 한백겸 연구에 대한 상세한 사항은 지금완의 논문을 참조.(「한백겸의『구암유고』역주」, 성균관대학교, 2015, 7~9면.)
2) 지금완, 「한백겸의『구암유고』역주」, 성균관대학교 한문고전협동과정 박사학위논문, 2015.
3) 『선조실록』38년 4월 16일. "淸州牧使韓百謙, 慈祥愛民, 濟以剛明, 斥去俗吏浮華之態, 務行敦實之政."

제안하는 내용을 담고 있다. 당시 영의정 이원익(李元翼)이 이를 좋게 여겨서 선혜청(宣惠廳) 설치를 건의하였다는 기록이 있다.[4]

그렇지만 이 기록들로 한백겸이 경제제도 개혁에 관심이 있었다고 주장하는 것은 근거가 부족하다. 한백겸의 주장은 평양의 정전 유제와 같은 토지제도를 시행하자는 것이 아니라, 평양의 기전 유제가 사라지지 않도록 해야 한다는 것이다. 그러므로 한백겸이 조선의 경제 상황을 염두에 두어 「기전유제설」을 썼을 가능성은 희박하다. 또한 두 가지 기록 이외에 경제와 관련된 기록은 찾기 어렵다. 다만 이 저술이 정전제도에 대한 논의의 토대가 되었다는 점은 타당하다.

심규식은 17세기 초 기자(箕子)에 대한 담론을 통해 국가적 정체성 강화를 시도하고자 한 문학적인 흐름을 살펴보고자 하였다.[5] 『기전유제설』에서 평양의 기전 유적이 주나라 제도가 아닌 은나라 제도가 시행된 흔적이라고 주장함으로써 주나라와의 별도 계통인 조선 문명의 성격을 명확히 하였다고 했다. 『기전고』는 기자 정전의 독자 계통설에 동의하는 글만을 국가적으로 선별하여 편집한 책으로, 청나라에 대한 조선 문명의 독자성을 주장한 책이라는 주장이다.

기자는 조선시대에 이어 현재도 민감한 주제이다. 기전에 대한 개념이 성립하기 위해서는 기자동래설이 전제되어야 한다. 즉 기

---

4) 鄭經世, 『愚伏集』 권8 「通政大夫戶曹參議韓公墓碣銘 並序」, "因極論貢物之弊爲生民大瘼, 幷陳改絃之策, 節目甚詳. 事下廟堂, 李相公元翼方聽總已, 善其言, 建置宣惠廳, 先試于畿甸. 至今畿民之按堵息肩, 實自此始."

5) 심규식, 「17세기 초 문학에 나타나는 국가 정체성 공론화의 두 계보-箕子의 문화 자주성과 豐沛之鄕으로서의 關北에 관하여-」, 『어문연구』 제51권, 한국어문교육연구회, 2023.

자가 우리나라로 왔고, 우리나라에 와서 도읍한 곳이 평양이라는 것을 전제해야 기자의 정전이 논의될 수 있다. 조선 후기에도 기자동래설에 의심을 제기한 학자들이 있었지만 우선 여기서 다룰 학자들의 기전설은 기자동래설을 전제하고 있기에, 그 사실 여부는 논외로 두기로 한다. 본고에서는 경제적, 상수학적 측면에서 분석하던 이전 연구에서 벗어나 「기전유제설」을 다시 면밀히 분석하고 평양의 기전 유제와 맹자가 말한 하·은·주 삼대의 정전제에 대한 유근, 허성, 이익의 입장을 비교하고자 한다. 아울러 『기전고』가 왜 국가적 사업으로 편찬되었는지를 검토하고자 한다.

2. 『기전고』의 편찬 경위

1) 삼대의 정전과 기자의 정전관련 기록

정전제에 대한 논의들은 『맹자(孟子)』의 「등문공 상(滕文公上)」 3장에서 비롯된다. 한백겸의 기전설과 다른 문인들의 주장을 명확하게 이해하려면 해당 장의 경문과 주자의 주석을 반드시 짚고 넘어가야 한다. 여기서는 맹자가 말한 하·은·주 토지제도에 대한 주자의 해석을 정리한 표로 대체한다. 표의 내용과 함께 하·은·주 삼대가 각기 다른 토지제도를 시행했지만, "그 실질은 모두 10분의 1이다."[6]는 맹자의 주장을 염두에 두어야 한다.

---

6) 『孟子集註』「滕文公上」. "夏后氏五十而貢, 殷人七十而助, 周人百畝而徹, 其實皆什一也."

구분	1인당 땅 면적	정전제 여부	여사(廬舍) 면적	세율	특징
하(貢法)	50무	×	×	1/10	고정 세율
은(助法)	70무	○	(14무)	公田7 /公田7+私田 70=(1/11)	私田에는 세금 없음
주(徹法)	100무	○	20무	公田10 /公田10+私田 100=1/11	鄕遂에 貢法 都鄙에 助法

* ( )표시는 주자의 추측임.

우리나라 역사서 및 문집을 살펴보면 기자의 생애와 그가 우리 나라로 오게 된 경위, 그가 폈던 정책 등이 기록되어 있다. 이 기 록들 중 기자의 정전 관련 설명은 소략한 편이다. 관련 기록을 살 펴보면 다음과 같다.

우리나라에서 가장 오래된 역사서인 『삼국사기(三國史記)』「고 구려본기(高句麗本紀)」에 "현도(玄菟)와 낙랑(樂浪)은 본래 조선의 땅이니, 기자가 봉해진 곳이다. 기자가 백성들에게 예의, 밭농사 와 누에치기, 베짜기를 가르치고 금법(禁法) 8조를 폈다."는 기록 이 있다.7) 『고려사(高麗史)』에 의하면, 충숙왕(忠肅王) 12년(1325) 기자가 처음 우리나라에 봉해져 예악과 교화가 행해지게 되었다 는 이유로 평양부에 명하여 사당을 세우고 제사를 지내도록 하

---

7) 『三國史記』권22. "玄菟·樂浪, 本朝鮮之地, 箕子所封. 箕子敎其民, 以禮義·田蠶· 織作, 設禁八條."

였다.[8] 이처럼 고려 시대부터 기자가 본국의 시조라고 인식하였음을 알 수 있다. 『고려사』 「지리지(地理志)」에서는 평양부를 삼조선 (三朝鮮)의 옛 도읍이라 소개하면서 "옛 성터가 2개 있는데, 하나는 기자 때 쌓은 것으로 성 안을 정전제로 구획했고, 하나는 고려 성종(成宗) 때 쌓은 것이다."라는 기록이 있다.[9] 이 기록은 『세종실록 (世宗實錄)』 「지리지(地理志)」에도 그대로 실려 있다.[10]

김시습(金時習)은 「기자찬(箕子贊)」에서 "지금 평양은 고조선의 도읍으로 옛 성의 유적이 대동강가까지 뻗어 있다. 지금 남쪽 외성에 정전이 있으니, 길을 경계로 삼아 여덟 가구가 함께 농사 짓던 밭이다. 무너진 담장과 집터가 아직 남아 있어 사람들로 하여금 조선이 성하던 때의 화려하고 아름다운 의관과 문물을 우두커니 서서 떠올리게 한다."[11]고 하였다.

선조 10년(1577) 윤두수(尹斗壽)가 사신의 명을 받들고 명나라에 갔을 때 기자가 무슨 일을 하였는지 묻는 중국 선비들이 많았다. 윤두수가 이에 대해 답하지 못한 것을 문제로 여겨 귀국 후 여러 책을 상고하여 기자 관련 사실과 성인의 의론, 시인의 찬영을 모아서 『기자지(箕子志)』라 이름하였다.[12] 이후 이이(李珥)는 『기자지』

---

8) 『高麗史』 世家 第35. "箕子始封本國, 禮樂敎化, 自此而行, 宜令平壤府, 立祠以祭."

9) 『고려사』 志 卷12, 地理 三. "古城基二【一, 箕子時所築, 城內畫區用井田制. 一, 高麗成宗時所築】."

10) 『世宗實錄』 권154, 「地理志」. "古城基有一二, 箕子時所築, 周回六千七百六十七步. 城內畫區, 八家同井. 一, 高麗成宗時所築, 經九百四十四步."

11) 金時習, 『梅月堂集』 卷19, 「箕子贊」. "今平壤, 古朝鮮京邑也. 舊城遺址, 邐迤江岸. 至今南郭外井田, 界道八家同井, 廢墻廬墟, 彷彿猶存, 令人佇想朝鮮盛時衣冠文物之華美."

12) 金烋, 『海東文獻總錄』 史記類 三. "尹斗壽奉使朝天, 中朝士人多問箕子之爲. 尹公病不能對, 旣還乃廣考諸書, 裒集事實及聖賢議論, 騷人讚詠, 名曰箕子志."

를 보고서 경전을 뒤섞어 편집하여 계통과 실마리를 찾기 어렵다고 여겨 『기자지』의 내용을 뽑아 1편으로 간략히 엮어 『기자실기(箕子實紀)』라 하였다.[13] 『기자실기』에서 기자는 조선에 와서 평양에 도읍하여 금칙 8조를 시행하고 백성에게 예절과 농사를 가르치면서 정전제를 실행하였다고 기록했다.[14]

2) 『기전고』 편찬관련 기록

『기전고』는 경술년(1790, 정조14) 8월 편찬에 착수하여 10월에 완성된 것으로 추정된다. 서호수(徐浩修) 저작 『연행기(燕行紀)』의 경술년 8월 3일의 기록을 보면, 원명원(圓明園)에 머물 때 군기대신(軍機大臣) 왕걸(王杰)이 서호수에게 『목은집(牧隱集)』과 『포은집(圃隱集)』을 요구하면서 조선에 볼만한 책이 무엇인지 물었다. 서호수는 조선은 여러 번 전쟁을 겪었고 견문이 중국보다 적다고 답하면서 권근(權近)의 『예기천견록(禮記淺見錄)』과 한백겸의 『기전고』가 그나마 폭넓고 정제된 책이라고 하였다. 이에 왕걸은 평양은 기자가 도읍한 곳이므로 토지제도에 볼만한 것이 있을 테니 동지사행에 『기전고』 한 부를 부쳐달라고 끈질기게 요구하였다. 서호수는 편지를 조정에 보내어 『기전고』 20본을 인쇄해 동지사행에 부쳐 왕걸 등

---

13) 『해동문헌총록』史記類 三. "李珥以尹斗壽所撰箕子志, 雜編經傳, 統紀難尋, 就採之中所錄, 約成一編, 因略敍立國始終世係歷年之數, 名曰箕子實紀, 以便觀覽."

14) 『栗谷全書』권14, 「雜著」「箕子實記」. "箕子既爲武王傳道, 不肯仕, 武王亦不敢强, 箕子乃避中國, 東入朝鮮. 中國人隨之者五千, 詩書禮樂醫巫陰陽卜筮之流, 百工技藝皆從焉. 武王聞之, 因封以朝鮮, 都平壤. 初至言語不通, 譯而知之, 教其民以禮義農蠶織作, 經畫井田之制, 設禁八條."

에게 나누어 보냈다고 하였다.[15] 즉 중국의 왕걸이라는 인물이 조선의 책을 간곡히 요청하자 어쩔 수 없이『기전고』를 간행하여 보낸 것으로 보인다. 비슷한 내용이『오주연문장전산고(五洲衍文長箋散稿)』에 보이고,[16] 이덕무(李德懋)가『기전고』를 교정하였다는 기록도 있다.[17]

『기전고』의 편집을 10월에 마쳤으리라 추정하는 이유는『승정원일기』의 기록 때문이다. 정조 14년 10월 21일 기사에 의하면, 정조는『기전고』의 교정이 언제 끝나는지 묻는다. 이의준에게 신하들과 상의하여 책자를 잘 만들라고 하면서 일자가 임박하였으니 속히 끝내라고 명하였다.[18] 속히 끝마치라고 한 이유는 동지사행에 부쳐서 보내야 했기 때문일 것이다. 이를 통해『기전고』의 편찬은 국가적인 사업이었음을 알 수 있다.

3)『기전고』의 판본 및 구성

『기전고』는 이가환(李家煥 1742~1801)과 이의준(李義駿 1738~1378)

---

15) 『燕行紀』권3「起圓明園至燕京」, "辛亥, 王閣老書求牧隱, 圃隱二集, 又問我國可觀書籍. 余書答曰: '牧隱, 卽李穡號, 圃隱, 卽鄭夢周號, 此皆高麗時人. 去今四百餘年, 多經兵燹, 全集不傳. 小邦經生學子足跡, 不出數千里, 見聞極其諛寡, 所著述, 安能備大方之觀. 如權近禮記淺見, 韓百謙箕田攷, 稍稱博雅. 然亦不足步武於亭林 · 竹坨之後塵爾.' 王回報曰: '貴國平壤, 卽箕子所都, 其田制必有可觀. 幸於冬至使行, 付示箕田攷一部.' 蓋退自召對, 如是屢求懇切, 安知非出於皇旨, 將欲編入四庫全書耶. 還到鳳凰城邊門, 書報內閣, 陳達筵席印箕田攷二十本, 付諸冬至使行, 分送于王閣老杰 · 紀尙書勻 · 鐵侍郎保.'

16) 『五洲衍文長箋散稿』經史編5-論史,「箕子事實墳墓辨證說」.

17) 『靑莊館全書』권71, 附錄 下,「先考積城縣監府君年譜下」庚戌年 10월.

18) 『承政院日記』정조 14년 10월 21일.

이 기자 정전에 대한 조선 문인들의 저술을 모아 편집한 책으로, 1권 1책이다. 한백겸의 「기전도」와 「기전설」, 유근의 「기전도설후어(箕田圖說後語)」, 허성의 「기전도설후(箕田圖說後)」, 이익의 「기전속설(箕田續說)」 순서로 실려 있다. 이가환이 쓴 「기전고서(箕田攷序)」가 있지만 『기전고』에 실리지 않았다.[19]

확인된 판본으로는 규장각본, 국립중앙도서관본, 장서각본이 있다. 규장각본[20]은 임진자(壬辰字)로 간행되었으며 상화문어미(上花紋魚尾)이다. 크기는 30.7×19.5cm이다. 국립중앙도서관본[21]은 정유자(丁酉字)로 간행되었고, 상화문어미에 크기는 30.4×18.4cm이다. 장서각본[22]은 필사본이며 상하향흑어미(上下向黑魚尾)에 크기는 32.0×20.5cm이다.

【사진 1】『기전고』 목차부분

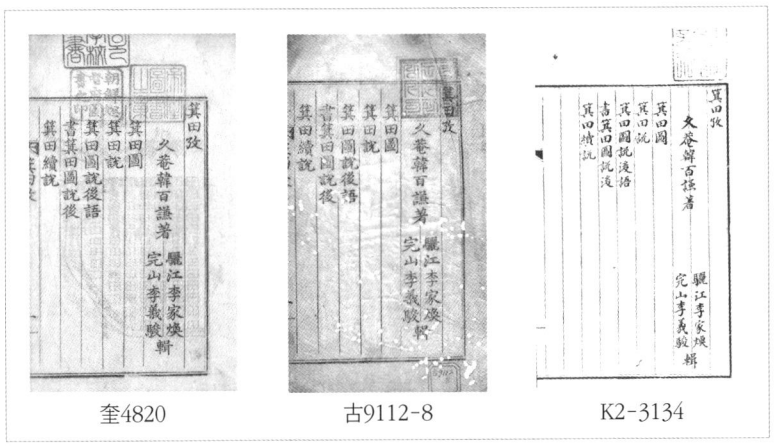

| 奎4820 | 古9112-8 | K2-3134 |

---

19) 「기전고서」는 『錦帶詩文鈔』下에 실려 있다.
20) 규장각 원문검색서비스의 청구기호 奎4820의 서지사항을 참조하였다.
21) 古9112-8의 서지사항을 참조하였다. 奎4820과 동일 판본으로 추정된다.
22) K2-3134의 서지사항을 참조하였다.

3. 한백겸(韓百謙)의 「기전유제설(箕田遺制說)」

정미년(선조40, 1607) 가을, 한준겸이 평안도 관찰사가 되어 어머니를 모시고 평양에 갔다. 한백겸은 휴가를 받아 평양으로 함께 갈 수 있었는데, 「기전유제설」은 이때 평양에 가서 직접 기전의 유제를 보고 측량한 후에 쓴 글이다.[23] 그가 직접 살펴본 기전의 유적을 그림으로도 기록했는데 그 그림이 바로 「기전도」이다.

한백겸은 정전제도에 대한 이전 사람들의 이론은 모두 맹자의 설[24]을 조종(祖宗)으로 삼았기 때문에 주나라 제도에는 특별히 상세하지만 하나라, 은나라 제도는 증명하지 못한 점을 지적하였다.[25] 주자의 조법(助法)에 대한 이론 역시 실증이 아닌 추측을 통해 도출한 것이므로 당시에 제도를 만든 의미와 합치되는지 알기 어렵다고 하였다. 한백겸은 평양에 가서 직접 기전의 유적을 살펴보고 밭이 구획된 형태가 맹자가 말한 정자형(井子形)이 아닌 전자형(田子形)임을 확인하였다. 그는 기전의 유적 중에서 함구문(舍毬門)과 정양문(正陽門)[26] 사이에 있는 구역이 기전의 제도가 분명히 남아 있는 곳이라고 여겼다.

---

23) 한백겸이 휴가를 받아 평양에 갔다는 사실은 그가 올린 「戶曹參議辭職疏」에서 확인할 수 있다. (『구암유고』下, 「戶曹參議辭職疏」)
24) 『孟子集注』「滕文公章句 上」. "夏后氏五十而貢, 殷人七十而助, 周人百畝而徹. 其實皆什一也."
25) 『구암유고』上, 「箕田遺制說」. "井田之制, 先儒論之詳矣. 然其說皆以孟子爲祖宗, 故特詳於周室之制, 而於夏殷則有未徵焉."
26) 舍毬門은 平壤城 外城 남문이고, 正陽門은 中城의 남문이다.

【사진 2】『기전고』「기전도」(서울대학교 奎4820)

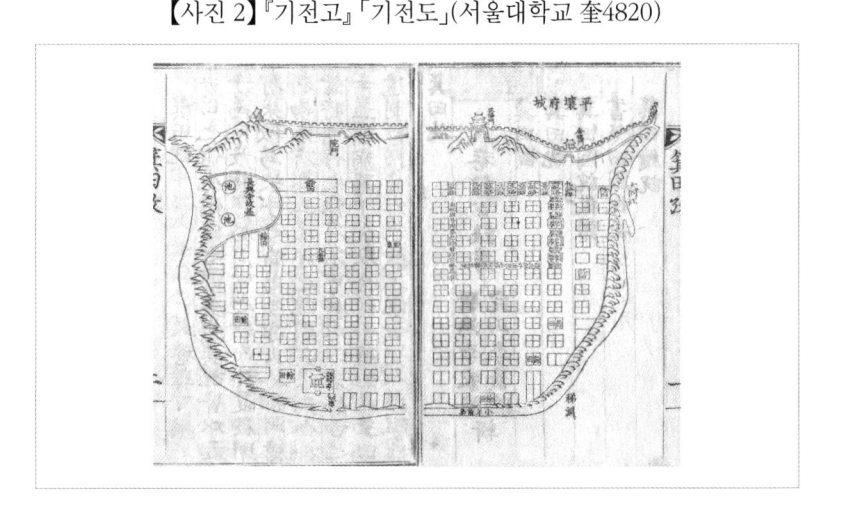

　위의 그림을 살펴보면 밭이 정자형이 아닌 전자형으로 구획되어 있음을 알 수 있다. 그가 땅의 면적을 측량한 결과 전(田)에는 네 개의 구(區)가 있고 구는 모두 70무(畝)씩이었다. 대로의 안쪽에서 횡으로 보면 4전 8구(四田八區), 세로도 봐도 4전 8구였다. 대로 안쪽에 있는 가로 세로 4전 8구의 구역을 보며 구암은 사전(四田)은 사상(四象)의 형상을, 팔구(八區)는 팔괘(八卦)의 형상과 닮았다고 하였다. 가로 8개와 세로 8개 총 64개의 구가 반듯하니 그 모양이 「선천방도(先天方圖)」[27]와 매우 비슷하다고 여겼다. 이것이 곧 은나라의 제도라고 주장하였다.[28]

---

27)　北宋의 邵雍(1011~1077)이 8괘와 64괘를 배열하여 만든 易象圖이다.

28)　한백겸, 위의 글. "其田形畝法, 與今孟子所論井字之制, 有不同者焉. 其中含毬, 正陽兩門之間, 區畫最爲分明, 其制皆爲田字形, 田有四區, 區皆七十畝. 大路之內, 橫而見之, 有四田八區, 豎而見之, 亦有四田八區. 四田, 四象之象耶, 八區, 八卦之象耶. 八八六十四, 正正方方, 其法象, 正類先天方圖. 古人制作, 豈無所取法耶. 因以思之, 噫, 此蓋殷制也."

【사진 3】「기전도」확대 사진
(함구문~정양문 사이 구역)

『맹자』에 의하면, 70무는 본래 은나라에서 토지를 나누는 제도이다. 한백겸은 기자가 은나라 사람이기 때문에 토지를 나눌 때 은나라의 제도를 사용했을 것이라 여겼다. 그래서 그 제도가 주나라 제도와 같지 않음은 분명하다. 비록 세월이 흐르면서 변화가 있었겠지만, 일무(一畝)의 길로써 구(區)를 경계짓고 삼무(三畝)의 길로 전(田)을 경계지은 것은 분명하다. 정구문과 정양문 구역을 벗어나면 차츰 밭갈이를 하면서 옛 모습을 잃은 곳들이 있지만 70무가 1구, 4구가 1전이라는 원칙은 변함이 없다.[29)]

한백겸은 반고(班固)의 『한서(漢書)』 「형법지(刑法志)」에서 근거를 찾았다. "4정(井)이 1읍(邑)이 되고, 4읍이 1구(丘)가 되고, 4구가 1전(甸)이 되니 1전은 곧 64정이다.[30)]"라는 구절이다. 비록 사용하는 명칭은 다르지만 4가 기준이 되므로 「형법지」의 말과 기전이 꼭 들어맞는다고 하였다.

그림에 나온 네모반듯한 밭 이외 전(田) 모양을 이루지 못한 곳

---

29) 한백겸, 위의 글. "其以七十畝爲一區, 四區爲一田, 兩兩相並而去, 則盡一野皆同矣."
30) 『漢書』「刑法志」. "四井爲邑, 四邑爲丘. 丘, 十六井也. 四丘爲甸. 甸, 六十四井也."

은 지세가 비스듬하고 뾰족하여 만든 여전(餘田)이다. 주나라 제도에 여전의 제도는 따로 나오지 않았지만, 주나라 또한 지세상 정(井)자 모양을 만들기 어려운 곳은 기전 유적의 여전과 같이 만들었을 것으로 여겼다.

공전(公田)과 여사(廬舍)의 경우 상고하기 어렵지만, 밭의 모양이 정(井)자가 아니므로 맹자가 주장한 공전 및 여사와 매우 다를 것이라 주장했다. 그의 짐작으로는, 여사가 반드시 밭 옆에 있지는 않았을 것이고 사람들은 촌락 및 성읍 안에 모여 살았을 것이다. 공전 또한 사전 가운데에 반드시 끼어 있지는 않았을 것이다.[31] 이후 제도가 시대에 따라 바뀌어 주나라에 이르러 8가구가 100무씩 사전으로 갖고 가운데에 공전을 두는 제도가 성립되었으며 여사와 밭의 거리가 멀어 오가기 힘들어하는 이도 있어서 밭 곁에 여사를 만들어 다같이 살게 되었다.

요컨대, 한백겸은 평양에 있는 기전의 유적을 직접 살펴보고서 밭의 모양이 정(井)이 아닌 전(田)자형으로 이루어져 있고, 밭의 한 구(區)당 70무임을 확인했다. 이는 맹자가 말한 "은나라는 70무를 지급했다."는 것과 합치되지만 은나라때부터 정전제가 시행되었다는 주자의 말과 일치하지 않는다. 따라서 밭을 정(井) 모양으로 하여 공전을 가운데에 두고 8가구가 사전을 갖는 제도는 주나라에 이르러서야 성립된 것이라고 한백겸은 주장하고 있다. 또한 함구문과 정양문 사이는 가로세로 4개의 전(田)으로 총 64개의 구(區)가 한 전(甸)을 이루고 있으니, 이것은 주역의 역상도를 본뜬 것이

---

31) 한백겸, 위의 글. "意者殷之時, 雖受田於野, 而其廬舍未必在田傍. 或皆聚居村落城邑之中, 其公田亦都在一隅之地, 未必介在私田之中."

며 『한서 · 형법지』의 기록과도 일치한다. 추정하건대, 한백겸의 주장은 은나라가 주나라 제도(井모양으로 100무씩 8가구)와 달리, 밭을 전(田) 모양으로 구획하여 한 줄에 8개의 밭을 한 묶음으로 하여 일곱 사람이 밭 하나씩을 받고 구석에 있는 나머지 1개의 밭을 공전으로 만들었다는 것이다.

당시 그의 주장은 많은 비판을 받았을 것이다. '논과 밭의 수로를 고치느라 인력의 소모가 많았다.'[32]는 주자의 말을 근거로 들면서 어떻게 시대가 바뀔 때마다 밭과 수로의 제도를 고칠 수 있었겠느냐 하는 비판이 제일 많았을 것으로 추측한다. 그래서 이 글의 말미에 그 비판을 염두에 두고 이에 대한 변론을 넣은 것으로 추정된다. 한백겸은 '편하게 해주는 방도로 백성을 부리면 비록 수고롭더라도 원망이 없다.[佚道使民, 雖勞無怨]'는 맹자의 말을 근거로 내세운다. 비용과 인력이 들더라도 백성을 위한 것이면 폐습은 반드시 고쳤을 것이라 믿었다. 또한 비판자들이 근거로 쓰는 주자의 말은『주자어류』에 한 번만 언급이 되었던 바, 이는 주자의 평소 정론은 아니라고 반박하였다.[33] 한백겸은 은나라와 주나라는 다른 왕조였기 때문에 각기 다른 제도를 사용했다고 확신하였다. 그동안 많은 학자들이 옛 왕조의 제도를 밝히려 했지만 다 밝히지 못하였는데, 만약 이들이 평양의 기전 유제를 보았다면 선왕이 제도를 만든 뜻을 환히 알았을 것이라고 글을 끝맺고 있다. 이 글은 당

---

32) 『朱子語類』 55권. "因說今日田賦利害, 曰: 某嘗疑孟子所謂『夏后氏五十而貢, 殷人七十而助, 周人百畝而徹』, 恐不解如此. 先王疆理天下之初, 做許多畎溝澮洫之類, 大段費人力了. 若自五十而增爲七十, 自七十而增爲百畝, 則田間許多疆理, 都合更改, 恐無是理. 孟子當時未必親見, 只是傳聞如此, 恐亦難盡信也."

33) 한백겸, 위의 글. "以此推之, 以此度之, 吾知朱子此說, 或出於一時門人問答, 而非平生之定論也. 語類中, 此等說話甚多, 恐不可執此而疑彼也."

대에 큰 영향을 미쳤다. 이후 그림과 함께 『기전고』에 첫 번째 순
서로 실리게 되었다.

4. 『기전고』에 실린 문인들의 주장

1) 유근(柳根)의 「기전도설후어(箕田圖說後語)」[34]

유근은 한백겸의 「기전도설」과 「기전도」를 지지하는 입장이었
다. 그동안 기전의 유적을 본 사람은 많았지만, 그곳의 완연한 모
습만 보았을 뿐이라고 하였다. 오직 한백겸만이 옛것을 좋아하여
성인이 백성에게 토지를 나누어 생업을 제정해준 뜻을 찾으려 했
고 은나라는 70무를 지급했다는 맹자의 말과 기전의 유적이 합치
됨을 보여주어서 정말 다행이라고 하였다.[35]

맹자가 살던 시기는 제후들이 주나라의 전적을 없애던 때였기
에 그가 은나라 제도를 언급한 것은 70무를 지급하여 조법을 시
행한다는 것 뿐이었고, 주자가 살던 시기는 맹자보다 더 후대이기
때문에 주나라 제도를 가지고 추론해서 설명하는 것이 당연하다고
하였다. 공자가 진(秦)나라에 가지 않아 석고문(石鼓文)[36]을 보지 못

---

34) 『서경집』에는 「箕田圖說跋」로 실려 있다. (『西坰集』,권6)

35) 『구암유고』상, 「箕田圖說跋」. "噫! 古今人歷玆地見斯田者何限, 但賞古跡宛然而已.
獨公生晚好古, 欲求古聖人分田制産之意於千百載後."

36) 石鼓는 周나라 宣王이 사냥한 내용을 史籒가 頌으로 지어 북처럼 생긴 열 개의 돌
에 새긴 것이다. 〈석고가〉는 이 석고에 새겨진 문장과 글자체가 빼어나지만, 석고가
들판에 버려져 있는 상황을 한탄하는 내용이다. 이 글에서 "공자가 서쪽으로 갔으
나 秦나라에는 이르지 못해 별은 주위 모았지만 羲和와 嫦娥는 버렸구나.[孔子西行

한 것처럼, 주자가 「기전도」를 봤다면 생각이 달라졌을 것이라고 하였다. 한백겸이 말한 공전과 여사의 제도는 함부로 추측한 것이 아니라 직접 기전의 유제를 보고 한 주장이라며 그를 지지한다.[37]

그는 이 유적을 보면 밭이 전(田) 모양의 네 구역이고 네 사람이 받은 토지임이 확실하다고 재차 강조한다. 이 유적을 가지고 은나라와 주나라의 밭을 논한다면, 여덟 구역은 여덟 가구가 받은 땅이다. 즉 4구를 둘씩 짝지으면 비록 수많은 밭들이 있더라도 8구로 묶을 수 있다. 그렇다면 굳이 밭을 정(井)자형으로 9개로 구획하지 않더라도 70무의 땅에 7무의 공전만 낸다면 10분의 1 세율에 어긋나지 않는다[38].

여사에 있어서는 유근은 굳이 공전에 여사가 있지는 않았을 것이라고 또다시 한백겸을 지지한다. 아무리 제도가 완비된 주나라였더라도 공전 20무에 여사를 지으면 1명당 사는 곳이 2무 반에 불과하다고 지적한다. (20÷8=2.5) 만약 사전 70무 중에 7무를 공전으로 삼는 경우, 주자의 주석대로 사전에는 세금을 매기지 않으면 공전을 제외한 63무 중에서 1~2무 정도를 여사로 삼는다고 해도 10분의 1의 세율에 문제가 되지 않는다.

주나라와 은나라 제도의 차이점에 대한 논의에서 유근은 70무와 100무의 차이로 이미 차이가 있음을 알 수 있으니 밭의 구획

不到秦, 搐搣星宿遺義]"는 문장이 나온다. 희화는 해의 신이고 항아는 달의 신이다. 공자가 詩를 편집할 때 별과 같은 시는 수집했지만 해와 달과 같이 빛나는 석고문은 수집하지 못했다는 의미이다.

37) 유근, 위의 글. "昔韓退之賦石鼓, 蓋歎孔子不到秦, 不得見其文. 若使朱夫子見此圖, 當復以爲何. 如以今觀之, 公田廬舍之制, 未敢臆度."

38) 유근, 위의 글. "就七十畝之中, 以七畝爲公田, 如朱夫子之說, 則亦不失爲什一也."

차이가 당연히 있었을 것이라고 주장한다. 다만 공통점에 주목해야 하는데, 바로 10분의 1 세율이다. 삼대(하·은·주)가 바뀌면서 토지제도의 변동이 있었지만 10분의 1 제도만은 바뀌지 않았고 말하고 있다.

다시 요약하자면, 유근은 평양의 기전 유제가 전(田)자형임에 동의하였다. 만약 주자의 말대로 은나라때 8가구씩 묶었다고 해도 4개를 2개씩 묶으면 되므로 굳이 밭을 정(井)으로 구획하지 않고 8씩 묶을 수 있다. 70무 중 7무의 공전만 내면 10분의 1에 어긋나지 않는다. 밭모양이 다르기 때문에 공전과 여사 또한 주자의 말과 다를 것이라 여겼다. 제도가 정비된 주나라 때라도 주자의 이론대로면 1명당 지내는 여사의 면적이 1무 반이다. 은나라의 조법(助法)은 사전에 세금을 매기지 않았다고 하였으니 각자의 밭에 공전 제외한 63무 중에서 한두 무 정도 여사를 삼아도 10분의 1 세율과 양립가능하다. 유근 또한 은나라와 주나라의 제도가 달랐을 것이라고 동의한다. 그러나 10분의 1 세율만은 변하지 않았다고 여겼다.

2) 허성(許筬)의 「기전도설후(箕田圖說後)」[39]

허성 또한 그동안 평양의 기전 유적을 지나지 않은 자들이 없지만, 일반적인 제도와 다른 모습을 보고서 옛날 유적이라고만 생각하고 이것이 주나라 유제가 아니고 은나라 유제임은 알지 못하였다고 말한다. 주자와 같은 인물도 상고할 만한 전적이 없어 주나

---

39) 『악록집』에는 「箕田圖說後語」로 실려 있다. (『岳麓集』, 권2)

라의 제도를 바탕으로 추론하였을 뿐인데 자신의 벗 한백겸이 이곳을 직접 측량하고 계산하여 70무의 밭임을 밝혀 이곳이 바로 은나라의 전제가 시행된 곳임을 증명하였다고 하였다.

공전과 사전에 대해 그림을 보고 미루어보면, 허성은 1항당 8구를 주목하였다. 8구 중에서 1개의 구를 공전으로 만들고 나머지 7구는 사전으로 갖는다.[40] 공전에서 한 사람당 3무씩 21무를 여사로 짓는다. 남는 공전은 49구이니, 한 사람당 공전 7무씩을 경작하게 된다. 사전 70무에 공전 7무가 되어 10분의 1이 성립되니 이처럼 시행했을 것이라 주장하고 있다.

이는 곧 주나라의 여사와 공전제도와도 합치되므로, 주나라 제도가 상나라의 제도를 기반으로 가감한 것임을 알 수 있다 하였다. 이를 통해 본다면 9무의 길 안이 곧 그 제도의 전체이고 제도를 보는 방법이다. 4개의 구를 하나의 단위로 삼은 이유는 이 둘을 합치면 8구가 되기 때문이다. 4구씩 묶어도 8구로 만들 수 있고 한 줄당 8구도 성립할 수 있다.

이렇게 되면 밭을 정(井)자형으로 구획하지 않더라도 조법을 시행할 수 있다고 한다. 주자가 상나라 사람이 처음으로 정전제도를 시행했다고 말했지만 무슨 책을 근거로 하였는지 알 수 없다고 하였다. 그러나 지금 평양의 기전 유제는 기자에게서 비롯되었음이 의심할 여지가 없고 은나라의 조법과 비교해도 통하므로 기자가 조법을 표준으로 삼아 시행하였을 것이라 하였다.

허성은 또한 7이라는 숫자에 주목한다. 7가구가 70무를 받고 공

---

40) 『구암유고』 상, 「箕田圖說後語」. "八區如一行者八, 就其一行八區之中, 出其一區爲公田, 其餘七區, 七家各受一區而私之."

전 7무이기 때문이다. 허성은 제도의 숫자가 7씩 딱 맞아떨어지기 때문에 9구획의 밭보다 4구획의 밭이 더 합당하다고 여기고 있다. 성인의 제도가 아니라면 이렇게 할 수 없으니, 성인 기자가 남긴 제도가 오늘날에도 사라지지 않았고 이를 한백겸이 최초로 밝혔으니 다행이라 여기고 있다. 한백겸이 밝힌 것을 사라지게 해서는 안 된다고 여겨 그의 그림과 글을 판각하여 관부에 걸어두어야 한다고 주장하며 글을 끝맺는다.

이상 한백겸, 유근, 허성의 의견을 표로 정리하면 다음과 같다.

〈표 2〉 한백겸, 유근, 허성의 정전제 해설

	한백겸	유근	허성
동의점	1구(區)당 70무. 10분의 1 세율		
한묶음당 가구수	언급×	8가구가 한묶음	7가구가 한묶음
공전	1줄에 8개의 밭 중 끝에 있는 1개의 밭	사전 내 7무의 땅	1줄에 8개의 밭 중 1개의 밭 (인당 7무씩)
여사	밭 근처에 있지 않았을 것	사전 내 공전 제외 1~2무의 땅	공전 49무 제외한 21무 (인당 3무씩)

3) 이익(李瀷)의 「서한구암기전도설(書韓久庵箕田圖說)」[41]

이익은 한백겸의 설에 비판적인 입장이었다. 「서한구암기전도설」은 『기전고』에 실려 있지 않으나 「기전유제설」에 대한 이익의 입장이 직접적으로 드러나 있다. 그리고 『기전고』에 실린 「기전속

---

41) 『星湖全集』 卷56 題跋, 「書韓久庵箕田圖說」.

설」을 이해하기 위해서는 이 글을 짚고 넘어갈 필요가 있기 때문에 먼저 여기에 드러난 이익의 주장을 살펴보고자 한다.

이익은 3가지 방면으로 한백겸의 「기전도」와 「기전유제설」을 비판하고 있다. 첫 번째, 한백겸은 기전의 유제는 맹자가 말한 정자형의 제도와 다르고, 함구문과 정양문 사이의 구역은 「선천방도」와 모양이 유사하다고 하였다. 이에 대해 이익은 두 문 사이에 가로세로 4개의 전이 있는 것은 땅의 형세상 우연히 된 것이지 역도(易圖)에서 의미를 취한 것이 아니라고 하였다. 이 구역을 제외한 나머지 지역은 가로세로 4개의 전이 배열된 체계가 아니고 전 사이의 길은 모두 3무임을 지적했다. 두 성문 앞에 우연히 만들어진 체제를 가지고 일률적으로 적용할 수 없다고 비판했다.[42]

이익은 오히려 기전의 유제가 맹자의 말과 정확하게 합치한다고 주장한다. 그는 하·은·주 삼대 정전제도의 체제는 동일하다고 여겼다. 다만 숫자상의 차이만 있을 뿐 본지는 같다고 생각했다.[43] 성호는 우선 옛날의 밭을 분할한 모양이 전(田) 모양일 수 있음을 인정한다. 다만 하나라 시대의 밭은 사방 100보로 하였고 기전의 유제는 사방 140보이다. 보(步)는 길이 단위이고 무(畝)는 면적 단위이다. 이 부분은 우선 보 혹은 무 등의 단위명을 제외하고 살펴보기로 한다.

밭은 전(田)자형이라는 것을 전제로, 하나라는 한 사람에게 50의 땅을 주었다 하였으므로 가로세로 100의 땅을 4개로 분할하여 가로세로 50의 땅을 한사람에게 나누어주었다. 성호는 은나라 때 70의

---

42) 이익, 위의 글. "豈可因兩門大路之間偶成之制, 而一例轇合說乎."
43) 이익, 위의 글. "愚謂此正與孟子所論相合. 而其不合者特分數間耳."

땅을 나누어 주었다는 것을 사방 100의 땅을 두 사람에게 나누어 주었다고 풀이했다. 이것은 면적을 계산해보면 이해할 수 있다.

은나라는 하나라의 사방 100의 토지제도를 그대로 사용하되, 이 토지를 두 사람에게 주었다. 그러면 하나라의 2배가 되어 한 사람당 5,000씩 가지게 된다. 그러면 사방 70의 땅의 면적과 크기가 유사하다.[4,900] 그래서 성호가 사방 100보의 땅의 절반은 사방 70보의 땅과 크기가 비슷하다고 말한 것이다.[44] 이것이 바로 하은주 삼대의 토지제도의 본의가 같다는 증거가 될 수 있다. 다음 그림 자료는 위의 내용을 그림으로 표현한 것이다.

【사진 4】1인당 토지 면적

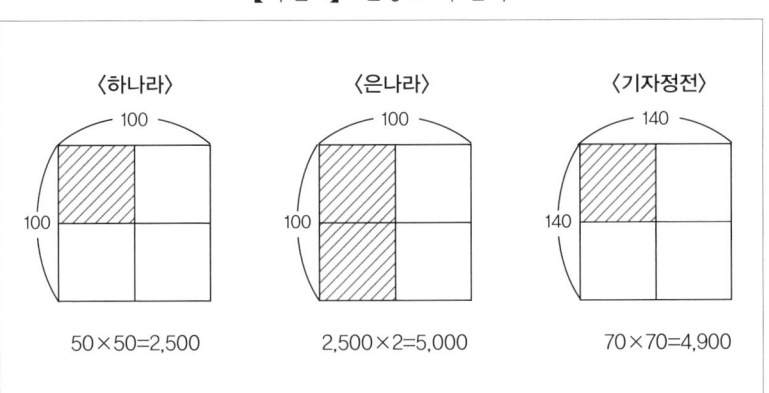

기자가 도착한 평양에는 하나라의 제도가 시행된 땅이 없었다. 그러므로 새롭게 제도를 만들되 본국인 은나라의 제도를 모방하여 1부당 사방 70의 땅을 나누어 주었다. 이와 관련된 내용은 「독맹편」에 나와 있다고 하는데 여기서 「독맹편」은 『맹자질서(孟子疾

---

44) 이익, 위의 글. "方百步之半, 正與方七十步, 大小相合, 可知是義同而迹殊也."

書)』를 지칭하는 것으로 추정된다. 이것은 다음 절에서 다루고자
한다.

또한『주례(周禮)』를 대표적인 근거로 사용하고 있는데,『주례』에
의하면 토지의 단위가 커질수록 그 단위에 맞는 수로와 도로를
둔다고 하였다.[45] 수치에 대해서는 좀더 살펴보아야 하지만, 성호
의 계산상으로는 평양에 있는 기전 유제의 64구의 크기는「주례」
에 있는 4정의 크기보다 작다. 따라서 64구의 크기에 맞지 않는
지나치게 큰 9무의 대로를 둔다는 것은 말이 되지 않는다고 여겼
다.[46]

두 번째, 한백겸이 반고의「형법지」를 근거로 내세운 것을『주
례』를 들어 반박하였다.「형법지」의 내용이 원래『주례』에서 나왔
기 때문이다.『주례』의 문장은「형법지」에서 인용된 문장 앞에 '9
부(九夫)가 1정(井)이 된다'는 내용이 추가로 있다.[47] 그렇다면 4를
배수로 하여 단위가 진행된다는 구암의 주장은 깨지게 된다. 9부
가 1정이 된다는 것으로써 단위를 진행하면 1읍이 36구가 되므로
64와 관련이 없어지게 된다.[48] 따라서 구암의 주장은 합당하지 않
다고 하였다.

세 번째, 정자 형태로 땅을 구획한 것은 주나라 때부터 시작되
었다는 주장을 반박하였다. 동시에 은나라부터 정전제도가 시작

---

45) 『周禮』「地官‧小司徒」, "凡治野: 夫間有遂, 遂上有徑 ; 十夫有溝, 溝上有畛 ; 百夫
有洫, 洫上有涂 ; 千夫有澮, 澮上有道 ; 萬夫有川, 川上有路, 以達于畿."
46) 이익, 위의 글. "彼六十四區, 不及四井之大, 豈可以九畝大路界之乎?"
47) 『周禮』「地官‧小司徒」, "乃經土地而井牧其田野: 九夫爲井, 四井爲邑, 四邑爲丘, 四
丘爲甸, 四甸爲縣, 四縣爲都, 以任地事而令貢賦, 凡稅斂之事. 乃分地域而辨其守, 施
其職而平其政."
48) 이익, 위의 글. "且四井爲邑, 而井有九夫則邑乃三十六區也, 何云與此脗合?"

되었다는 주자의 주장도 반박하고 있다. 주나라 이전에도 밭 사이 도랑을 파거나 어느 정도 크기의 밭을 소유했다는 기록이 『서경』[49] 혹은 『춘추좌씨전』[50] 등에 나와 있는 점을 근거로 들고 있다. 밭을 구획하는 관습은 이미 상고시대부터 있었다. 다만 시대에 따라 조금씩 상황에 맞게 조정해왔다는 것이 성호의 일관된 주장이다.[51] 그가 추산하기에 토지를 새롭게 구획하고 수로를 파는 것은 그 규모가 매우 크기 때문에 국가적 사업이 아니고서는 불가능한 일이다.[52] 성인이 굳이 옛 제도의 좋은 점을 버려두고 수고롭게 대규모 사업을 벌였을 리는 없다고 했다. 그래서 위에서 언급한 것처럼 하나라가 한 사람당 사방 50보 땅을 받았고, 은나라가 한 사람당 70보를 받으려면 구혁을 바꿀 필요없이 두 사람이 받았던 땅을 합치면 해결될 것이라 주장했다.[53] 다시 설명하면, 하나라 사람이 받았던 땅 면적은 2,500이고 이 둘을 합치면 5,000이 된다. 이것은 사방 70의 면적 4,900과 거의 비슷하다. 그러면 구혁을 수고롭게 바꾸지 않아도 저절로 토지가 반듯해지리라 보았다.

다만 이익은 9무의 길 이외에 왜 3무의 길밖에 없는지에 대한 의문은 풀지 못했다. 『주례』의 설명대로라면 토지 구역이 넓어질수

---

49) 『書經』「虞書 · 益稷」. "禹曰, "洪水滔天, 浩浩懷山襄陵, 下民昏墊. 予乘四載, 隨山刊木, 暨益奏庶鮮食, 予決九川, 距四海, 濬畎澮, 距川. "

50) 『春秋左氏傳』「哀公元年 丁未」. "虞思於是妻之以二姚, 而邑諸綸, 有田一成, 有眾一旅."

51) 이익, 위의 글. "井牧之法, 又不是殷人之始也, 自先古然矣. 而其三代不同者, 乃因時制宜而已, 初非改溝洫而設法也."

52) 이익, 위의 글. "愚謂自井而成, 以達于畿, 以漸推步, 其廣狹深淺, 非人人各自輸力者, 其擾民費財, 其害甚鉅."

53) 이익, 위의 글. "夏后氏以方五十爲一夫之受, 殷人若將以方七十之數爲一夫之受, 則並夏之二夫田爲一夫田. 正是七十之數也, 經界正矣, 井地均矣."

록 그에 따라 수로와 길의 단위가 커진다. 그것을 전제로 생각해 보면 9무와 3무의 길만 있고 그 외의 다른 단위의 길이 없는 점은 설명하기 어렵다.[54] 이 문제에 대해 성호는 기전의 유제가 겨우 6, 7리 밖에 안 되어 기(畿) 정도의 대규모 단위까지 이르지 않기 때문에 길을 똑같이 내더라도 가뭄 및 홍수를 대비하기에 충분하였기 때문이라고 추측하고 있다.[55] 그렇지만 전 사이에 있는 1무의 길은 이익이 왜 언급하지 않았는지는 의문이다.

결론적으로 이익은 기전의 유제가 맹자의 주장과 일치한다고 주장한다. 두 성문 사이의 64개 구는 우연히 이루어진 것이므로 「선천방도」를 따랐다고 보기 어렵다고 하였다. 『주례』를 중점 근거로 사용하면서, 토지를 구획하는 제도는 상고시대부터 있었고 은나라와 주나라는 이전 왕조의 제도를 이어받되 상황에 따라 조금씩 고쳐서 사용했다고 보았다. 토지와 수로를 다시 개혁하는 일은 대규모 사업이기 때문에 굳이 이전 제도의 좋은 점을 버려두고 백성을 수고롭게 했을 리는 없다고 생각했기 때문이다.

4) 이익(李瀷)의 「기전속설(箕田續說)」

『기전고』 마지막에 실린 이익의 「기전속설」은 앞서 소개된 글들과 성격이 다르다. 앞에 제시된 글들은 독립된 하나의 글로 문집에 실려 있다. 반면 「기전속설」은 『맹자질서』「맹자 · 등문공」 3장

---

54) 이익, 위의 글. "今箕田之制, 自城門大路之外, 田間皆不過三畝, 與古者遂溝大小之法 不同. 是未可知."

55) 이익, 위의 글. "意者其地六七里之間, 非如寢大而達于畿者, 故雖一例均裁, 足以備旱 澇也. 此則不可臆說, 姑識所疑."

의 글을 요약한 것이다.[56] 나라를 다스리는 법을 질문한 등나라 문공에 대한 맹자의 대답(경문)과 주자 및 다른 학자들의 해석(집주)에 대한 이익의 생각을 적은 글이라고 할 수 있다. 정지(井地)의 법은 주자 또한 궁구하지 못한 것이 있지만, 왕정(王政)의 대체(大體)를 환히 보았기 때문에 구혁(溝洫)은 절대 바꿀 수 없었음을 알고 있었다면서 글을 시작하고 있다.[57]

그는 3가지 문제점을 제시하였다. 첫 번째는 『주례』「사도(司徒)」 경문 "구부위정(九夫爲井)"에 대한 해석은 "아홉 사람이 다스리는 밭"이다. 이때 부(夫)는 단위명이 아니라 사람을 가리킨다. 이것은 맹자가 말한 "8가구가 정전을 함께 한다[八家同井]"와 맞지 않는다.[58] 두 번째는 『춘추좌씨전 · 애공 원년』에서 소강(少康)이 "토지 1성(成)과 1여(旅)를 가지게 되었다[有田一成, 有衆一旅]"라는 전(傳)을 통해 하나라 때에도 구획한 땅이 있었음을 알 수 있으니 은나라에 와서야 정전제도가 생겼다는 주자의 주장과 합치되지 않는다.[59] 세 번째는 주자의 해석에 의하면, 은나라와 주나라의 세율은 10분의 1이 아닌 11분의 1이 되는데 왜 맹자는 "그 실질은 모두 10분의 1이다."라고 했는가이다. 이익은 주나라 철법의 '철(徹)'의 의미 자체를 심층적으로 분석해나가며 10분의 1이라는 숫자는 어디서 비롯된 것인지 철저하게 파고든다. 추후 연구에서 이익의 주장을

---

56) 국립중앙도서관 소장 『星湖疾書』(古1250-27)를 참조하였다.

57) 『星湖疾書』「滕文公上」三章. "此實朱子灼見王政之大體, 而推知其溝洫之必不可改也."

58) 이익, 위의 글. "且考之『周禮 · 小司徒 · 匠人』, 皆云'九夫爲井', 註'九夫所治之田也.' 夫者, 人也, 非指百畝田爲夫, 與孟子八家同井之說不合."

59) 이익, 위의 글. "夏少康有田一成云, 則是夏亦有井之驗, 而與朱子殷人始爲井之說不合."

세밀하게 살펴보고자 한다.

5. 맺음말

한백겸의 「기전유제설」 및 『기전고』에 실린 문인들의 글은 그동안 토지개혁론, 실학적 측면에서 해석되었다. 그러나 이러한 측면의 해석은 『기전고』에 수록된 글들의 본지를 명확히 보지 못하게 만들었다. 만약 한백겸이 토지개혁에 관심이 있어 이 글을 쓴 것이라면, 당시 조선의 토지제도 상황, 문제점 등에 대해 언급을 했을 것이다. 하지만 당시 토지제도에 대해서는 언급하지 않았다. 중국에도 남아 있지 않은 은나라의 토지제도가 평양성에 남아 있고 이것이 주나라의 정전제도와 확연한 차이점이 있음을 밝히기 위해 쓴 글이다. 이런 의미에서 『기전고』를 이전 의미와 다른 새로운 의미를 가진 문헌이라고 할 수 있을 것이다. 「기전유제설」 이후에 나온 수많은 글들 중에서 왜 유근, 허성, 이익의 글이 선정되어 『기전고』에 실리게 되었는지, 『기전고』가 출판된 후 어느 정도의 위상을 가지고 있었는지는 이후 연구에서 조사하고자 한다. 아울러 이익의 「기전속설」에 대한 상세한 분석을 진행하여 『기전고』를 보는 시야를 더 넓혀볼 계획이다.

참고문헌

〈원전자료〉

金時習,『梅月堂集』, 한국문집총간 13.

徐浩修,『燕行記』, 한국고전종합DB 교감본.

柳根,『西坰集』, 한국문집총간 57.

李家煥 等 撰,『箕田攷』, 규장각한국학연구원 소장.

李圭景,『五洲衍文長箋散稿』, 한국고전종합DB 교감본.

李德懋,『靑莊館全書』, 한국문집총간 257~259.

李珥,『栗谷全書』, 한국문집총간 44~45.

李瀷,『星湖全書』, 한국문집총간 198~200.

____,『星湖疾書』, 한국유경편찬센터 교감본.

鄭經世,『愚伏集』, 한국문집총간 68.

鄭麟趾 等 撰,『高麗史』, 국사편찬위원회 고려시대 史料 Database.

朱熹,『朱子語類』, 台灣師大圖書館古典文獻全文檢索資料庫.

韓百謙,『久菴遺稿』, 한국문집총간 59.

許筬,『岳麓集』, 국문집총간 57.

〈논문〉

심규식,「17세기 초 문학에 나타나는 국가 정체성 공론화의 두 계보-箕子의 문
　　　화 자주성과 豐沛之鄉으로서의 關北에 관하여-」,『어문연구』제51권,
　　　한국어문교육연구회, 2023.

양승이,「구암 한백겸의 학문태도와 그 영향」,『동아시아고대학』56집, 동아시
　　　아고대학회, 2019.

이영호,「유교(儒敎)의 민본사상과 조선의 정전제 수용」,『퇴계학논총』15집,
　　　퇴계학부산연구원, 2009.

지금완,「한백겸의《구암유고》역주」, 성균관대학교 한문고전협동과정 박사학
　　　위논문, 2015.

〈단행본〉

안대회, 『나를 돌려다오: 이용휴, 이가환 산문선』, 태학사, 2003.

지금완, 『(국역)구암유고』, 학자원, 2016.

〈사이트〉

국립중앙도서관(https://www.nl.go.kr)

규장각한국학연구원(https://kyu.snu.ac.kr)

디지털장서각(https://jsg.aks.ac.kr)

승정원일기(https://sjw.history.go.kr)

조선왕조실록(https://sillok.history.go.kr)

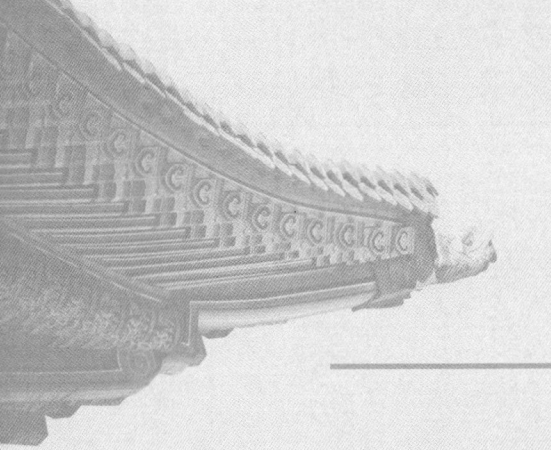

황인로(黃麟老)의
『팔연문(八衍文)』 연구*

김원경

* 이 글은 김원경, 「雨坪 黃麟老의 『八衍文』에 대하여」(『대동문화연구』 125집, 성
균관대학교 대동문화연구원, 2024)를 수정 보완한 것이다.

1. 머리말

우평(雨坪) 황인로(黃麟老, 1785~1830)는 영남 남인으로 18~19세기 문장가이자 시인이다. 상주(尙州)에서 태어난 그는 영남학파 문인으로, 정종로(鄭宗魯)의 문하에서 퇴계(退溪) 이황(李滉), 미수(眉叟) 허목(許穆)의 사상과 문학을 이어받았다. 그는 영남 지역을 중심으로 이병원(李秉遠), 김양정(金養楨), 이경유(李敬儒), 이원조(李源祚), 유심춘(柳尋春), 강세륜(姜世綸), 강세규(姜世揆), 강세은(姜世誾), 정상리(鄭象履), 정상관(鄭象觀), 황헌로(黃獻老), 황암로(黃巖老), 황반로(黃蟠老), 황원선(黃源善)[1] 등의 문인들과 함께 남인 문단의 문학 활동에 기여하였다. 이 글은 그를 본격적으로 고찰해보려는 첫 시도이다. 그가 남긴 저서로 문집『우평유고(雨坪遺稿)』,『팔연문(八衍文)』등이 있는데, 이 글에서는 우선 황인로가 1829년 자신의 저술과 삶에

---

1) 黃麟老와 교유한 인물은 권태을,『尙州漢文學』, 尙州: 尙州文化院, 2001, 558면과 문집『雨坪遺稿』를 참고하였다.

서 '연문(衍文)'으로 생각하는 것 8종을 모아 편찬한『팔연문』을 문헌학적으로 검토하고, 구성과 내용의 특징을 살펴 그 편찬 의도를 고찰하고자 한다.

황인로는 권태을(2001)[2]에 의해 처음 조명되었다. 그를 19세기 영남 지역을 대표하는 문장가로 주목하였으며, 같은 장수 황씨 문인 백하(白下) 황반로(黃蟠老)[3]와 상주 지역에서 쌍벽을 이룬 시인으로 소개하고, 시 일부를 소개했다. 방현아(2020)[4]는 황인로를 지원(芝園) 강세륜(姜世綸, 1761~1842)[5]이 교유한 남인 문단의 한 사람으로 소개하면서 강세륜과 주고받은 시 일부를 소개했다. 이처럼 황인로에 대한 연구는 주로 시문학과 관련하여 진행되었다. 하지만 위와 같이 편린적으로 소개된 것 외에는 집중적인 연구가 없다. 따라서 우선 기존 연구의 성과 아래 황인로의 생애, 학맥, 교유, 저서 등을 개략적으로 살펴볼 것이다.『팔연문』은 황인로의 정체성을 드러내는 저서라 할 수 있다. 그러므로『팔연문』을 보다 면밀하게 들여다보고자 한다.

---

2) 권태을,『尙州漢文學』, 尙州: 尙州文化院, 2001, 558~563면.

3) 白下 黃蟠老의 생몰년은 1766년(영조42)~1840년(헌종6)이다. 본관은 長水, 자는 叔璜, 호는 白下이다. 경상북도 尙州郡 中牟에서 태어났고, 부친은 黃啓熙(1727~1785)이며, 3남 중 막내로 태어났다. 1789년(정조 13) 식년시 생원 2등 14위로 합격하였다. 진사시 합격 후 부모상을 당하자, 더 이상 관직에 뜻을 두지 않았다. 황인로와 12촌 형제 사이이다.

4) 방현아,「芝園 姜世綸의 詩文學 硏究:「漢京雜詠」과『北征錄』을 中心으로」, 성균관대학교 박사학위논문, 2020.

5) 芝園 姜世綸의 생몰년은 1761년(영조37)~1842년(헌종8)이다. 본관은 晉州, 자는 文擧, 호는 芝園 혹은 芝圃이다. 입재 정종로의 문인이며, 1783년(정조7)에 문과에 급제하여 규장각 講製文臣에 뽑혔다. 병조 참판을 역임했다.

2. 황인로의 생애와 저서

황인로의 본관은 장수(長水), 자는 문길(文吉), 호는 우평(雨坪)이다. 부친 자익(子翼) 황경희(黃敬熙, 1747~1818)와 어머니 성산 배씨(星山裵氏) 사이 1남 1녀 중 아들로, 1785년(정조8) 경북 상주 중모(中牟: 현재 경상북도 상주시 모동면 부근)에서 태어났다. 8세에 이미 필력이 주경(遒勁)하였고, 『통감절요』를 읽었다. 12세에 족형 입재 정종로에게 『주역』, 『중용』 등을 배웠고, 20세에는 대산(大山) 이상정(李象靖)에게 나아가 주자의 거경궁리설(居敬窮理說)을 들었다. 26세에 비로소 정종로의 문하에 들어갔으며, 37세에는 옥동서원(玉洞書院) 재임(齋任)을 지냈다. 46세의 나이로 졸하였다.[6]

황인로가 거주했던 상주는 장수 황씨가 15세기 중반부터 세거하던 곳이었다. 세종대 정승을 지낸 황희(黃喜)의 차남 황보신(黃保身)이 처향 상주로 낙향하여 부친 황희의 영정을 자신의 '백화당'에 모시면서 시작되었다. 이후 16세기에는 황돈(黃惇)이 백옥동영당(白玉洞影堂)을 건립하여 황희의 영정을 봉안함으로써 향촌 주도 세력의 가문으로 권위를 구축하게 된다.[7] 백옥동영당은 18세기 옥동서원으로 승원되어 상주 남인 세력을 결집시키고, 장수 황씨의 문학 활동 중심지로 자리잡았다.

주지하듯이 상주 지역은 안동과 함께 퇴계 학맥의 본고장이다.

---

6) 李敦禹, 『肯庵先生文集』 권9, 「雨坪子黃公行狀」(한국국학진흥원 도서관, 도서번호 미기재); 黃磻老, 『白下先生文集』 권8, 「雨坪黃君壙誌」, 한국문집총간 속 109, 629면; 許傳, 『性齋集』 권22, 「居士黃雨坪墓碣銘」, 한국문집총간 308~309, 450면 등 참조.

7) 김순한, 「조선후기 상주 白玉洞影堂의 운영과 陞院」, 『민족문화논총』 79, 영남대학교 민족문화연구소, 2021 참조.

황인로의 부친 황경희는 소퇴계 이상정의 문인이었고, 황인로
는 정종로의 문인이었다. 황인로는 황만선(黃萬善)⁸⁾과 황난선(黃蘭
善)⁹⁾ 두 아들을 두었는데, 이중 둘째 아들 황난선은 정재(定齋) 유
치명(柳致明)의 문하에 나아갔다.¹⁰⁾ 이렇게 황인로의 집안은 모두
영남학파 문인으로서 퇴계 학통의 사상과 학문을 이어받았다고
할 수 있다. 황인로가 상주 문단에서 활동하던 19세기 초는 청리
(靑利: 지금의 상주시 청리면)의 진주 강씨(晉州姜氏)를 중심으로 한 시
인들의 왕성한 활동과 모동의 장수 황씨가 상산(尙山) 문단을 대
변하던 시기였다.¹¹⁾ 그 배경은 18세기 말 상주 중모의 옥동서원
이 추향과 사액을 거치면서 그 주도권을 장악하여 장수 황씨가
이를 중심으로 왕성한 문학 활동을 할 수 있었던 점에 있다.¹²⁾
황인로도 이 시기(1822)에 옥동서원에서 재임을 거쳤고, 상주 백
화산(白華山) 일대에서 상주 문단의 시인들과 시회를 가지는 등

---

8) 黃萬善의 생몰년은 1819년(순조19)~1883년(고종20)이다. 자는 濟父이고, 벼슬은
   하지 않았다. 『謾錄』 10책이 있다고 전하지만 실물을 확인할 수 없다.

9) 黃蘭善의 생몰년은 1825년(순조25)~1908년(순종2)이다. 자는 同輔, 호는 是廬이다.
   저서로 『是廬集』이 있다.

10) 황인로는 10년간 자식이 없어 黃耆老의 아들 黃宇鉉(1800~1833)을 얻었고, 후생
    자로 두 아들 黃萬善(1819~1883)과 黃蘭善(1825~1908)을 얻었다.(許傳, 『性齋
    集』, 「居士黃雨坪墓碣銘」 참조)

11) 권태을, 앞의 책, 558~563면 참조

12) 송석현, 「조선시대 상주지역 서원의 동향」, 『민족문화논총』 81, 영남대학교 민족문
    화연구소, 2022 참조

13) 不換亭은 대산 이상정의 「不換亭記」에 의하면 백화산에 흐르는 牟水(현재의 中牟
    川) 동쪽에 있었으며 황인로의 7대조 黃紐의 아들 黃德柔(1596~1659)가 노년에
    의탁하던 곳이었다. 황덕유는 젊어서부터 고상한 취지가 있고, 과거 공부를 달가
    워하지 않아서 천거로 받은 관직에서 사직하였다고 하는데, 옛사람의 釣臺詩 중에
    "三公 자리와 바꾸지 않으리.(三公不換此江山)"라는 시구에서 '不換'이라는 이름을
    취하여 편액을 삼고, 소요하며 유유자적하는 취향을 부쳤다고 하였다.(李象靖, 『大
    山集』 44권, 「不換亭記」. "亭舊在牟水之東, 故郡守黃公所退閒而寄老焉者也. 公少有

문학 활동을 이어갔는데, 주로 불환정(不換亭),[13] 장암(藏菴),[14] 청월루(淸越樓)[15] 등에서 시회가 이루어졌다. 이곳들은 모두 선대부터 이어진 장수 황씨 문중 시회의 장이었다. 이중 옥동서원의 청월루는 이상정, 정종로 등의 시작(詩作) 공간이기도 하여 경상도 안동과 상주의 학맥을 연결하는 구심점 역할을 하였다. 황인로는 관직에 나아가지 않고 포의로 살았지만, 스승이었던 정종로가 그의 문봉(文鋒)이 영남 문단에 드물다고 평한 바 있을 정도로 시재에 뛰어났다.[16] 그리고 12촌 형제이자 함께 정종로의 문하에 있었던 황반로는 황인로의 「광명(壙銘)」에서 이렇게 평가하였다.

> 그의 문장은 반드시 인의의 영역에 출입을 했고, 타고난 것처럼 필력이 뛰어났기에 영남의 선비들이 군(君)과 정숙옹(鄭叔顒), 강계호(姜啓好)를 삼문장(三文章)이라 지목하였다. 삼문장 중에 두 사람인 정숙옹과 강계호는 기풍이 고원

高趣, 不屑擧業, 偶以薦剡鷹縣寄, 未幾而解紱賦歸, 卽其所居之東而卜是丘焉. 鳳凰之水, 灣邁於其下, 而白華獻壽諸峯, 呈奇攢秀於前, 於是取古人釣臺詩三公不換之句, 以侈其顔而寓夫徜徉自適之趣.)

14) 藏菴은 황인로의 「藏庵重修記」와 「景巖詩序」에 의하면 황인로의 고조부 白華齋 黃翼再(1682~1747)가 지은 것으로 이때부터 집안 대대로 관리하고 시회를 일삼던 곳이었다. 황익재는 이곳에서 占卦와 占辭를 살폈다고 하는데,『주역』의 '聖人이 이로써 마음을 깨끗이 씻고 물러나 은밀한 곳에 감춰두었다.(聖人以此洗心, 退藏於密)'의 의미를 암자의 이름 '藏菴'과 암자의 돌 '洗心石'에 반영하였다.

15) 淸越樓는 玉洞書院에 있는 門樓이다. 옥동서원은 翼成公 黃喜를 제향한 곳으로, 입재의 「玉洞書院堂齋及水石命名記」에 따르면 '옥의 소리가 맑고 드날려 길다는 뜻(玉聲淸越以長之義)'을 취하여 '청월루'라고 명명한 것이다.

16) 鄭宗魯,『立齋集』권1,「贈黃文吉麟老」, 한국문집총간 253~254, 344면. "文鋒決得絳河高, 南國騷壇鮮爾曹, 好把芳年趨正軌, 動由經術是眞豪, 昏衢揭日騰騏步, 巨舶張風湊海濤, 我欲取酣無下物, 擬將君筆佐觴醪"

하여 세속의 사람과 같지 않기를 주장하였는데, 우평만큼 은 '문맥이 매끄럽고 글자가 적절할 것[文從字順]'을 주장했 다.[17]

영남의 선비들은 황인로를 당시 영남 삼문장 중 하나로 평가하 였다. 여기에 등장하는 나머지 두 인물은 황인로와 같은 정종로 의 문하생이자 황반로를 포함하여 가장 막역했던 벗들이다. 정숙 옹은 정상관(鄭象觀)[18]으로 정종로의 아들이다. 강계호는 강세은(姜 世闇)[19]으로 강세륜의 육촌 동생이다. 이들은 서로 시회를 열기도 하고, 서화 골동을 애호하는 공통된 취미를 가지고 있어 함께 글 을 남기기도 하였는데, 황반로는 이 셋 중 황인로가 특히 문장이 뛰어나다고 평가한 것이다. 이상정의 현손이자 아들 황난선과 같 은 문하생이었던 긍암(肯庵) 이돈우(李敦禹)[20]도 황인로의 문장에 대 해 언급한 바 있는데, 그의 「행장」에서 "일찍이 문장에 힘씀에 육 경(六經)을 근본에 두어 기본을 세웠고, 제가(諸家)를 참고하여 뜻을

---

17) 黃磻老, , 『白下先生文集』 권8, 「雨坪黃君壙誌」, 한국문집총간 속 109, 629면. "其爲 文, 必出入仁義, 其富若生蓄. 嶺之士, 目君與鄭叔顯, 姜啓好, 爲三文章. 之二人氣甚 高, 主不與同俗人, 君主文從字順."

18) 鄭象觀의 생몰년은 1776년(영조52)~1820년(순조20)이다. 본관은 晉州, 자가 叔顯 이고, 부친은 입재 정종로이다. 損齋 南漢朝(1744~1809)의 문인이며, 벼슬은 하지 않았다. 문집으로 『谷口園記』가 있다.

19) 姜世闇의 생몰년은 1780(정조4)~1835(헌종원년)이다. 본관은 晉州, 자는 啓好, 호 는 過庵이다. 姜必章(1722~1798)의 아들이며, 상주 鳳臺에 거주하였다. 1803년(순 조3)에 생원시에 합격하여 참봉을 지냈고, 저서로 『過庵集』이 있다.

20) 肯庵 李敦禹의 생몰년은 1807(순조7)~1884(고종21)이다. 본관은 韓山, 자는 始能, 호는 肯庵이다. 大山 李象靖의 현손이다. 경북 안동 蘇湖里에서 태어났다. 定齋 柳 致明의 문인이다. 1850년(철종1)에 문과에 급제했고, 假注書를 시작으로 1882년 (고종19)에 이조 참판에 이르렀다. 저서로 『肯庵先生文集』이 있다.

넓혔다."[21] 하였다. 이를 통해 황인로의 문장이 육경고문과 백가에서 비롯되었다는 것을 알 수 있다.

이제 그의 저서를 살펴보면, 『우평유고』, 『팔연문』 등이 있다. 문집 『우평유고』는 간행된 적이 없고 필사본으로 전하는데, 현재 계명대본, 영남대본, 연세대본과 소장처 미상의 복사본까지 4종이 확인된다. 이중 필사자가 명확한 것은 연세대본『우평유고』(00040302667, 00040302119)이다. 표제는 '선부군유고(先府君遺稿)'이며, 권수제는 우평유고이다. 본래 10권 5책과 부록 1책(총 11권)인데, 1~2권과 7~8권 2책만 소장되어 있다. 권1의 목록 뒤에 '장수 황인로문길보저(長水黃麟老文吉甫著)'라 쓰고, 글자마다 8글자씩 전서(篆書)로 석자(析字)한 기록이 있다. 바로 다음 장엔 황인로의 둘째 아들 황난선의 「지(識)」가 있다.[22] 이 기록에 의하면 본래 첫째 아들 황만선이 경진년(1880)에 먼저 부친의 원고를 모아 분류 편집하여 총 10권으로 엮었고, 석자한 기록은 본래 10권의 끝에 있었고 한다. 그런데 황난선이 20년 뒤인 경자년(1900)에 다시 유고의 차례를 바로잡았으며, 후인들이 이 책의 저자가 누구인지 바로 알 수 있도록 1권 첫머리에 부친의 석자 기록을 옮겼다고 하였다. 따라서 이 우평유고는 황난선의 필사본이며, 본래 황만선의 필사본 『우평유고』10권도 존재했다는 것을 알 수 있다. 2책만이 현전하

---

21) 李敦禹, 『肯庵先生文集』, 권9, 「雨坪子黃公行狀」, "嘗肆力於文章, 本之六經, 以立基本, 參之諸家, 以博其趣."

22) 黃麟老, 『雨坪遺稿』권1, 「前識」(연세대학교 소장, 이하 생략). "右先府君姓衛表德析字之作, 凡七十二言. 府君嘗以篆籀手書東箴, 景嶽詩, 愚訟幷長短引爲一冊, 而題此於左方者也. ○在庚辰, 先兄萬善就全稿分類編輯, 儨那此文於第十卷之終. 今不肖蘭善重正第次, 特○于第一卷之首, 蓋欲使後之人始開卷面, 便知其爲誰某氏所著也. 嗚呼! 痛矣! 昊天罔極. 先府君易簀後七十年庚子五月二十五日, 不肖孤蘭善敬書."

지만 1권 앞에 전체 목록이 있어 수록된 작품명을 모두 확인할 수 있다.

계명대본(A171285~7)은 확인 가능한 현전『우평유고』중 유일한 완질로 보인다. 표제와 권수제 모두 '우평유고'이며 총 3권 3책이다. 별도의 기록이 없어 필사자를 알 수 없으며, 목록이 없으나 연세대본과 차례가 거의 비슷하다. 낙장이 있거나, 일부 글은 확인할 수 없을 정도의 훼손이 있다. 장서인 6방이 찍혀 있는데 판독 불가이다.

영남대본(Y0772605~8)은 표제는 '우평집(雨坪集)'이고, 권수제는 '우평자문집(雨坪子文集)'이다. 가장 정서(正書)한 본이며, 총 8권 4책이 소장되어 있는데, 책마다 2권씩 목차가 있다. 예천의 미산(味山) 박득녕(朴得寧)의 후손인 문곡(文谷) 박정노(朴庭魯)의 성명인과 자호인이 매 권의 첫면과 끝면에 찍혀 있다. 권4부터 권8까지는 권호가 적혀 있지 않거나 섞여 쓰여 있어 미정고본임을 알 수 있다. 차례는 연세대본『우평유고』와 거의 같다. 별도의 기록이 없어 필사자를 알 수 없다.

소장처 미상의 복사본은 필사자를 알 수 없으나 목록 전체가 완전히 갖추어져 있다. 전반적으로 계선이 그어진 인찰지에 필사를 했는데, 필사자가 중간에 여러 차례 바뀐 것으로 보인다. 권1-5는 시, 권6은 편지, 권7은 잡저, 서, 기, 발, 상량문, 고유문 등이며, 권9는 제문과 애사, 권10은 구묘문(邱墓文), 행장이다. 지금은 권1-4까지만 남아 있다.

【사진 1】좌『우평유고(雨坪遺稿)』표지, 우「지(識)」. (연세대본)

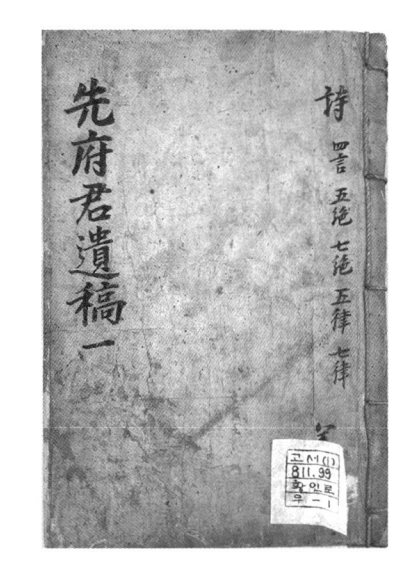 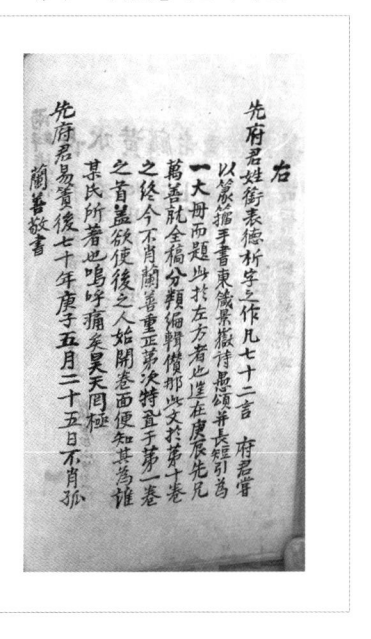

3.『팔연문』의 문헌학적 검토

『팔연문』의 내용과 구성을 살펴보기 전에 우선 문헌학적으로 검토하고자 한다.『팔연문』은 1책의 필사본으로 현재까지 발견되거나 기록을 통해 확인 가능한 것은 총 3종이다.

> ① 황인로가 김진흥(金振興)의『전대학(篆大學)』서체를 참고하여 쓴 수고본(「팔연문서(八衍文序)」에 근거),
>
> ② 첫째 아들 황만선이 부친의 수고본을 보고 미수전(眉叟篆)으로 쓴 정사본(계명대학교 소장, 등록번호:A107215)

③ 이완희(李完熙)의 필사본(실물 미확인)[23]

황인로의 수고본과 이완희의 필사본은 현재 실물을 확인할 수 없고, 황만선의 정사본만 전한다. 황인로의 수고본은 1829년, 황만선의 정사본은 1853년에 필사되었다. 여기에서 검토할 책은 황만선의 정사본으로 계명대에 소장되어 있다.(이하 '계명대본') 계명대본을 살펴보면 표제는 '팔연문(八衍文)'이고, 표지의 오른쪽 상단에 '전(篆)'이라 쓰여 있다. 오침안정법으로 엮었고, 필사본 1책(크기: 30.0×19.5cm)이다. 내제가 없고, 광곽과 계선이 없으며, 목차도 없다.

【사진 2】좌『팔연문』표지, 우 첫면.(계명대본)

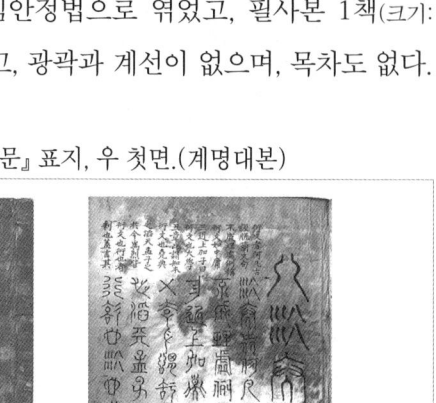

23) 李完熙의 필사본도 1책(장수 확인 불가, 크기: 28.8×45.3cm.)이다. 표제는 古篆體의 '八衍文'이다. 권두 내지 상단에 '李完熙書'라는 주기가 있고, '雨坪'이 大字로 쓰여 있다. 내제는 없고, 행 자수는 불분명하다. 「팔연문서」는 해서로 썼고, 서문을 제외한 본문은 모두 전서로 쓰여 있는데, 글자마다 오른쪽에 해서체로 부기하되 小字로 썼다. 구성은 계명대본과 거의 같으나 별지는 없고, 권말에 전서체로 필사한 미수 허목의 「陟州東海碑文」이 추가되었다.(한옥선 경매번호: 14-011을 참조하여 작성했다.)

내지 첫 면은 황인로가 지은 서문「팔연문서(八衍文序)」로 시작한다. 서문 아래에는 황인로의 둘째 아들 황난선의 성명인 '황난선인(黃蘭善印)'이 있다. 본문의 구성은「팔연문서」,「동잠(東箴)」,「경악시(景岳詩)」,「우송(愚頌)」,「석자(析字)」(장수황인로문길보저), 별지(別紙),「후지(後識)」순이다. 본문의 행자수는 일정하지 않은데, 1면당 6~8행이고, 매행 8~11자이다. 본문의 원문은 미수전(眉叟篆)으로 썼고, 서미(書眉)에 원문을 석자(釋字)하여 해서체로 썼다. 내지 마지막 면에는 행초서로 쓴 별지가 붙어 있다. 필사자를 알 수 있는 기록이 없지만, 이것 역시 황만선이 쓴 것으로 보인다.

> 미수 허목 선생은「동해송(東海頌)」의 끝에서 스스로 성(姓)과 휘(諱)를 자서했는데, 허모의 '허'자는 '무'자와 '색'자로 이루어졌으니 매우 기이하다. 후에『사기』의「정세가(鄭世家)」를 보건대, 허령공의 '허'자는 '허(鄦)'로 썼는데, '허(鄦)'의 음은 '허'라고 하였다.
>
> 대체로 전법(篆法)은 이해할 수 없다. 미옹(眉翁)께서 일찍이「우산십이경(愚山二十景)」여러 작품을 전서로 썼는데 오직「오주석(鼇柱石)」의 '오(鼇)'자는 고법에서 볼 수 없다고 여겨 〈전서로〉쓰지 않았다.『설문해자』의 오(敖)자와 민(黽)자를 살펴보건대 두 글자 다 전서체로 구분되어 있으니, 합하여 '오(鼇)'자를 이루면 어찌 안 될 것이 있겠는가. 미옹께서 굳이 피한 것은 어째서인가?
>
> 김진흥의『전대학(篆大學)』은 한 글자지만 거듭 나오면 비록 열 번 나와도 모두 각기 다르게 썼다. 예컨대 소(所), 위(爲), 자(者), 기(其), 욕(欲), 선(先), 후(后), 능(能) 등의 글자가

혹 세로로 쓰고 혹 비스듬하며, 혹 복잡하고 혹 생략되어 쓸 때마다 변주를 주니, 어찌 이 모든 것이 고법에서 의도해서 전한 것이겠는가? 또 예컨대, '시운(詩云)'의 '운(云)'자가 재차 나오면 나누어 한 번은 가로로 한 번은 세로로 썼다. '유토(有土)'의 '토(土)'자가 재차 보이는 곳은 획을 나누어 또한 한 번은 세로로 한 번은 가로로 썼으며, '십목(十目)'의 '십(十)'자는 본래 '십'자로 썼다가 '십수(十手)'의 '십(十)'자는 또 '습(拾)'자로 썼으니, 또한 옛 전서체가 반드시 이와 같은지 잘 모르겠다.

미수 선생께서는 일찍이 『시경』의 「장발(長發)」 장을 전서로 썼는데 '위하국철류(爲下國綴旒)' 구절의 '류(旒)'는 비워 두고 쓰지 않고 말하기를 "'㫃'자를 나누기 어렵기 때문이다."라 하였다. '무왕재패(武王載旆)' 구절의 '패(旆)'자는 굳이 쓰면서 말하기를 "황(宂)은 전거가 없기 때문이다."라고 하였는데, 천류불식(川流不息)의 류를 나눈 것은 『전천자(篆千字)』에서도 살필 수 있다. 어찌 㫃과 건(巾)으로 구성된 '패(旆)'자를 쓸 수 있는데, 㫃과 류(流)로 구성된 '류(旒)'자는 반드시 쓸 수 없다는 것은 아니면 본래 그 뜻이 있었던 것인가? 들으니 『전해심경(篆海心鏡)』 8권이 상기(上枝: 칠곡)의 지암(遲庵) 이동항(李東沆) 댁에 있으니, 후에 빌려서 고증해야겠다.[24]

---

24) 황인로, 『팔연문』, 별지. "眉叟許先生「東海頌」末自署姓諱, 而許某之許字從無從色, 甚可異焉. 後觀『史記‧鄭世家』, 許靈公之許字作鄦, 鄦音許云. 大抵篆法不可曉. 眉翁嘗篆「愚山二十景」諸品, 而獨「鼈柱石」之鼈字, 以爲不見於古法, 不書之. 按『說文』敝字, 黽字, 俱有篆體分, 附合而成鼈, 何不可之有? 而眉翁必固避之何哉. 金振興篆大

별지의 내용은 '미수 허목의 유묵(遺墨)', '김진흥(金振興)[25]의 『전대학(篆大學)』,[26] '고문(古文)'의 자체(字體)를 서로 비교하고, 그 차이점에 대한 의문과 고찰이 주를 이룬다. 황인로의 수고본은 김진흥의 『전대학』을 참고했고, 황만선은 이 부친의 수고본을 미수전으로 필사했기에, 필사 과정에서 생긴 전서체에 대한 의문과 고문자체를 통한 고증을 기록으로 남긴 것이다. 글의 마지막에는 해결하지 못한 의문을 칠곡에 거주하는 지암(遲菴) 이동항(李東沆)[27] 가문에게 『전해심경(篆海心經)』[28]을 빌려 해소하겠다는 기록이 있다.

學, 凡一字而疊見者, 雖十出皆各書之. 如所字, 爲字, 者字, 其字, 欲先后能等字, 或縱或斜, 或繁或省, 每書而每變, 豈此皆劃傳於古法耶? 又如詩云之云字再見, 分一直一撗. 有土之土字再見, 分亦一直一撗. 十目之十, 固書以十, 而十手之十, 又以拾字書之, 亦未知其古之爲篆者必如是也. 眉叟嘗篆詩之長發章, 而爲下國綴旒之旒, 空而不書, 若曰爲㐱之難分. 武王載旆之旆, 固書之矣. 若曰爲㐬之無據, 分川流不息之流, 『篆千字』亦可㪅矣. 豈從㐱從巾之旆字可書, 而從㐱從流之旒字必不可書者, 抑固有其義歟? 聞篆海心經八卷, 在上枝李遲菴宅後, 當借㪅."

25) 金振興은 1621년(광해군13)생이다. 본관은 善山이고, 字는 興之, 혹은 待而, 號는 松溪이다. 그는 1654년(효종5) 譯科에 급제했고, 글씨를 잘 써 篆文學官에 등용되었으며, 관직은 護軍에 이르렀다. 문집이 전하진 않는다. 呂爾徵에게 篆書를 익혔고, 명나라의 사신 朱之蕃으로부터 『篆訣』을 얻어 연구하였다. 『篆大學』, 『東銘篆帖』, 『禮部韻玉篇篆書』, 『篆海心鏡』, 『松溪各體篆帖』등을 남겼다.

26) 『篆大學』은 김진흥이 『大學章句大全』를 저본으로 38체의 篆書로 쓴 책이다. 章과 傳을 구분하여 각기 다른 전서체로 쓰여져 있다. 宋時烈(1607~1689), 李端夏(1625~1689), 金萬基(1633~1687), 呂聖齊(1625~1691)의 서발문이 있고, 1665년(현종 6)에 간행되었다.

27) 遲菴 李東沆의 생몰년은 1736(영조12)~1804(순조4)이다. 본관은 廣州, 자는 聖哉, 호는 遲庵이다. 경상도 漆谷 石田에 살았다. 고조는 대사헌을 다섯 차례나 지낸 李元祿(1688~?), 증조는 생원인 李顯命이다. 본생 증조는 병조좌랑을 지낸 李基命, 조부는 李世珩(1685~1761), 부친은 李恒中(1708~1758)이다. 과거는 하지 않았다.

28) 『篆海心經』은 김진흥이 玉筋體의 전서를 四聲별로 쓰고 각 글자 아래에 楷書를 써 넣은 책이다. 全5卷2冊으로 구성되어 있으며 1675년(숙종1) 여이징의 아들 여성제가 함경감사로 있으면서 간행한 것으로 金萬基의 서문이 있다. 金萬基(1633~1687)의 「序文」이 있다.

이동항은 이상정의 문인으로 적어도 황인로의 부친 때부터 왕래
가 있었던 것으로 보이는데, 그는 전서의 대가로 알려져 있다. 이
동항은 8세부터 최서림(崔瑞林)[29]에게 전서를 배웠고, 고문에 대
해서는 미수 허목 이후 일인자라 평가될 정도였다.[30] 『전해심경』
은 마찬가지로 김진흥이 편찬한 것으로, 운자(韻字) 혹은 각 운(韻)
에 해당하는 글자들을 전서로 기록해 놓은 사전적 기능을 지닌 책
이다. 『전대학』은 김진흥이 비교적 앞선 시기(1661년, 40세)에 전서
를 학습하며 지은 책이고, 『전해심경』은 김진흥이 전서로 일가를
이룬 뒤(1675년, 54세), 앞선 저작들보다 전서체를 다루는 범위나 질
적인 면에서 상승된 마지막 저서이다. 황만선은 부친의 『팔연문』
을 필사하는 과정에서 『전대학』으로 해결하지 못한 과제를 이러한
『전해심경』을 통해 해결하고자 한 것이다.

계명대본 『팔연문』의 별지 내용을 종합해보면 영남 지역 남인의
미수전 수용과 조선 후기 전서 학습의 사례를 단편적으로 보여준
다고 할 수 있다. 그리고 황인로의 문집에는 인장, 서화 골동과 관
련된 글들이 다수 있어 그 애호가 상당했던 것으로 보이는데, 황
만선의 별지를 통해 이러한 취향을 아들이 이어받았다고 할 수 있
을 것이다.

---

29) 관련 기록이 없다. 전서에 능했던 것으로 보인다.
30) 李東沆, 『遲菴先生文集』, 「行略」(국립중앙도서관 소장, 한고朝44-가27). "八世時,
安山崔公瑞林來訪. 崔公以篆書名世, 見而悅之, 持紙請書, 崔公欣然書給. 府君常倣其
體而習之, 蓋其書癖自兒時已然.……工於古文, 晩而成家. 其奇古健偈之法, 眉翁以後
第一人也."

【사진 3】좌『팔연문』별지, 우「후지」.(계명대본)

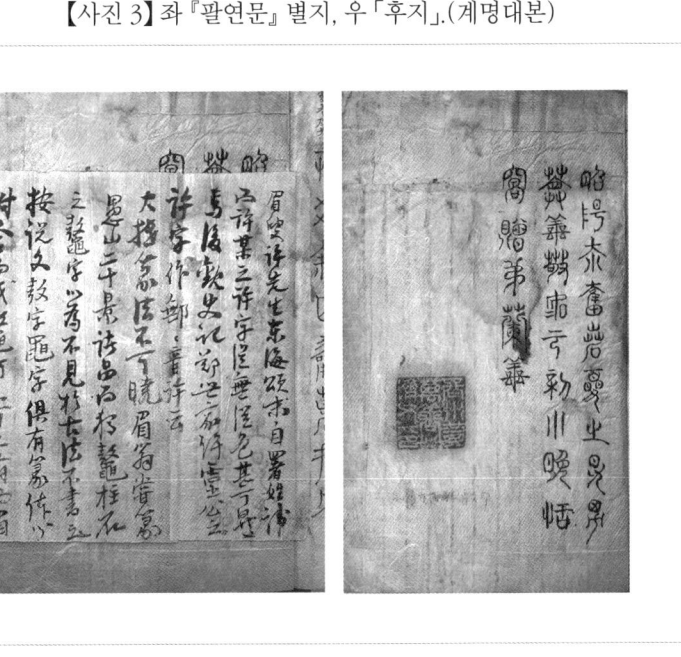

　권말 끝면에는 황만선의 「후지」가 있다. 본문과 마찬가지로 미
수전으로 쓰였다. 소양적분약(昭陽赤奮若, 1853)에 황인로의 첫째 아
들 황만선이 동생 황난선에게 준다는 내용이 쓰여 있다.[31] 「후지」
하단에 황만선의 관향, 성명, 자호를 적은 '장수황만선제보인(長水
黃萬善濟父印)' 인영(印影)이 있다. 「후지」와 황만선의 인영, 첫면의
황난선의 인영은 계명대본『팔연문』의 필사자가 첫째 아들 황만선
이며, 둘째 아들 황난선이 소유했던 책이라는 점을 알려준다.

---

31)　황인로,『팔연문』,「後識」. "昭陽赤奮若, 夏之長男萬善敬書, ○○○○○○, 贈弟蘭
　　善."

4. 『팔연문』의 저술 의도 고찰

『팔연문』은 황인로가 1829년 자신의 저술과 삶 가운데 '연문'으로 생각하는 것 8종을 모아 편찬한 책이다. 연문은 글 가운데 쓸데 없이 붙은 '군더더기 글귀'를 가리키는 용어로 쓰이기도 하고, 저 자가 자신의 글에 겸손함을 드러내는 '거친 문장'[예컨대, 이규경(李 圭景)의 『오주연문장전산고(五洲衍文長箋散稿)』]을 가리키기도 한다. 조금 의미를 넓게 보면 '부연하여 설명하다'[예컨대 경전의 뜻을 풀이하는 책 의 제목에 '연의(衍義)'를 붙인 것] 등의 의미가 있기도 하다. 그렇다면 황인로가 말하는 '연문'의 의미가 무엇이며, 말년에 이러한 방식 으로 책을 저술하게 된 의도가 무엇인지 먼저 그의 「서문」을 통해 살펴본다.

> 연문(衍文)이란 무엇인가? 옛 경전에서 탈간(脫簡)되어 맥 락이 이어지지 않는 곳을 으레 '연문'이라 부른다. 예컨대 『중용(中庸)』의 '삼근(三近)' 위에 '자왈(子曰)'을 붙인 것이 연문이며, 『대학(大學)』 5장의 '차위지본(此謂知本)'은 연문이 고, 『서경(書經)』 「요전(堯典)」의 '도천(滔天)'과 『맹자(孟子)』 의 '어금위렬(於今爲烈)'이 모두 연문이다. '연(衍)'이라는 것 은 나머지[剩]이니 없어도 된다는 말이다. 내 평생 저서 중 에 그다지 이치를 이루는 것이 없으니 비록 없더라도 괜찮 다. 어느 것인들 연문이 아니겠는가.
> 예컨대 「동잠(東箴)」은 단지 주흥사(周興嗣)의 고사[32]를 이용

---

32) 周興嗣가 지은 『千字文』의 체제를 말한다. 250句로 된 四言古詩로 총 1000자이다.

했을 뿐이고, 경어(警語)라고 할만한 것이 없으니 연문이다. 「경악(景嶽)」 17장은 늘 스스로 면려하기에도 겨를이 없는데, 어느 겨를에 남을 면려하겠는가. 그러니 연문이다. 「우송(愚頌)」은 소싯적 일일 뿐이다. 어리석음을 따질 수 없음을 알면서도 따졌으니 진실로 망령되다. 그러니 연문이다. 글에 서문을 짓는 것은 모두 본문의 내용이 서를 지을 만하기 때문인데, 지금 본문이 이미 연문이니 서가 무슨 소용이겠는가. 대설(大說)이든 소설(小說)이든 모두 연문이다. 주부자(朱夫子)께서 『참동계고이(參同契考異)』에 서문을 쓸 때, 일찍이 성과 휘를 고쳐서 '추흔(鄒訢)'이라 쓴 것은 그 이름을 숨긴 것이다. 지금 내가 성(姓)과 함(啣)을 석자하여 이름을 숨긴 것도 매한가지이니 얼마나 번거로운가. 또한 연문이다.

일찍이 내가 지은 시문은 모두 지금 세상에 쓰기에 합당치 않은 헛고생이니, 지금 세상에 늘 사용하지 않는 우활한 법으로 쓰는 것이 마땅하다고 여겼다. 그리하여 움직이는 지렁이나 메마른 덩굴처럼 망령되이 김진흥(金振興)의 전법(篆法)을 따라 썼으나, 결국엔 비슷하지도 않으니 또한 연문이 아니겠는가. 무릇 연문은 연문이라고 하면 되지 또 어찌 구구하게 수록하여 굳이 '연문'이라는 글자를 써서 제목을 삼았는가? 이 또한 연문 중에 연문이다.

요즘 사람들은 긴요하지 않은 일에 심력을 쏟는 것을 보면 늘 웃으면서 '연문인(衍文人)'이라고 한다. 잠(箴), 시(詩), 송

황인로의 「東箴」도 같은 체제이다.

(頌), 서(序), 성과 휘를 석자한 것, 이 책을 전서로 쓴 것, 책을 만든 것은 요컨대 모두 없어도 되는 것들이다. 없어도 되는 것을 보고서 마치 없으면 안되는 것을 본 것처럼 여기니 그 사람은 '연문' 아니겠는가? 그러므로 이르기를 '팔연문(八衍文)'이라고 하였다.

아! 세상에 없어도 되는 것은 진실로 연문이다. 그러나 연문을 어찌 소홀히 해서야 되겠는가! 시책(著策)의 수는 나머지에서 일어나고, 대학의 뜻도 나머지에서 밝혀지니, 육경의 연문을 모두 보존하고 산삭하지 않은 것은 전문을 보충하기 때문이다. 나는 이에 천하에 없어서는 안되는 것 또한 연문이라고 생각한다. 기축년(1829) 중양절에 우평자(雨坪子) 쓰다.[33]

황인로는 서문 처음에서는 연문의 의미를 마치 '없어도 되는 것'처럼 말하고 있지만, 말미에서는 '전문(全文)을 보충해주는 것이

---

33) 황인로, 『팔연문』, 「八衍文序」. "衍文者何? 凡古經脫簡文句不成理處, 例稱衍文. 如中庸三近上加子曰, 衍文也. 大學五章, 此謂知本, 衍文也. 堯典之滔天, 孟子之於今爲烈, 皆衍文也. 衍也者, 剩也, 盖言其無亦可也. 雨坪子一生著書, 無甚成理, 雖無之可矣, 何莫非衍文哉? 如東箴之作, 只用周興嗣古事而已, 無可警語, 衍文也. 景嶽十七章, 當自勉之不暇, 何暇勉人哉, 衍文也. 愚頌少時事耳. 知其愚之不可訟而訟之, 誠妄矣. 衍文也. 文之有序, 皆爲其本文之可序者, 而今本之已衍, 序於何有? 其大說小說皆衍也. 朱夫子之序參同契也, 昔改其姓諱而書鄒訢者, 隱其名也. 今姓啣析字隱名則同, 而何煩也? 亦衍文也. 嘗窃以爲所著詩文旣皆今世不合用之枉功, 則宜其書之亦當以今世不恒用之迂法, 於是走蚓枯藤, 妄效金振興篆法, 而竟未能或似焉, 斯不亦衍文哉? 夫衍文者, 衍文之可矣. 又安用區區收錄, 强立衍文字題目哉? 此又衍文之衍文也. 今之人見有沒緊要費心力者, 輒笑而爲衍文人. 夫箴也, 詩也, 頌也, 序也, 名析字也, 篆也, 卷也, 要之皆可無也. 視其可無, 如視其不可無, 此其人非衍文耶? 故謂之八衍文. 嗚呼! 世之可無者固衍文, 然衍文亦豈可少之哉. 著策之數起於衍, 大學之義明於衍, 六經之衍文皆存而不刪者, 爲其輔全文也. 愚則以爲天下不可無者, 亦衍文也. 己丑, 重陽, 雨坪子書."

기에 없어서는 안 되는 것'이라고 말한다. 결국 황인로에게 연문은 '주요한 것은 아닐지라도, 무엇인가를 온전히 하기 위해 보탬이 되는 꼭 필요한 것'이 된다. 우선 그가 선정한 연문을 나열해보면, ①「동잠(東箴)」②「경악(景嶽)」③「우송(愚頌)」④ 자신의 성과 이름을 파자한 것 ⑤『팔연문』을 전서로 필사한 것 ⑥「팔연문서」를 지은 것 ⑦ '팔연문'이라는 제목을 붙인 것 ⑧ 황인로 자기 자신이다. 이중 「동잠」, 「경악」, 「우송」은 자신의 저술 중에 가려 뽑은 것이다. 세 작품 모두 『우평유고』에 실려 있는데, 제목만 쓰고 본문을 싣지 않은 채 '견팔연문(見八衍文)'이라 써 놓은 본도 있다.[34] 이 세 작품에만 본문 외에 각각의 서문(序文)을 별도로 지었는데, 그중 「우송」은 본문을 먼저 짓고 후에 서문을 지었다. 나머지는 과거 자신의 저술이 아니라 『팔연문』이라는 책을 편찬하는 과정 가운데 지은 글, 여러 행위, 그리고 본인을 포함시켰다. 결국 이 8종이 황인로에게는 연문이 되는 것이다. 그중 앞선 세 글의 서문에는 황인로가 『팔연문』을 저술한 의도가 숨어 있다. 그러므로 이 서문들을 통해 황인로의 저술 의도를 짐작해보고, 이를 바탕으로 나머지 연문을 살펴봄으로써 이 8종의 연문이 가지는 최종적인 의미를 도출해보고자 한다.

먼저 「동잠」의 서문이다. 「동잠」은 표면적으로 주흥사(周興嗣)의 천자문 형식인 250구 4언을 활용했을 뿐이고, 경어라고 할만한 것이 없어 연문이라고 「팔연문서」에서 밝혔지만, 그 내용을 살펴보면 그가 처사(處士)로서 갖는 태도와 뜻을 담고 있다.

---

34) 소장처 미상의 복사본 『우평유고』가 그러하다.

「동잠(東箴)」은 내가 지은 것이다. 주흥사체(周興嗣體)를 따르되, 글자를 중복해서 사용하지 않았으니, 모두 1천 자이다. 내가 생각하기에 세상을 넓지만 우리 동방은 원기(元氣)이고, 세대는 오래되었지만 현재는 태평성대며, 생명체는 지극히 많지만 내 몸이 가장 신령스러우니, 진실로 만나기 어려운 세 가지 행운을 만난 것이다. 응당 이러한 때는 눈과 귀를 밝히고, 체력을 기르고, 현명한 임금이 다스릴 때 나도 요순시대처럼 도야하고 주조하며, 공자와 맹자를 연원으로 하는 것이 곧 스스로 기약해야 할 바인데, 어찌 낙담하고 실의에 빠져서 이렇게 지내는가.

대체로 일찍이 위아래로 알기를 꾀하고, 두루 잘 관찰해야 하는데, 교만하고 나쁜 자는 즉각 화가 이르고, 겸손하고 현철한 자는 덕택이 무궁하니, 하늘의 이치가 밝고 밝지 않은가. 천하에서 지극히 험한 것은 세도(世道)요, 지키기 어려운 것은 인심(人心)이요, 헤아릴 수 없는 것은 천명(天命)이다. 군자는 무엇을 믿어야 위태롭고 두렵지 않단 말인가.

그런데 가만히 생각해보니 내가 이렇게 초야에 살고 있는 것은 신인(神人)이 나에게 삼가 조용히 고요함을 지키면 천수를 누릴 수 있다고 알려주는 것 같다. 인하여 생각해보니, 군주를 보좌하고, 치국의 본체를 논할 것은 세상에 절로 적합한 사람이 있을 것인데, 내가 오히려 무엇을 하겠는가. 다만 금단을 먹고 도복을 입으면서 신명을 섭양(攝養)하여 위로는 수역(壽域)의 여러 신선들과 벗하고, 아래로는 세상과 상관없이 격양가(擊壤歌)를 부르는 백성이 된다면

또한 나의 삶을 저버리지 않게 될 것이다. 그래서 마침내 감흥이 있어 동잠(東箴)을 짓는다.[35]

이 글은 「동잠」의 서문이다. 서문과 글 모두 1825년에 지은 것이다. 황인로는 평생 포의로 살았지만, 젊은 시절엔 태평한 시대에 동방에서 태어난 선비로서 마땅히 군자처럼 학문에 뜻을 두며, 관직에 나아가 군주를 보좌해야 한다고 생각했다. 그러나 그러지 못한 자신의 모습에 대해 한편으로는 실망하고 낙담한다. 다만 군주를 보좌하고 치국의 본체를 논해야 하는 알맞은 사람이 있는 것처럼, 자신이 재야에 있는 것을 부정하지 않고 오히려 처사로서 경계해야 할 것을 잠(箴)의 형식을 빌려 쓴 것이다. 이러한 처사로서의 황인로를 이해할 수 있는 또 다른 일화가 있는데, 『우평유고』에 실린 「석전인설증강계호(石篆印說贈姜啓好)」라는 글을 보자.

강계호가 '농암병창(農广病傖)'이라는 호를 이 인면(印面)에 전자(篆字)로 새기고는 나에게 인장을 주었는데, 나는 곧 인배(印背)에 내 자(字)와 성(性)을 새겼다. 내 처음 공부할 적에 주제넘게 명예를 얻고 영달하려는 뜻이 있었으나 세상을 살아가며 누차 실패하고 곤란을 겪게 되어서는 농사

---

35) 황인로, 『팔연문』. 「東箴序」 "東箴者, 雨坪居士黃麟老之所作也, 蓋效周興嗣體, 禁用疊字, 凡一千言. 麟老以爲四海廣矣, 而吾東其元氣也; 歷代遠矣, 而今日乃泰運也; 群生至衆矣, 而吾身爲之最靈, 誠不易遇之三幸也. 是宜聰明脅力, 翶翔明時, 陶鑄乎虞唐, 淵源乎洙泗, 乃其所自期者, 而何落托乃爾也? 蓋嘗上下圖乘, 縱觀方輿, 驕桀者禍不旋踵, 謙哲者澤流無窮, 天道非昭昭者歟. 天下至險者, 世道也; 難保者, 人心也; 不可測者天命也. 君子何恃而不危恐乎. 林居僻寂, 若有神人告予以愼默守靜, 可引天季者, 因念佐明主, 論治體, 世自有其人焉, 吾尙何爲哉. 惟金丹道服, 攝養神明, 上友乎壽域群仙, 下爲擊壤之逸民, 亦足以不負吾生, 遂感托而作東箴."

야말로 진실로 내가 처해야 할 것임을 알았으니, 호가 인장을 따라 오는 것이 마땅하다. 계호는 나를 잘 아는구나. 아! 저 상청(上淸)과 태화(太和)의 지경은 이번 생에서 거의 비슷한 것을 보지 못했었는데, 이 인장은 형상이 그것과 부합하였다. 몸이 이미 깃들 수 없다면 성(性)과 호(號)를 기탁할 수 있음을 외려 다행으로 여긴다. 그저 이로써 자중자애하며, 또 계호와 이 인장을 새기는 것처럼 서로 보탬이 되기를 약속할 뿐이다.[36]

황인로는 36세(1811)에 '농암병창(農庵病傖)'이라는 별호가 새겨진 인장을 강세은에게 받았다. 강세은은 앞서 살펴본 영남 삼문장 중 한 사람이자 황인로의 벗이다. 황인로는 강세은이 자신에게 준 별호인(別號印)이 자신의 처지를 완벽하게 대변하고 있었으므로 배각(背刻)을 통해 자신의 성과 호를 표시한 것으로 이해할 수 있다. 여기에서도 황인로는 명예를 얻고 영달해지려는 뜻을 과거에 품었지만 초야의 선비로 사는 삶이 자신이 처해야 할 바임을 알았다고 말한다. 또 상청(上淸), 태화(太和)의 모습과 닮은 인뉴(印鈕: 인장의 손잡이)가 자신이 과거 꿈꾸었던 삶과 비슷하기에, 성과 호를 새겨 그것에 기탁하는 것으로 과거의 바람을 해소하려 하였다. 그러고는 오히려 자중자애하고자 하는 태도를 드러냈다.

서문과 설 두 글에서 모두 황인로는 초야의 선비로 지내는 것에

---

36) 황인로, 『우평유고』, 「石篆印說贈姜啓好」. "姜氏篆農广病傖號於其面, 及歸我, 我乃背刻我字姓. 我始讀書, 妄有題柱志, 及嘗世屢躓而病也, 則明農固我所也, 號隨印來宜矣. 啓好其知我. 夫噫! 彼上淸界, 太和域, 此生殊未見髣髴, 而斯印也, 象與之合. 身也, 旣不可棲, 其托姓號已幸矣. 聊以是自珍, 又約與啓好相益, 如琢斯印."

낙담하지 않고 오히려 처사로서의 자신을 인정하며 그에 맞는 마음가짐과 태도 갖추려는 모습이 드러난다. 젊은 시절엔 친구가 새겨준 별호인을 통해 그 바람을 해소한 것이고, 말년엔 그 처지를 잠의 형식을 빌어 글로써 경계한 것이다. 결국「동잠」은 경어가 없어 그저 별 볼 일 없는 연문이 아니라 '처사 황인로'로서 바람직한 자세를 담아낸 글이라고 이해할 수 있다.

다음으로「경악(景嶽)」은 황인로가「팔연문서」에서 종질 황호선(黃浩善)³⁷⁾과 황원선(黃源善)³⁸⁾을 면려하기 위해 지은 17장의 시이다. 황인로는 이 시를 두고 스스로 면려할 겨를도 없는데 남을 면려할 것이 못 된다고 하여 연문이라고 하였다. 그러나「경악」의 서문에서는「경악」이라는 글이 장수 황씨가문이 대대로 관리하고, 시회를 가졌던 장암(藏庵), 그리고 그 의미에 대해 강조하고 있다는 것을 알 수 있다. 서문을 살펴보자.

> 서설에서 말한다. 이 글은 내가 종질 호선(浩善), 원선(原善)을 위하여 지은 것이다. 호선(浩善) 형제가 장암(藏庵)을 보수하다가 그곳에서 휴식하였는데, 그것을 본 자들이 마치 그림 속 선경과 같다고 하였으니, 상주 백화산의 신덕(新德) 마을에서 거리가 백 보 정도였다.
> 옛날 화재선생(華齋先生)께서 스스로 도를 지니고서도 시험

---

37) 黃浩善의 생몰년은 1785년(정조9)~1863년(철종14)이다. 본관은 長水, 자는 宏必, 호는 守窩이다.

38) 黃源善의 생몰년은 1798년(정조22)~1873년(고종10)이다. 본관은 長水, 자는 進懋이다. 부친은 黃錫老이고, 외조부는 鄭宗魯이다. 처조부는 南漢朝이다. 어려서 정종로, 황반로, 황인로 등에게서 문장을 익혔다. 南漢皓의 문하에서 수학하였다. 황난선과의 교유도 확인된다. 문집으로『藏園集』이 전한다.

해보지 못하여 이 언덕에 터를 잡아 괘상(卦象)을 살피고 점사(占辭)를 완미하며, 마음을 깨끗이 하는 것을 일삼았다. 하늘이 진실로 우연히 그렇게 한 것이 아닐 것이다. 그래서 마침내 그 집을 이름하기를 '장암(藏庵)'이라 하였고, 그 암자의 돌을 이름하기를 '세심석(洗心石)'이라 하였으니, 주역의 의미를 말한 것이다.……

지금 호선(浩善) 형제는 독실하고 깊게 공부함에 남음이 있지만 혹 규각(圭角)을 드러내는 뜻이 지나치며, 총기 있고 고풍스러움은 가상히 여길만 하지만, 매번 마음을 깨끗이 하는 공부에 부족함이 있었다. 이로 인하여 스스로 자만하여 중책을 맡은 것을 게을리하고 옛날의 습관에 젖어서 안주한다면 이는 한갓 이끼가 아롱진 돌이라고 해서 세심(洗心)으로 삼고, 뽕나무와 가래나무가 우거진 것이라 해서 신덕(新德)으로 삼아서 저 그림 속 선경이 품은 바가 그저 지나가며 숙박하는 하나의 암자가 될 것이 염려되니, 진실한 공부에 부끄러움이 있지 않겠는가! 주역에서 말하기를 "풍부하게 소유하는 것을 대업(大業)이라고 이르고, 날로 새로워지는 것을 성덕(盛德)이라고 이른다."고 하였으니, 간직하는 것으로는 대업을 풍부하게 소유하는 것보다 큰 것이 없고, 깨끗이 하는 것으로는 덕을 날로 새롭게 하는 것보다 귀한 것이 없으니, 돌아가신 선생께서 너희 형제에게 남기신 뜻이 대단히 크도다!

내가 일찍이 「장암중수기(藏庵重修記)」를 지어 이 뜻을 경솔히 드러내었으나, 미진한 것이 한스러웠다. 인하여 생각해 보니 옛 시인이 형제끼리 권면하도록 「소민지십(小旻之什)」

을 지었고, 친구 사이에 우애를 지니도록 「벌목지장(伐木之章)」을 지었다. 그러니 군자가 이 장암에 거처하면서 명칭을 살피고 의미를 생각하며, 읊어서 흥기시킬 것을 생각하는 것이 또한 감발함에 조금 보탬이 될 것이라 여겼다. 이에 부연하여 『시경』의 아체(雅體)로 시를 지어 반복하고 늘어놓아서 이 지역을 서술하고, 세대를 기술하고, 이름을 드러내고, 방향을 인도하고, 흥취를 드러냈다. 체제는 비와 흥이며, 의미는 규계(規戒)이고, 일은 자신의 수양 공부를 주관하고 심성 공부를 닦은 것이며, 종장(終章)에서는 동인들과 기쁘고 화목한 것을 다루었다. 신덕(新德)으로 서로 권장하기를 바라니 모두 17장이다.

아! 우리는 이제 늙었으니, 다시 무엇을 공부할 수 있겠는가? 여전히 선배들의 자취가 남아 있고, 산천이 변하지 않았으며, 유택이 아직 없어지지 않았으니, 덕을 쌓고 학업을 닦는 여가에 동지들을 데리고 술 마시며 읊조리고 휘파람 불며 놀면서 선배의 유업을 우러러 사모하고, 잘 살피길 바란다. 그러더라도 암자와 돌의 이름에 무슨 해가 있겠는가? 주역에서 이르기를 "옛사람의 덕을 받아들이면 길하리라."라고 하였다. 이 또한 장암의 고사이므로 내가 이렇게 글을 남긴다.[39]

---

39) 황인로, 『팔연문』, 「景嶽詩序」. "雨坪子爲從姪浩善, 原善而作也. 浩善兄弟重繕藏庵, 遊息其中, 觀者以爲畫圖仙境, 距其居新德, 蓋數弓也. 昔先華齋先生, 抱道不試, 卜藏玆邸, 惟以觀象玩占, 洗濯其心爲事. 當時名公學士, 樂其名山水之遇有道主人, 天固不偶, 遂乃名其庵曰藏, 名其庵之石曰洗心, 蓋言易也.……今浩善兄弟, 敎詳有餘, 而或多發露圭稜之意; 溫雅可尚, 而每欠澡潔本原之工. 竊恐因此自多, 怠於其大受, 而恬於其舊染, 則是徒以其苔蘚之斑然者爲洗心, 桑梓之翳然者爲新德, 而彼畫境所藏, 亦

「경악」의 서문과 시 모두 1829년 8월 즉, 팔연문을 편찬하기 2
달 전에 지은 것이다. 시의 제목 '경악(景嶽)'은 바로 상주의 백화
산을 말하는 것으로 보인다. 이곳은 장수 황씨가 15세기부터 세
거하였던 상주 중모를 둘러싸고 있는 산이다. 장수 황씨가는 대대
로 이 백화산 일대에서 시회를 가졌는데 그중 하나가 바로 장암(藏
庵)이다. 장암은 본래 황인로의 고조부 황익재(黃翼再)⁴⁰⁾가 지은 암
자로 이 글에 등장하는 '화재선생(華齋先生)'을 말한다. 장암은 장수
황씨에서 대대로 관리하며 시회를 가졌을 것이고, 황인로가 이 글
을 지을 때는 종질 황호선과 황원선이 그 역할을 맡았기에 이 둘
을 면려하기 위에 시를 지은 것이다.

황인로는 앞서 1825년 「장암중수기(藏庵重修記)」를 지어 화재선
생의 뜻을 드러냈지만, 미진하다고 여겨 1829년 다시 「경악」이란
시를 짓고 거기에 서문을 붙였다. 고조부 황익재는 『주역』의 "성
인이 이로써 마음을 깨끗이 씻고 물러나 은밀한 곳에 감춰두었
다.[聖人以此洗心, 退藏於密]"⁴¹⁾라는 뜻을 빌어 암자를 '장암(藏庵)', 그

過宿之一菴矣, 顧不有愧於實工哉! 易曰: "富有之謂大業, 日新之謂盛德." 夫藏莫大
於富其業, 洗莫貴於新其德. 先先生之遺汝, 其大矣. 雨坪子嘗作庵記, 僭發此義, 然恨
未盡也. 因念古之詩人, 兄弟相戒, 有小宛之什; 朋友相樂, 有伐木之章. 君子居是庵也,
思有以顧名思義, 昌之諷詠, 亦感發之一助也. 於是演爲雅體, 反復張皇, 以敍其境, 以
陳其世, 以表其名, 以導其方, 以發其趣. 其體則比興, 其義則箴儆, 其事則主藏與洗心,
其亂則同人悅睦. 蓋欲以新德相勉也, 凡十七章. 嗚呼! 吾輩今老矣, 復何求哉? 尙有
先輩之地, 山川不改, 遺芬未沬(典刑密邇), 願以進修之暇, 携與同志觴詠嘯傲, 景仰周
章, 抑何害於庵名與石名哉? 易又曰: "食舊德吉." 蓋此亦藏菴之故事, 故雨坪子云."

40) 黃翼再의 생몰년은 1682년(숙종8)~1747년(영조23)이다. 본관은 長水, 자는 再叟,
      호는 白華齋이다. 부친은 黃鎭夏이고, 모친은 商山 金震�천의 딸이다. 1701년(숙종
      27) 식년 문과에 병과로 급제하였고, 1728년(영조4) 通政大夫에 올라 종성부사가
      되었다. 뚜렷한 사승 관계가 보이지 않는다. 식산 이만부, 성호 이익 등과 교유했다.
      『華齋集』이 전한다.

41) 「繫辭上傳」, 『周易』.

리고 암자의 돌을 '세심석(洗心石)'이라 명명했다. 황인로는 고조부의 뜻을 이어받아 종질 호선과 원선에게 『주역』의 "풍부하게 소유하는 것을 대업(大業)이라고 이르고, 날로 새로워지는 것을 성덕(盛德)이라고 이른다.[富有之謂大業, 日新之謂盛德]"⁴²⁾는 내용을 빌었다. 그리하여 황인로는 두 형제에게 학업에 정진하여 그 공부한 것을 간직하고[藏], 덕을 날로 새롭게 하여 마음을 깨끗이 하기를[洗心] 바란 것이다.

이제 「경악시」의 형식을 살펴보면 『시경』의 아체로 지었고, 체제는 비와 흥을 따랐다. 시의 내용은 먼저 장수 황씨가 세거한 백화산 일대를 묘사했고, 장수 황씨의 세대를 나열하고 이름을 일부 드러냈다. 그리고 후손을 격려하고 올바른 방향으로 인도하는 규계(規戒)의 의미를 담았다. 『시경』의 「소민지십(小旻之什)」, 「벌모지장(伐木之章)」을 염두하여 지은 것으로 종장(終章)에서는 동인들과 화목하기를 바랐다.⁴³⁾

---

42) 「繫辭上傳」, 『周易』.

43) 황인로, 『팔연문』, 「景嶽詩」. "巖巖景嶽配天作輔, 原氣之畜雲雨斯普, 其下式廓古新德里, 雲宗卜世允玆縣祉. 昔在中葉有挺華叟, 鮮侔晨葩式是來後, 纉烈有典貽謨有章, 君子百年南斗之光. 維庵有藏北山之陰, 廓其有容窈窕其泬, 隆然者石亦洗我心, 醒以鳴潨光飈灑襟. 白雲英英松桂亭亭, 泆兮璧瀁崔兮金崢, 腕園孔藏何錫之宏, 於粲群玉帝粹皇英. 裳裳者棣有蔚其芬, 華翁孫子浩君源君, 嗣聞厥緖洵美且寬, 爰淤爰歌聊樂盤桓. 於乎二子誨則箴言, 不有其藏于何能敦, 笨爾山天職思其永, 著卦神明不出于靜. 心何以洗則匪水功, 維愍是絶維淬是融, 出王游行恒越惶惶, 神珠匪淪奄觀昭呈. 相厥下民散無容紀, 不思虛納曰賢維已, 欲其旣小又吝革舊, 維其吝革征以中垢. 肆皇爾祖海闊其胸, 疇示周行義問孔崇, 凡民俊藝翕以顒卬, 於顯謙謙四方之綱. 我行其里盤銘洋洋. 我人其室笙詩煌煌, 遺箱燁若不歇爐香, 昌與旨與實沃我腸. 龍蟠于堅有罹有蜓, 玉山之圃礫之磎磎, 舍曰自裕區厥猥穰, 崑崙太湖胡鉅而荒. 月出皎兮雲或鄙止, 鑑雖昭矣塵或块止, 彼之薄晦尙求其炯, 矧伊心矣何不日警. 兄弟克邁憲戎皇祖, 皇祖是憲乃新爾德, 退密觀象旣有詒武, 謂余弗信眂此庵石. 陟彼崇丘言采其荼, 瀾之潚瀏可釣可艅, 東有綠野西有平泉, 曖曖花木載列之芊. 角弓其觩行葦泥泥, 今者不樂日月其迨, 圖書楚楚筵几肆肆, 諸父叔伯綏爰右左. 寬兮蕳兮容佩繹兮, 免首匏葉于胥醳兮, 邁兮"

황인로는 이렇게 호선 형제에게 장암의 의미를 다시 한번 되새겨주고 시를 지어 형제가 중책을 맡았음을 각인시키면서도, 마지막에는 동인들과 화목하게 지내기를 완곡하게 부탁하였다. 이를 종합해보면 황인로는 「경악」을 통해 자신의 가문에서 대대로 관리하고 시회를 가진 암자의 유래와 의미, 그리고 장암에 은밀하게 감추어진 선배들의 유풍을 드러냈다. 겉으로는 그저 종질 호선, 원선을 면려하는 것으로 보이지만, 서문을 보면 결국 장수 황씨 가문의 정체성을 이 글에 담았다고 이해할 수 있을 것이다.

서문이 붙은 마지막 글은 「우송(愚頌)」이다. 이 글은 황인로가 그저 소싯적 일이었을 뿐이라고 말하지만, 역시 내용을 살펴보면 어릴 적 자신이 품부받은 본성에 대해 이야기하고 있다. 「우송」의 서문을 보자.

> '우송(愚頌)'은 본래 '송우(訟愚)'이니, 내가 27세(1810)에 지은 것으로 '순박하고 어리석음[純愚]'을 품부 받은 것에 상심하여 하늘에 송사한 것이다. 우산(愚山) 노선생(老先生)께서 일찍이 그것을 보시고 비판하시기를 다음과 같이 하였다. "한퇴지는 궁함을 보내려다가 궁함을 불러들였고, 양자운은 가난을 쫓으려다 도리어 가난해졌다. 그대의 「우송」은 어리석음을 편안히 여기는 것일 따름이다."
>
> 아! 옛날 나의 어리석음에 대해서는 오히려 스스로 송사할 줄 알았는데, 지금 나의 어리석음에 대해서는 송사 또한

軸兮容佩郁兮, 虎尾春氷于胥晜兮. 春而霞蒸秋而錦爛, 我邀嘉賓載觴載管, 鳳凰于飛其鳴鏘鏘, 庶斯無斁萬有千霜."

할 줄 모르니, 어리석음의 지극함이 이런 지경까지 이르렀
구나. 하늘은 이렇게 판결해주었다. "만 명의 아첨꾼은 한
명의 순우한 사람만 못하니, 너는 어찌 따지느냐? 나는 '우
(愚)'라는 본성을 너에게 상으로 준 것이다." 이에 나는 송
사를 칭송으로 바꾸었고, 하우(下愚)를 상우(上愚)로 삼았다.
19년 후 기축년(1829) 중양일에 쓰다.

「우송」은 황인로가 27세에 지은 것이고, 이 글은 19년 후『팔연
문』을 저술한 그 날「우송」에 붙인 서문이다. 황인로는 젊은 시절
'순박하고 어리석은[純愚]' 자신의 본성을 상심하며 하늘에 송사하
였는데, 우산 노선생이 그것을 보고 한유(韓愈)와 양웅(揚雄)이 가난
을 내쫓으려다 도리어 가난해진 고사[44]를 이야기해 준다. 그리고
는 이 사례를 거울삼아 어리석음이라는 본성을 오히려 편안히 받
아들이라 충고해 주었다. 여기에서 우산 노선생은 황인로의 스승
정종로를 가리키는 것으로 보인다.[45] 스승에 이어 하늘도 어리석
음이라는 본성을 상으로 준 것이라고 판결해주는데, 이는 아마도
그저 '어리석음[愚]'보다는 그 '순우(純愚)'함을 강조한 말일 것이
다. 이로 인해 황인로는 본래 '송우'였던 제목에서 '송'이란 글자
를 송사(訟事)의 '송(訟)'에서 칭송(稱頌)의 '송(頌)'으로 바꾸었으며,
'우(愚)'라는 글자의 위치를 '송(頌)'의 위에 두면서 자신이 품부받
은 본성 '우(愚)'를 더욱 높게 여겼다. 그리하여 「우송」이 되었다.

---

44) 한퇴지와 양자운의 가난에 대한 예시는 揚雄의 「逐貧賦」와 韓愈의 「送窮文」을 가리
    킨 것이다.
45) 황인로는 입재의 문하생이었고, 입재 정종로의 거주 지역은 愚山 아래였으며, 정종
    로의 선조 우복 정경세는 우산 서원에서 독서, 강학한 바 있다.

황인로는 겉으로는 「우송」을 소싯적 이야기로 소개하며 연문이라 하였다. 그렇지만 그 서문에 '우(愚)'라는 본성에만 치우쳐 불만을 드러낸 과거 자신의 어리석음을 드러냈고 다시 '순우'라는 본성의 본래 의미를 담아냈다. 결국 황인로는 이 서문을 통해 자신의 본성이 '순우'함을 말하고자 했다고 이해할 수 있다.

이렇게 『팔연문』에 실린 기존 황인로의 글 3편이 뜻하는 바는 처사로서의 황인로, 장수 황씨 가문의 정신이 깃든 공간, 황인로가 품부받은 본성인데, 이들의 공통점은 황인로의 정체성을 설명할 수 있는 글이라는 점이다.

그렇다면 이제 나머지 연문 5종을 살펴보자. 먼저 '장수황인로 문길보저(長水黃麟老文吉甫著)'를 석자(析字)한 것이다.[46] 그 내용을 보면 그의 본관, 성과 휘, 자를 차례로 파자한 것에 불과한 것처럼 보인다. 그러나 앞서 연세대본 『우평유고』의 「지」에서 둘째 아들 황난선이 문집의 저자가 누구인지 바로 알 수 있도록 권말에 있던 '석자'를 1권 첫머리에 옮겼다고 말하였듯이, 누가 이 글의 저자인지, 그리고 황인로라는 사람을 드러낼 수 있는 가장 직접적인 표현으로 이해할 수 있다.

다음으로 '『팔연문』 전체를 전서로 필사한 것'이다. 계명대본은 그의 아들 황만선에 의해 미수전으로 쓰여졌지만, 애초에 황인로의 수고본은 김진흥의 전법을 따라 전서로 필사하였다. 이는 애호와 아취를 드러내는 것으로 이해할 수 있다. 문집 『우평유고』에 서

---

46) 황인로, 『팔연문』, 「析字」. "長, 損非乘奇无首爲良. 水, 左右達源直披天章. 黃, 心田廣覆入八分張. 麟, 麤擊獨拳繪米舜裳. 老, 上貴有荷下比無傍. 文, 遇亨之始陰變爲陽. 吉, 弘圭大呂半低半昻. 甫, 平圃屹立四達廂障. 著, 戒爾斜曲靈著虛央."

화 골동, 인장 등과 관련하여 애호를 드러낸 글 다수가 보인다. 그
리고 이 당시 영남 삼문장 중 나머지 2명인 강세은, 정상관, 그리
고 임하(林下) 이경유(李敬儒)의 문인으로 알려진 상주의 서리 박종
추(朴宗樞)[47]까지 서첩(書帖) 혹은 인보(印譜)를 편찬하거나, 전서 혹
은 인장 등과 관련한 문헌 기록을 남겼음을 확인할 수 있다.[48] 게
다가 이러한 애호는 아들 황만선에게까지 이어졌으리라 짐작한다.
이것으로 보아 황인로는 서화 골동 및 인장과 관련하여 주변과 교
유하고 공유할 정도로 그 애호와 아취가 상당했을 것으로 짐작된
다. 주지하다시피 18세기 전후로 점차 서화 골동, 인장, 원예 등에
대한 완물상지(玩物喪志)의 구속력이 약화된다. 오히려 조선 후기
문인들의 아취로 여겨져 적극적인 애호의 대상이 되고, 대상에 의
미 부여를 하여 그것을 극복하기도 한다.[49] 황인로의 아취 역시 이
와 같은 맥락에서 이해가 가능하며, 이 점은 황인로 자신을 나타
낼 수 있는 하나의 지표일 것이다.

　마지막으로 「팔연문서」를 지은 것', '팔연문이라는 제목을 붙인
것', '자기 자신'은 결국 스스로 정한 '연문'을 드러내기 위한 행위
의 일환이라고 할 수 있겠다. 그렇기 때문에 저술, 서체뿐만 아니
라『팔연문』을 완성하기 위한 행동들도 연문으로 포함시킨 것이

47)　姜世誾,『過庵集』권9,「書朴宗樞篆章卷」, 1929에 의하면 박종추는 임하 이경유의
　　　문인이며, 당시 상주 관아의 서리를 맡고 있다고 기록되어 있다.

48)　황인로,「石篆印說贈姜啓好」,『우평유고』; 황인로,「題疣世翁可笑事」,『우평유고』;
　　　鄭象觀,「玻瓈篆章贊竝序」,『谷口園記』, 尙州: 谷口園記刊役所, 1928; 姜世誾,「書朴
　　　宗樞篆章卷」,『過庵集』등에서 확인할 수 있다.

49)　정민, 18세기 조선 지식인의 발견, 서울: 휴머니스트, 2007; 박철상,「조선후기 문인
　　　들의 인장(印章)에 대한 인식의 일면」,『한문교육논집』35, 한국한문교육학회, 2010;
　　　김원경,「문헌자료를 위주로 한 朝鮮後期 印章文化에 대한 일고찰-17 · 18세기 서
　　　울 · 近畿 私印을 중심으로」, 성균관대 석사학위논문, 2021 참조.

며, 이것은 우평 황인로라는 사람을 드러내기 위해 꼭 필요한 과정으로 이해해야 할 것이다.

『팔연문』 서문에서 황인로가 말한 연문의 의미는 '무엇인가를 위해 보탬이 되는 꼭 필요한 것'이었다. 이 의미에 의거해보면, 위에서 살펴본 연문 8종은 황인로라는 한 사람을 설명할 때 보탬이 되는 꼭 필요한 글과 행동인 셈이다. 보통 문인들은 문집의 편찬 및 간행을 통해 자신을 후대에 전한다. 그러나 문집은 개인 저술의 총망라에 가깝고, 후손의 윤색과 편집이 어느 정도 있기 마련이다. 황인로는 자신을 설명하는데 꼭 필요한 것들을 모아서 '연문'이라는 표현을 빌어 자신의 정체성을 보다 간결하고 직접적으로 전하려는 의도가 아니었을까 짐작해본다.

5. 맺음말

본고는 황인로에 대한 기존 연구에서 나아가 문인으로서의 면모를 조명하고, 그가 남긴 저서에 대해 문헌학적 검토를 진행하였다. 그리고 그의 저서 중 『팔연문』에 주목하여 말년에 어떠한 의도로 이 책을 저술했는지 살펴보았다.

19세기 초 영남 상주 지역에서 활동한 황인로는 영남학파 남인이자 정종로의 문하에서 퇴계학파의 사상과 문학을 이어받은 문인이다. 당시 상주 지역 상산 문단을 대변하던 가문 중 하나인 장수 황씨였던 그는 비록 포의로 살았지만, 옥동서원, 장암, 청월루 등에서 활발한 문학 활동을 하였다. 본고에서 살펴본 『팔연문』은 그의 이러한 정체성이 담겨 있는 책이다. 그는 '연문'을 일반

적인 의미가 아니라, 경전의 의미를 완전하게 해주는데 꼭 필요한
것처럼 '무엇인가를 온전히 하는데 꼭 필요한 것'이라는 의미를
부여하였다. 그리고는 자신의 정체성을 드러내주는 '어릴 적 품
부받았던 본성', '가문에서 대대로 관리하고 시회를 일삼던 공간',
'처사로서 삶에 대한 태도', '자신의 애호와 아취' 등을 이 책에 담
았다. 그가 『팔연문』에 담은 것들은 결국 그의 정체성이며, 황인로
라는 사람을 설명해주기에 보탬이 되는 꼭 필요한 것들이다. 『팔
연문』의 저술 의도는 '연문'이라는 표현을 빌어 자신의 정체성을
보다 간결하고 직접적으로 전하려던 것이었다.

　이 글은 19세기 영남 지역에서 활동한 퇴계학파 남인이자 장수
황씨가 문인 황인로를 조명하였다는 점에 의의가 있으며, 그의 아
들 황만선이 필사한 『팔연문』은 영남 지역 문인들의 미수전 애호
와 전서 학습의 사례를 제공해준다는 점에서도 주목할 만하다. 다
만 이 글에서는 서문이 붙은 세 작품에 대한 직접적인 분석이 없
었고, 문집 『우평유고』, 여타 그와 관련된 문헌 기록, 시인으로서
의 면모 등의 측면은 살피지 못하였다. 향후 이러한 부분을 종합
적으로 고찰하여 영남 남인 문장가이자 시인으로서 그를 주목한
다면 본격적인 황인로 작가 연구에 일조할 수 있을 것이다.

참고문헌

〈원전자료〉

姜世誾,『過庵集』, 1929.

金振興,『篆大學』, 국립중앙도서관 소장(한古朝41-26).

金振興,『篆海心經』, 국립중앙도서관 소장(위창古443-6).

許傳,『性齋集』, 한국문집총간 308~309.

李敦禹,『肯庵先生文集』, 한국국학진흥원 소장.

李東沆,『遲菴先生文集』, 국립중앙도서관 소장(한古朝44-가27).

李象靖,『大山集』, 한국문집총간 226~227.

鄭象觀,『谷口園記』, 尙州: 谷口園記刊役所, 1928.

鄭宗魯,『立齋集』, 한국문집총간 253~254.

黃蘭善,『是廬集』, 한국국학진흥원 소장.

黃蟠老,『白下先生文集』, 한국문집총간 속 109.

黃麟老,『先府君遺稿(雨坪遺稿)』, 연세대학교 소장(00040302667, 00040302119).

黃麟老,『雨坪子文集』, 영남대학교 소장(Y0772605~8).

黃麟老,『雨坪遺稿』, 계명대학교 소장(A171285~7).

黃麟老; 黃萬善『八衍文』, 계명대학교 소장.

黃翼再,『華齋先生文集』, 한국문집총간 속 64.

〈저서〉

권태을,『尙州漢文學』, 尙州: 尙州文化院, 2001.

권태을,『漢文學硏究: 尙州地域을 中心으로』, 대구 : 文昌社, 2005.

대산이상정선생기념사업회,『大山 李象靖 先生의 學問과 思想: 大山先生 誕辰 300周年 紀念論文集』, 대구 : 大山 李象靖 先生 紀念事業會, 2011.

방현아,『지원 강세륜의 삶과 시문학: 국포 강박과 남인시맥을 이은 18-19세 기 문인 芝園 강세륜의 한시와 상주지역 시사 연구』, 서울 : 학자원, 2023.

윤재환, 『조선후기 근기 남인 시맥의 형성과 전개』, 문예원, 2012.

이상익, 『韓國性理學史論』, 서울 : 심산출판사, 2020.

이상정 저; 안유경 역, 『'敬'이란 무엇인가: 이상정의 『敬齋箴集說』 譯註』, 서울 : 明文堂, 2021.

우인수, 『조선후기 영남 남인 연구』, 서울 : 경인문화사, 2015.

장수황씨대종회, 『장수황씨세보』, 서울 : 長水黃氏大宗會, 2000.

정민, 『18세기 조선 지식인의 발견』 서울 : 휴머니스트, 2007.

〈학위논문〉

방현아, 「芝園 姜世綸의 詩文學 硏究─「漢京雜詠」과 『北征錄』을 中心으로」, 성균관대 박사학위논문, 2020.

김명희, 「松溪 金振興의 篆書 硏究」, 원광대 박사학위논문, 2009.

김원경, 「문헌자료를 위주로 한 朝鮮後期 印章文化에 대한 일고찰─17 · 18세기 서울 · 近畿 私印을 중심으로」, 성균관대 석사학위논문, 2021.

〈학술논문〉

권진호, 「사미헌 장복추의 학문활동과 산문세계」, 『어문논총』, 한국문학언어학회, 30, 2006.

김명희, 「松溪 金振興(1621~ ?)의 篆書 淵源에 관한 소고」, 『서예학연구』 14, 한국서예학회, 2009.

김순한, 「18세기 후반 상주 玉洞書院 청액활동과 사액의 의미」, 『민족문화논총』 72, 영남대학교 민족문화연구소, 2019.

김순한, 「조선후기 상주 白玉洞影堂의 운영과 陞院」, 『민족문화논총』 79, 영남대학교 민족문화연구소, 2021.

김순한, 「18-19세기 상주지역 남인 세력의 갈등상-상주 옥동서원의 位次是非를 중심으로」, 『민족문화논총』 81, 영남대학교 민족문화연구소, 2022.

김지은, 「정재 류치명의 문인록과 문인집단의 분석」, 『조선시대사학보』 85, 조선시대사학회, 2018.

박철상, 「조선후기 문인들의 印章에 대한 인식의 일면」, 『한문교육논집』 35, 한국한문교육학회, 2010.

송석현, 「조선시대 상주지역 서원의 동향」, 『민족문화논총』 81, 영남대학교 민족문화연구소, 2022.

심경호, 「18세기 중·말엽의 남인 문단」, 『국문학연구』 1, 국문학회, 1997.

이구의, 「淸越樓 吟詠詩에 나타난 자아와 세계의 만남」, 『동아인문학』 52, 동아인문학회, 2020.

정우락, 「입재 정종로 문학의 공간 감성과 그 구성 방식」, 『영남학』 78, 경북대학교 영남문화연구원, 2021.

정재훈, 「18세기 경상도 사대부의 금강산 여행과 그 특징상―李東沆의 『海山錄』을 중심으로」, 『영남학』 76, 경북대학교 영남문화연구원, 2021.

허권주, 「四未軒 張福樞의 학통과 영남 儒林에서의 위상에 대한 연구」, 『어문논총』 30, 한국문학언어학회, 2006.

황만기, 「화재 황익재의 삶과 학문경향」, 『한문학논집』 51, 근역한문학회, 2018.

낙성재(樂聖齋)를 찾아서

신지혜

1.『낙성재유고』의 발견

낙성재는 조선 후기 근기 지역에서 활동한 남인 계열 시인이다. 김억의『망우초』에서 그 이름을 보았다.『망우초』는 한시를 우리말로 옮긴 번역시집으로, 낙성재가 지은 6수의 한시가 실려 있다.『망우초』가 엮인 1943년 이전 문집에 작품이 실려 있는지 검색하다가 한국고전종합DB의『낙하생집』에서 6수의 한시를 찾았다.

낙하생(洛下生)의 이름은 이학규이다. 낙하생은 그 호로, 자는 성수(醒叟)이다. 이학규는 외조부 이용휴, 외숙 이가환에게 사숙하고 정약용, 신위 등과 교유했다. 장기간 유배를 떠나 당대 문집을 간행하지 못했다가 20세기에야 연구자들이 모여 시문을 영인했으나 수록되지 못한 다수 필사본 이본이 전한다.

1917년 이후 왕실 도서로 들어와 한국학중앙연구원 디지털 장서각에서 소장하고 있는『낙성재유고』를 찾았다.『낙성재유고』는 1책 53장으로 임자년에 엮은 권1에 오언절구 2제 3수, 칠언절구 37제 80수, 오언율시 12제 16수, 칠언율시 77제 113수, 오언고시

4제 10수, 오언배율 2제 2수, 경신년에 엮은 『경신집(庚申集)』에 오언절구 1제 1수, 칠언절구 5제 23수, 오언율시 4제 7수, 칠언율시 11제 22수, 오언고시 1제 1수가 실려 있다.

『낙성재유고』는 권1에 134제 224수, 『경신집』에 22제 54수, 총 150제 277수의 한시가 실려 있다. 그 중 『낙하생집』에 실린 6수는 없다. 『낙성재유고』 속의 낙성재는 다산 정약용이 살던 두릉에 찾아가 아들 학연과 손자 대림, 대초, 대무를 만난다.

【사진 1】 낙성재(樂醒齋) 표기

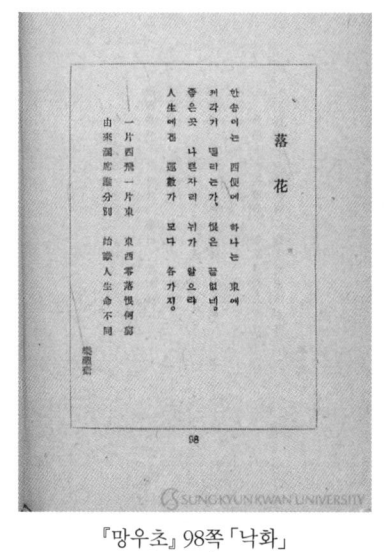 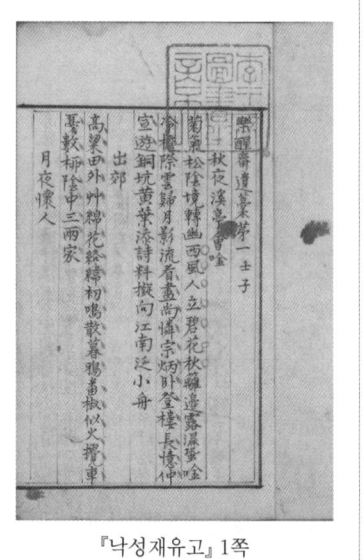

『망우초』 98쪽 「낙화」　　　　　　　『낙성재유고』 1쪽

2. 낙성재는 누구인가

『낙성재유고』의 일부에 간지를 밝혀 적었기에 연대를 추정할 수 있다. 정학연이 살던 임자년은 1852년이다. 이학규는 1835년에 세상을 떠났기에 낙성재가 될 수 없다. 한편, 이학규는 두 아들 재종, 재목이 있다. 신유년에 낙성재의 아버지는 61세, 할머니가 83세였다.[1] 이학규가 61세이던 해는 경인년으로 그 아들들도 낙성재가 아니다.

낙성재는 정학연을 어르신[丈席]이라 높이고 그 아들인 정대림도 선생이라 높여 부른다.[2] 낙성재는 1852~1861년 즈음 시를 지었고, 이를 선배나 웃어른이 되는 평자에게 보여 비평을 받았다. 신유년은 1861년이다. 그 아버지가 61세라 했으므로 당시 낙성재는 3~40대 정도의 장년에 해당한다.

다산 집안 후손들과 모여 함께 시를 지었으니[3] 혹시 혼인으로 맺어진 친인척일까. 낙성재의 시에 따르면 그가 손씨 성을 가졌을 가능성이 있다. 다산에게는 사위 윤영희, 손녀사위 김형묵, 임호

---

1) 제목의 孫氏를 손자로 보았으나 낙성재의 성씨일 가능성이 있다. 『낙성재유고』, 『경신집』, 「1861년 1월 21일은 아버지의 61세 생신이며 할머니가 연세 83세 되는 해이다. 손씨의 장수와 복록이 비록 진신에 이르지 못하였으나 노래자의 색동옷으로 생일잔치에서 춤을 추니 실로 우리 집안이 기쁘고 경사로워 태평하고 성대한 일이다. 삼가 율시 한 수를 지어 화장을 이을 뿐이다[辛酉正月二十一日, 家君晬辰而重闓春秋八十三歲矣. 孫氏之壽福, 縱未榮於縉紳, 萊子之斑彩, 寔卜舞於弧席, 儘是私門喜慶太平盛事也, 敬賦一律, 俾續和章耳]」, 105면.
2) 이는 낙성재보다 정대림이 나이나 집안, 신분 등에서 우위에 있음을 증빙한다. 『낙성재유고』, 「연사 정대림 선생께서 보낸 시에 차운하여 받들어 올리다[次蓮史先生, 見贈韻奉呈]」, 12~13면.
3) 이날 시회에는 정학연과 정대무, 정소운이 자리했다. 『낙성재유고』, 「유산 정학연 어르신과 더불어 벗들이 함께 짓다[酉山丈席與諸益共賦]」, 78~80면.

상, 강은주, 외손녀사위 이석춘이 있다. 처가 쪽으로도 범위를 넓
히면 정약용은 풍산 홍씨에게 장가들었다. 정학연은 평창 이씨, 정
학유는 청송 심씨와 남양 홍씨에게 장가갔다. 정대림은 수성 최씨,
전주 이씨와 혼인했으며 정대무는 청송 심씨, 정대번은 동래 정씨,
정대초는 청주 한씨와 혼인했다. 이중에 손씨는 없다.

정학연의 사위 김형묵은 대사성을 지낸 김식의 후손이다. 1815
년 이후 태어났고 무과에 합격, 오위장을 지냈다.[4] 낙성재는 벼슬
없는 포의로 보여 그를 제외한다. 정학유의 첫째 사위 임호상은
1826년생이다.[5] 그 아버지는 59세로 세상을 떠나 그도 낙성재 후
보에서 빠진다. 정학유의 둘째 사위 강은주는 1832년생이다.[6] 그
의 아버지에 대한 정보가 부정확하기에 보류한다.

3. 낙성재의 문학활동

낙성재의 정체 찾기가 정체되었다. 여태 이름 없던 그의 이름
찾기는 잠시 접고 그가 남긴 150제 277수의 한시로 돌아가고자

---

4) 金亨默의 형 金元默은 1815년생이다. 김원묵은 1843년 29세로 진사시에 합격했는
    데 당시 아버지인 金聖植이 살아 있었고, 거주지를 양근으로 표기했다. 한국역대인
    물 종합정보시스템 및 나주 정씨 족보 참조.

5) 任祜常의 아버지 任羲就은 1820년 문과 정시에 합격했고 음관으로 진신보에 올라
    있다. 임희궁의 첫 아들 任祜常을 정학유의 사위로 표기한 글도 있는데 둘째 임호상
    과 글자가 유사하여 발생한 오기로 보인다. 한국역대인물 종합정보시스템 및 풍천
    임씨 족보 참조.

6) 姜恩周의 형 姜應周는 1824년생이다. 강응주는 1852년 29세로 생원시에 합격했
    는데 당시 생부인 姜葒(『남보』에는 姜莌)이 살아 있었다. 강은주가 1882년 51세로 생
    원시에 합격했을 때 강면은 세상을 떠났다. 강면은 繕工監 假監役을 지내기도 했다.
    한국역대인물 종합정보시스템 및 『남보』 참조.

한다. 그의 시에 담긴 지리적 정보와 행적, 교우와 문학적 지향, 창
작 소재, 표현 방식 등을 파악하며 그의 문학세계를 분석하고 이
를 통해 조선 후기 근기 지역 문인이 형성한 문학 활동 경향을 살
피려 한다.

1858년 5월에 지은 「유산 정학연 선생께서는 광주 분원에 벼슬
하며[7] 시를 읊조려 그치지 않으셨다. 고향의 여러 군자가 날마다
모시고 장부 처리하는 겨를에 시 쓰는 벼루를 열고 결재 승인하는
사이에 시 적을 화축을 펼치니 한담하고 전아하여 진실로 세상 밖
경지이며 사마상여 작품 속 신선과 같았다. 단지 일곱 리 거리에
살고 있기에 비록 관아 누대로 달려가 모시지는 못하지만 분원의
풍경을 돌이켜 생각하며 여덟 편을 적는다. 스스로 조롱박을 본떠
그리는 꼴을 면치 못하겠으나 감히 바쳐 올리며 일찍부터 권애하
고 사모하여 오로지 멀리서 바치는 정성을 드러내고자 한다[酉山先
生, 官居瓷院, 哦詩不輟, 楡社僉君子, 日相從侍, 開詩硯於簿書之外, 展花軸於墨綬之
間, 閒澹典雅, 眞是物外, 司馬詩中神僊. 生居在七長亭之地, 雖未得趨侍官樓, 追敍瓷
廠風景, 賦至八篇, 自不免依樣葫蘆, 敢玆獻上宣,[8] [9] 凤慕眷愛, 聊表遠誠云爾]」[10]에

---

7) 정학연은 1857년 8월부터 고향 인근 사옹원 광주 분원에서 奉事로 재직했다. 김
    영진, 「酉山 丁學淵의 생애와 저작에 대한 一考」, 『다산학』 12, 다산학술문화재단,
    2008, 82면 참조.

8) 낙성재, 『낙성재유고』, 40~43면. 전후 작품의 간지로 작시 시기를 추정했다. 낙성재,
    『낙성재유고』, 「향원 정대초께서 왕림하시다(1858년 2월)[香畹枉訪(戊午二月)]」,
    38면; 「1월 11일, 돈의문을 나서 해주로 향하다가 홍제원을 지난다(1859년)[正月
    十一日 出敦義門 將抵海州 過洪堤院(己未)」, 54면.

9) 낙성재, 『낙성재유고』, 3면.

10) 조수삼의 『추재집』에는 1수, 강진의 『대산집』에는 18수 가량 언급된다. 강진은
    1840년부터 흥양의 감목관을 지냈는데 이때 이정옥에게 편지를 보내기도 했다. 조
    수삼, 『추재집』 권6, 「端陽日, 赴對山金吾直廬, 共李菡洲(廷玉), 韓冬郞拈韵 二首」;
    강진, 『대산집』 권1, 「與秋齋, 菡洲, 韓冬郞(致堯), 直中拈韻」; 강진, 『대산집』 권2,

낙성재(樂聖齋)를 찾아서 297

는 그의 주거에 대한 정보가 보인다.

낙성재는 경기도 광주 분원리 근처에 살고 있었다. 조선 후기 한강 수로를 따라 교통이 발달한 근기 지역은 서울이나 다른 지역에 접근하기 쉬웠다. 「상운사에서 함주 이정옥 어르신께 받들어 올리다[祥雲寺, 奉呈李菡洲(廷玉)丈席]」에는 그가 북한산 상운사에 방문해 만난 인물과 그 지향이 드러난다. 이정옥은 조수삼, 강진, 이형래 등과 어울렸다. 조수삼과 강진의 문집에 친구이자 동료인 그들이 서로의 집에 방문하거나 서울 곳곳을 유람한 흔적이 남아 있다.[11]

조수삼은 중인, 강진은 서얼이다. 그들이 사대부와도 왕래했지만 이정옥의 신분도 어쩌면 비슷하리라 여겨진다. 그를 본 낙성재의 반응으로 보아 그의 처지도 주류는 못 되었다. 다만 그는 스스로를 시인으로 인식했다. 19세기에 이르러 한시 창작과 비평의 중심은 아래로 이동하고 있었다. 낙성재는 방랑시인 김병연을 만나기도 한다. 「난고 김병연에게 차운하다[次蘭皐]」에는 다음 내용이 보인다.

毿毿人影雪三分   훨훨 나는 사람 눈을 셋 나누고

「共李菡洲登披垣西麓, 從姪庚吉, 駿秀, 族孫蘊, 任甥百漢偕焉」; 강진, 『대산집』 권4, 「冬夜往菡洲宅喫饅頭, 遂拈共字, 因成長句」; 『대산집』 권4, 「共菡洲, 又峰, 松泉復會. 酒次憶斗荷」.

11) 김병연이 등장하는 시는 5수이다. 낙성재, 『낙성재유고』, 37~38면; 낙성재, 『낙성재유고』, 「난고 김병연이 방문하여 함께 짓다(난고의 별호는 김삿갓이다)[金蘭皐見訪共賦(蘭皐別號金笠)]」, 35면; 「밤에 모여 이웃한 친구들과 난고와 함께 짓다[夜會隣友與蘭皐共賦]」, 36면. 김병연에 대해서는 심경호, 「김삿갓 한시에 대한 비판적 검토」, 『한문학논집』 51, 근역한문학회, 2018, 9~34면 참조.

滿岫斜陽冪蘧雲　굴에 깃든 석양 구름 드리웠네
夢冷林園流水近　꿈은 싸늘해 동산과 냇가 가까운데
歲寒墟落亂砧聞　연말 빈터에 다듬이소리 요란하네
江東定爲鱸魚想　강동은 정녕 농어회 생각나는데
冀北應空駿馬群　기북은 응당 준마떼 사라졌으리
岐路何須吟別賦　갈림길에서 무슨 이별가 읊으랴
雪峰風月久思君　눈 쌓인 산에 그대 그리며 읊네[12]

　1857년 겨울 찾아온 김병연을 맞이하면서 친구들과 시회를 열고 서로 수창했다. 당시 김병연은 50세로 호남을 두루 돌아다니다가 돌아오는 길이었다. 백발의 병든 나그네 행색을 하고 있었으나 낙성재는 그조차 그 시와 신비로운 운치를 돋보이게 한다며 그를 후하게 대접하고 전송했다. 낙성재가 가진 시인의 정체성과 자부심을 확인할 수 있다.

4. 낙성재가 남긴 시

　낙성재가 스스로를 시인으로 여겼듯 주변에서도 그를 시인으로 바라보았다. 『낙성재유고』에 수록된 비평에는 그의 문학적 지향과 당시 이를 평가한 평자의 시선이 드러나 있다. 작품 전체에 대한

---

12) 낙성재, 『낙성재유고』, 「향일루를 나서며 여러 친구들과 헤어지다[出向日樓別諸益]」, 65면. 원문은 다음과 같다. "一旬爲客已思歸, 向日樓前始振衣. 挾路繁華千市憨, 繞城比櫛万家肥. 鵁鶄碎舌盤空上, 鴻鴈連聲極浦飛. 故友那堪萍水別, 首陽梅月故依依."

비평은 '작평'으로, 일부 자구에 대한 비평은 '구평'으로 분류한다. 1859년 해주 유람을 다녀오면서 지은 「향일루를 나서며 여러 친구들과 헤어지다[出向日樓別諸益]」에는 "보내는 이와 떠나는 이가 모두 한묵인이다.[送者去者, 俱是翰墨人]"라는 작평이 있다.

낙성재와 시로 교감하던 사이이기에 평자 또한 근기 지역에 기반을 둔 인물이라 추정된다. 1860년 「광현으로 가는 길에 차운하다[次廣峴途中韻]」에는 "3구의 월령은 결국 그리워하는 사람을 그리는 시어이다.[三句月令, 竟是懷人語]"라는 구평이 있다. 낙성재가 쓴 회인시의 대상을 평자도 알고 그리워하고 있었기에 하는 말이다. 평자의 비평을 통해 작품을 보면 낙성재의 창작 소재와 표현 방식, 더불어 19세기 근기 남인 모임 중 하나인 이들이 어떠한 문학 세계를 추구했는지도 거슬러 올라갈 수 있다.

【사진 2】『낙성재유고』비평 예시

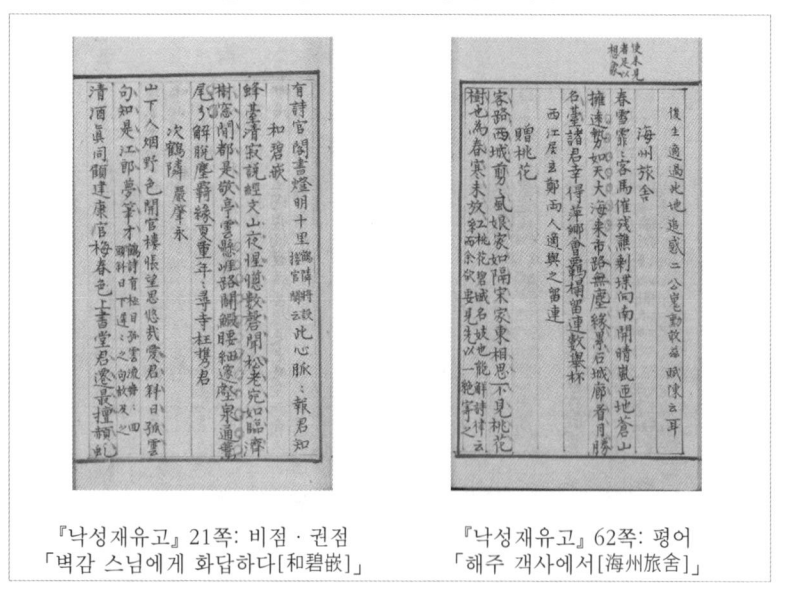

『낙성재유고』 21쪽: 비점·권점
「벽감 스님에게 화답하다[和碧嵌]」

『낙성재유고』 62쪽: 평어
「해주 객사에서[海州旅舍]」

붉은 먹으로 남긴 비점과 권점, 평어는 모두 두평의 형식을 띠고 있다. 연작시의 일부에도 두평을 남겼다. 「3월 12일, 춘당대에 친림하여 행하시는 정시를 관광하다[三月十二日, 春塘臺親臨庭試觀光]」에서는 "낙방한 유생 말투가 아니다.[沒非下第人口氣]"라고 하여 그의 기세를 칭찬한다.[13] 「남쪽 처마에 고요히 앉다[南榮靜坐]」에는 "시의 재료는 다른 것이 아니다.[詩料不是別物]"라고 하며 일상에서의 창작을 격려한다.

그런가 하면 「복사꽃 10수 연작[桃花十絶]」 10수 중 4수에서는 "성북의 복사꽃이 멀고 머니 사례한다.[北渚桃花, 遙遙扣謝]"라고 하여 널리 알려진 서울 성북동의 복사꽃을 구경하고 돌아와 시로 들려준 것에 감사를 표하기도 한다. 「해주 객사에서[海州旅舍]」에도 "본 적 없는 이들이 상상하기에 충분하다.[使未見者, 足以想象]"라고 하며 낙성재의 시가 독자의 견문을 확장한다고 그 가치를 매긴다. 다음으로는 낙성재의 시 경향에 대한 평가를 다룬다.

<표 1> 『낙성재유고』 평어 목록

시제	쪽수	비평
「洪川途中」	7	邑戶差可五六百戶云
「寄呈小耘」 10수 중 7 · 8수	45	二首宛是漁洋口氣
「林亭雨後」	46	好箇林亭名士生平
「南榮靜坐」	47	詩料不是別物
「自省」 7수 중 6 · 7수	53~54	可箴可銘
「松都懷古(並小序)」	57	一套提網壓倒兪市南

---

13) 『철종실록』 1860년(철종 11) 3월 12일 기사에서 춘당대에서 행한 정시가 확인된다.

시제	쪽수	비평
「海州旅舍」	62	使未見者, 足以想象
「贈別甕津擧人金生(肇鎰)」2수 중 2수	64	不勞雕鏤, 略是初唐
「出向日樓別諸益」	65	送者去者, 俱是翰墨人
「殘春日偶吟」	66	意新句鍊
「觀稼亭八絶(並序)」8수 중 3수	70	四句足以籞案
「觀稼亭八絶(並序)」8수 중 6수	71	凡鑠黃金
「春女行」	73	漢魏後此心無多
「三月十二日, 春塘臺親臨庭試觀光」	91	沒非下第人口氣
「楊柳十絶」10수 중 1수	95	上半截不讓古人才情
「楊柳十絶」10수 중 3수	96	滾合二事渾然天成
「楊柳十絶」10수 중 4·5수	96	屯田姓夏好
「桃花十絶」10수 중 4수	98	北渚桃花, 遙遙扣謝
「桃花十絶」10수 중 9수	99	不經人道語
「桃花十絶」10수 중 10수	100	對句無桃花, 尤當作桃花境界
「次小耘瓷廠感舊韻」	103	一回沈吟小生, 亦憐恨
「次廣峴途中韻」	104	三句月令, 竟是懷人語

평자는 낙성재의 시를 비평하며 왕사정 등 중국 문인을 언급하거나 특정 시대 시에 견주었다. 「소운에게 부쳐 보내다[寄呈小耘]」10수 중 7·8수에서 "2수는 완연한 어양 왕사정의 말투이다.[二首宛是漁洋口氣]"라고 말했다. 다음은 「소운에게 부쳐 보내다[寄呈小耘]」10수 중 7수이다.

黃葛風淸辟午薰　　칡덩굴 바람 맑아 한낮 훈기 피하니

吟髭愁對碧山雲	수염 꼬며 푸른 산 구름에 고민하네
知應二十四江詠	스물넷 강 읊으면 응당 알게 되겠지
壓倒當年錢仲文	당년의 전중문을 압도하리라는 것을[14]

　낙성재는 강에 대한 시를 지으며 전중문, 곧 전기를 언급했다. 전기는 「강행(江行)」 100수를 남긴 바 있다. 낙성재는 한강을 익숙하게 오가던 터라 자신있게 전기를 압도할 수 있다 주장한 것이다.

碧水溶溶樓下去	푸른 물 평평하게 누대 아래 흐르고
好山澹澹屋頭晴	좋은 산 담담하니 지붕 위가 개었네
烟江疊嶂杜陵畵	내 낀 강 겹겹 봉우리 두릉 그리니
相見揮毫王晉卿	붓 휘두르던 왕진경과 서로 만난 듯[15]

　이어지는 8수에서는 낙성재가 두릉을 그리니 왕진경, 곧 왕선과 같다 설명한다. 왕선의 그림은 왕정국이 소장하던 「연강첩장도(煙江疊嶂圖)」이다. 낙성재는 시에서 전기와 왕선을 언급함으로서 그들의 작품이 갖고 있던 이미지를 겹치는 효과를 내고 있다.
　한편, 「춘녀행[春女行]」에서는 "한·위 이후에 이러한 심사가 많지 않았다.[漢魏後, 此心無多]"라고 하여 낙성재가 당시에는 드물게 한·위 시절의 작품을 창작했음을 밝혔다. 또 「옹진에서 거인(擧人) 김조일과 헤어지며 드리다[贈別甕津擧人金生(肇鎰)]」 2수에는 "조탁하는 수고를 들이지 않아 얼핏 초당의 작품 같다.[不勞雕鏤, 略是初

---

14)　낙성재, 『낙성재유고』, 45면.
15)　낙성재, 『낙성재유고』, 45면.

唐]"라는 비평이 있다. 자연스럽게 쓴 시처럼 보인다는 평가이다.
다음은 그 작품이다.

    風雪呵寒白戰中   눈바람이 시회 중에 추위를 나무라니
    一場勤苦與君同   한 자리서 겨룬 그대나 나나 애썼지
    蒼茫靜海樓前路   창망하게도 정해루 앞에 둔 길에서
    君向西州我向東   그대는 서주로, 나는 동으로 향하네

5. 각성은 유쾌한가

낙성재는 누구와 함께 어울렸을까. 그의 교유와 관련하여 동사
(桐史)라는 특정한 용어가 자주 등장한다.[16] 「동사(桐史) 권용화에게
화답하여 부치다[和寄權桐史(用華)]」에는 그리워 꿈에 찾아갈 정도라
며 우정을 자랑하고 있다. 미련의 고혜(高惠)는 『한비자』에 나오는
인물이다. 친구인 장민(張敏)과 멀리 떨어져 있어 만나지 못하다가
장민이 꿈에 찾아가는 이야기가 전한다. 고혜와 장민 이전에도 두
사람의 성향에 대해 함련의 묘사가 압축적이다. 낙성재 스스로를
혜강에 빗대고 권용화는 사마천에 견주었는데 인명을 사용해 대

---

16) 桐史와 주고받은 시 중 權用華, 嚴肇永, 嚴堉는 이름을 밝혔다. 낙성재, 『낙성재유
고』, 「和寄權桐史(用華)」, 2면; 「十一日, 早發隆中邑, 飛鳳山之鳳林寺,……, 與桐史
鶴隣共賦上」, 18면; 「次桐史鶴隣」, 19면; 「鶴隣有事下山, 悵然送別」, 20면; 「次鶴隣
(嚴肇永)」, 21면; 「次桐史(嚴堉)」, 22~23면; 「和鶴隣來詩」, 24면; 「和桐史」, 24~25
면; 「別桐史鶴隣, 追後寄之」, 26~27면; 「鶴隣有書招之, 適雨雪霏霏未得趁去, 悵然
寄之」, 28면; 「雪晴始依前約, 訪鶴隣客館」, 29~30면; 「次桐史至日韻」, 30~31면;
「桐史鶴隣來訪共賦」, 31~32면; 「與桐史共賦」, 34면.

구를 짝 맞추었다. 함련에 비점이 찍혀 있어 이 대구를 긍정적으로 평가했음을 알게 한다.

宛在伊人水一方	물 저편 그대 모습 보일 듯 완연한데
蒼葭白露杳秋光	푸른 갈대 흰 이슬 가을빛 아득하네
襟期早許嵆中散	일찍이 흉금 터놓고 혜강 허여하더니
詞賦今驚馬子長	이제는 사부 지어 사마천을 놀래키네
鄕社何時開竹徑	향사에는 언제나 대숲 길을 열어뒀고
江村近日結茅堂	강촌에도 요사이 띠집 하나 얽었다네
誰知高惠相尋夢	누가 알겠나 고혜와 꿈에 서로 찾다가
每到歸川夜月凉	매번 귀천에 이르러 달밤이 서늘한걸

또한 그들이 작년 분원 근처에서 만난 인연임은 다음 수에서 드러난다. 같은 시제 아래 한 수는 칠언율시, 한 수는 칠언절구를 창작했다. 드러내려는 분위기와 내용에 따라 유연하게 취사선택했다. 아래 작품은 4구 전체에 비점이 찍혀 있다. 지역적인 지명을 이용하여 대구를 완성했는데, 권용화를 처음 만난 때의 분위기를 떠올리게 하며 여운을 남긴다.

分司廠外夕陽殘	분사창 밖 저무는 해 흩어지고
明月巖前流水漫	명월암 앞 흐르는 물 어지럽네
振觸去年携手處	떠올려보면 작년 함께 만났던 곳은
巖花未發尙春寒	아직 쌀쌀한 봄 산꽃 피지 않았으리라[17]

---

17) 낙성재, 『낙성재유고』, 「和寄權桐史(用華)」, 2면.

여러 동사 중에 엄조영(嚴肇永)과는 보다 돈독해보이며 유람 가서 주고받은 시문도 많다. 엄조영은 1864년 24세에 생원시에 합격했다. 낙성재와는 10대 때 어울렸으며 그 또한 근기 지역인 수원에 살았다. 다음 작품은 「학린이 보여준 시에 차운하다[和鶴隣來詩]」이다. 시를 지어 편지로 소통하며 작시 활동을 발전시켜나간 것을 알 수 있다.

華箋璀璨色香聲   편지의 빛깔 향기 내용이 찬란해
流雪廻風律格淸   눈보라 돌개바람도 율격 맑구나
莫使詩逋先笑我   시빚으로 날 먼저 웃게 하지 않으면
偏師猶可抵長城   한쪽 군사 되려 장성 무너뜨리리[18]

낙성재는 동사 이외에도 절에서 공부하며 인연이 닿은 승려들, 유람 가서 만난 시를 지을 수 있는 기생 등 비주류끼리의 만남을 이어 간다. 이죽설(李竹雪)도 그 중 하나이다. 다음은 이죽설과 함께 지은 작품이다. 우수에 가득 찬 분위기에서 낙성재가 시적 감수성이 무단히 일어나는 천생 시인임을 느낄 수 있다.

紅荳村凉晩景遲   서늘한 홍두촌 저녁놀 더디니
短檐斜日掛蛛絲   짧은 처마 거미줄에 석양 걸렸네
一年夢冷蛩吟夕   일년 꿈 썰렁하게 귀뚜리 우는 저녁이요
萬里天晴鷰去時   날 개어 만리 멀리 제비 떠날 시절이라
曲沿堪憐荷葉敗   굽이진 냇가에 연잎 가련하게 시들고

---

18) 낙성재, 『낙성재유고』, 「和鶴隣來詩」, 24면.

長洲猶愛荻花垂	긴 물가에 드리운 갈대꽃 오히려 곱네
無端懷緖多惆愴	무단한 일어난 감회에 슬픔이 많기에
漫咏還如送別詩	읊조리니 도리어 송별하는 시 같구나[19]

낙성재는 시에 골몰하여 시름하다가도 종종 절을 방문해 과거를 준비했다. 다음은 「상운사에서 함주 이정옥 어르신께 받들어 올리다[祥雲寺, 奉呈李菡洲(廷玉)丈席]」이다. 강학하던 이정옥에게 찾아가 배움을 청한 듯하다. 그는 이정옥이 보여주는 초탈한 모습을 묘사했다. 낙성재의 눈에 이상적인 시인의 모습은 세상에서 쓰이지 못하는 존재이다.

歲寒垂講帳	세한에 강학하며 발 드리우니
山靜小庵淸	산 고요하며 작은 암자 맑구나
絶壁常雲氣	절벽은 언제나 구름기운 돌고
幽泉似雨聲	그윽한 샘물 빗소리 비슷하네
異香參佛國	기이한 향내로 불국에 참예하고
殘燭伴書城	가물한 촛불은 책성에 짝한다네
久住諸天界	오래도록 삼계제천에 머무르셔서
已能忘世情	이미 세상 인심을 잊으셨으리[20]

낙성재는 다들 술에 취해 있는데 혼자 깨어 있다가 조정에서 쫓겨났다는 굴원의 정서를 뒤집어 깨어 있어도, 깨어 있기에 즐겁다

---

19) 낙성재, 『낙성재유고』, 「與李竹雪共賦」, 3면.
20) 낙성재, 『낙성재유고』, 3면.

며 각성의 유쾌함을 주장하는 듯하다.[21] 각성이 유쾌할 수도 있으나 보통의 각성은 불쾌를 수반한다. 낙성재의 특별함은 이러한 정신에 있다. 과거에 낙방하고 세상에 쓰이지 않아도 꺾이지 않고 시로 승화시키기 때문이다.

『망우초』에 낙성재의 이름으로 낙하생의 시가 적힌 건 아마도 근기 남인 가운데 시로 이름난 이학규의 시를 학습하며 기록해두었기 때문이리라. 낙성재는 근기에서 활동하며 지역에서의 정체성을 확보하고 이를 확장하기 위해 지방 죽지사와 기속시를 남겼다. 낙성재는 다산 집안 후손 중 소운과 가장 많이 어울렸다. 소운도 「두릉기속(斗陵紀俗)」 20수를 지었다.[22]

낙성재를 찾아내려 시도할수록 확실한 정보가 거의 없었다. 다만 그의 시와 이를 비평한 평어에 기반하여 조선 후기 근기 지역에서 남인 계열의 정체성을 가진 그의 삶을 재구성해보았다. 유람한 지역에 대한 문물, 시장 경제에 대한 호감 등을 밝힌 작품은 도시를 바라보는 인식을 드러내고, 고향에 대한 정보와 풍속 등은 지역을 지켜왔던 애정을 보여준다. 현재로서는 문학 담당층이 아

---

21) 굴원은 「어부사」에서 "온 세상이 다 흐리거늘 나 홀로 맑고, 모든 사람이 다 취했거늘 나 홀로 깨었는지라, 이 때문에 쫓겨나게 되었다.[擧世皆濁我獨淸, 衆人皆醉我獨醒, 是以見放]"라고 한탄했다. 이 정서를 뒤집은 '각성의 유쾌함'에 대한 기록은 魏伯珪(1727~1798)의 견해를 참고할 만하다. 『存齋集』권21 「社講會序」의 번역문은 다음과 같다. "어떤 이가 "어째서 사람들과 함께 술지게미를 먹고 탁주를 마시지 않는가?"라고 말한다면, 나는 웃으며 "아니다, 아니다. 나는 본래 홀로 깨어 있는 사람이 아니다. 여러 사람들이 다 취해 있는데 그중에 또 더 많이 취한 사람이 있다면, 이는 어차피 똑같이 취한 것 아니냐며 비웃지 않겠는가. 그렇지만 나는 취해 있어도 즐겁고, 술이 깨어 있어도 역시 즐겁다."라고 말할 것이다.[或者曰何不餔其糟而歠其醨. 余笑曰否否,吾本非獨醒者. 無乃與衆醉而又復有大醉者. 以百步笑耶.雖然吾醉亦樂醒亦樂.]"

22) 정소운은 양근 귀천리에 살았던 운양 김윤식과도 교유했다. 김윤식은 「두릉기속」의 화답으로 「歸川紀俗詩」를 지었다. 『운양집』 권1.

래로 이동하며 나타나는 '다각화'로 그 의의를 마무리하려 한다.

참고문헌

〈원전자료〉

『茶山學團文獻集成』

樂醒齋, 『樂醒齋遺藁』, 한국학중앙연구원.

김억, 『忘憂草』, 漢城圖書株式會社, 1943.

〈논저〉

김영진, 「酉山 丁學淵의 생애와 저작에 대한 一考」, 『다산학』 12, 다산학술문화
　　　재단, 2008.

_____, 「酉山 丁學淵의 회인시 연구-「秋日懷人絶句十一首」를 중심으로」, 『한
　　　국시가연구』 40, 한국시가학회, 2016.

_____, 「酉山 丁學淵 詩集 異本攷」, 『한문교육논집』 46, 한국한문교육학회,
　　　2016.

_____, 「酉山 丁學淵 詩集 異本攷(2)-추가 발굴 시집 2종을 중심으로」, 『한문
　　　시가연구』 52, 한국시가학회, 2021.

_____, 「버클리대 아사미문고 소장 『五家詩摘句』 해제」, 『민족문화연구』 94, 고
　　　려대 민족문화연구원, 2022.

김지영, 「丁學淵의 매화 연작시 「梅花三十首」에 대한 一考」, 『장서각』 25, 한국
　　　학중앙연구원, 2011.

_____, 「『三倉館集』을 통해 살펴본 酉山 丁學淵의 초기 시세계」, 『시학과 언어
　　　학』 23, 시학과언어학회, 2012.

_____, 「酉山 丁學淵 詩文學 硏究」, 한국학중앙연구원 한국학대학원 박사학위
　　　논문, 2016.

노경희, 「일본 宮內廳書陵部 소장본, 丁學淵 시집 『三倉館集』의 영인 및 해제
　　　(1)」, 『다산학』 6, 다산학술문화재단, 2005.

신익철, 「詩選集 『鮮音』과 丁學淵 가을 연작시의 정서」, 『장서각』 13, 한국학중
　　　앙연구원, 2005.

심경호, 「김삿갓 한시에 대한 비판적 검토」, 『한문학논집』 51, 근역한문학회,
　　　2018.

이철희, 「경세가 정약용에서 시인 정학연으로-다산가 시학의 변화와 19세기 문인사회-」, 『한국한문학연구』 50, 한국한문학회, 2012.

_____, 「酉山 丁學淵 秋題詩와 秋士의 자의식」, 『인문과학』 54, 성균관대 인문과학연구소, 2014.

_____, 「유산 정학연 '秋題詩'의 양식적 연원과 특성」, 『대동문화연구』 92, 성균관대 대동문화연구원, 2015.

정은주, 「낙하생 문집 이본과 선집 수록 현황」, 『반교어문연구』 48, 반교어문학회, 2018.

신자료
『능산시고(綾山詩稿)』 소개

김종후

1. 들어가며

성균관대학교 존경각은 동아시아학술원의 자료정보센터로서 고서실의 역할을 맡고 있는데, 이는 조선시대 성균관의 도서관이었던 존경각의 이름을 계승한 점에서도 알 수 있다. 국가지정문화재로 지정된 귀중본이 있는가 하면 아직 학계에 소개되지 않은 자료도 있는데, 능산(綾山) 구행원(具行遠)의 『능산시고(綾山詩稿)』가 후자에 해당한다.

구행원은 19세기 활동한 시인으로서 두릉시사와 북촌시단에 참여하였다. 18~19세기에 기록된 여러 자료에서 아주 많은 작품을 지은 시인이라고 언급되었지만, 문집이 전하지 않은 탓에 그의 작품을 볼 수도 없었고 인적사항 등의 정보도 부족하다. 기존의 연구에서는 유산(酉山) 정학연(丁學淵), 규재(圭齋) 남병철(南秉哲)과 교류한 문인으로서 소개되었는데,[1] 역시 정학연이나 남병철의 시에

---

1) 김영진(2008); 김지영(2011); 김영진(2016); 김영진(2021); 김종후(2021).

언급된 구행원의 모습을 포착하는 데 그칠 수밖에 없었다. 현재 전하는 문집에서 구행원을 언급한 경우를 추려보면, 학계에서 주목하는 이재(彛齋) 권돈인(權敦仁), 자하(紫霞) 신위(申緯), 추사(秋史) 김정희(金正喜), 동번(東樊) 이만용(李晚用) 등의 시인과 친밀하게 교유했음을 알 수 있다. 이처럼 구행원의 작품은 소개된 사례가 없고 그의 문학에 대해서도 연구되지 않았기에, 『능산시고』는 후속 연구에 주요한 자료가 될 것이다.

본고는 『능산시고』의 구조와 성격을 소개하고, 수록된 작품을 통해 조선후기 시단에서 구행원의 입지가 어떠했는지 살펴보고자 한다. 『능산시고』는 학계에서 미처 주목하지 못한 시인 구행원을 살펴볼 수 있는 자료이며, 구행원의 넓은 교유폭을 통해 18~19세기 문단과 시인들의 일단면을 살펴볼 수 있는 중요한 자료이다.

2. 구행원과 『능산시고』

『능성구씨세보』에 따르면 구행원은 도원수파 20세손으로, 생몰년은 1778년(정조2)~1852년(철종3)이고 자는 도여(道如)이다. 부친 구종묵과 모친 전주이씨(이양원의 딸) 사이에서 태어났다. 형제는 없고, 후손으로 아들 정석(庭錫), 그의 아들 영조(永祚)와 영학(永學) 형제가 있으며, 영학의 아들 형식(亨植)이 영조의 대를 이었으나 족보에는 '무고(无攷)'라고만 표기되어 있다. 가장 잘 알려진 그의 호 능산(綾山)은 후에 스스로 지은 것으로 추정된다.[2] 구행원의 관력은

---

2) 李止淵, 『希谷遺稿』 권3, '具生行遠, 自號綾山者, 來到, 共賦'; 申緯, 『警修堂全藁』 권

찾아볼 수 없으나, 『승정원일기』에는 총 4번 등장하는데, 모두 성균관 유생으로서 단체상소에 참여한 경우이다.[3]

능성구씨 가문은 조선시대 대표적 무관 벌열 가문으로 알려져 있다.[4] 분파조 구성로(具成老)는 강원도 도원수를 지내고 의정부 좌찬성에 증직되었고, 8대조는 중종의 5녀 숙정옹주와 결혼한 능창위(綾昌尉) 구한(具瀚)이다. 이후로 구행원의 계보는 능성구씨가 훈무세가로 자리잡는 데 주요한 역할을 한 인물들로부터 방계로 갈라져 관직에 진출한 자가 드물었다. 5대조 구의준(具義俊)은 함경남도 병마절도사를 지냈고 그의 증조부 구세창(具世昌)은 첨지중추부사를 지냈다. 구세창의 아들 구홍주(具弘柱)는 좌의정 이건명과 돈녕부 도정 이명회의 딸을 아내로 맞이하였다. 능성구씨는 다른 무인 가문이나 세력가들과 혼인관계로 연을 잇고자 꾸준히 시도한 것으로 보인다. 다만 구행원 대에 와서는 유력 가문과 점점 멀어지고 후사가 끊기는 등, 일면 쇠락하는 모습을 보인다.

---

12. 「綾山五十無家, 近日始卜宅於慈壽橋之東. 盖好事者, 合錢而爲之買也, 綾山有詩自賀, 遍要和韻, 余亦賦焉.[具行遠自號綾山詩人也.]」

3) 순조 1년(1801) 1월 16일 - 館學……幼學 具行遠.
   순조 7년(1807) 8월 21일 - 館學……幼學 具行遠.
   순조 7년(1807) 8월 23일 - 館學……幼學 具行遠.
   헌종 14년(1848) 11월 8일 - 慶尙道·忠淸道·全羅道·江原道·黃海道·京畿……幼學 具行遠.

4) 차장섭(2006), 306~312면 ; 박수현(2020), 44~55면.

〈표1〉 능성구씨 도원수파 중 구행원을 중심으로 한 15대~23대 계보

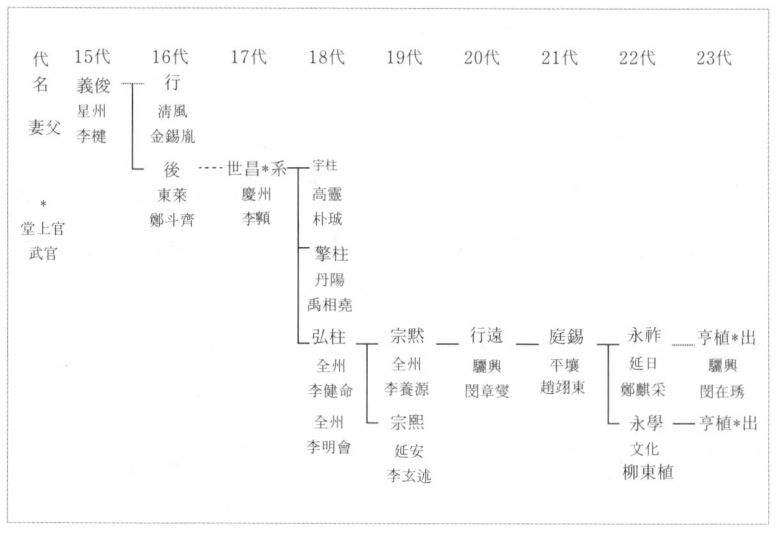

【사진 1】성균관대 존경각 소장『능산시고』(벽암문고 B책 102-46)

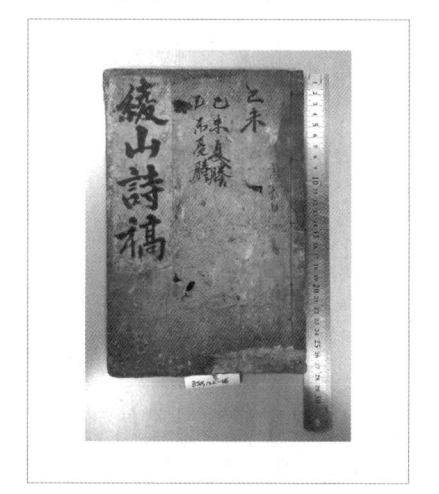

『능산시고』의 존재는 김영진의 선행연구에서 짧게 언급되었다.[5] 성균관대학교 존경각의 벽암문고에 소장되어 있으며(B책 102-46), 이는 구행원의 저작으로 유일하게 전해지는 책이다. 『능산시고』는 필사본으로 크기는 27.3×18.5cm, 장정 형태는 불분권 1책이며, 표지

---

5) 김영진(2021), 66면, "정학연 親知들의 정학연 관련 자료들은……具行遠의 『綾山詩稿』(필사본 1책, 성균관대)……등에서 추출한 것이다."

에 '을미하등(乙未夏謄)'이라는 메모가 있다. 서문은 청한(靑翰) 이관하(李觀夏, ?~?)가 작성하였다. 표지의 메모와 구행원의 생몰년을 고려한다면 『능산시고』는 1895년 만들어진 것으로 볼 수 있다.

『능산시고』에 수록된 시는 총 72수(오언율시 6수, 칠언절구 1수, 칠언율시 61수)이며, 뒤에 산문 1편(畫葡萄題辭)과 운문 2편(春夜謠, 再疊)이 붙어 있다. 상세한 목록은 아래와 같다.

〈표 2〉『능산시고』 수록작

번호	시제	유형	관련인물	기타
1	與丁酉山泛舟斗陵前津	칠언율시	정학연	두릉진
2	送鶴人游箕城	오언율시	학인	평양
3	訪李友華淵, 逢南雪谷潛共賦	오언율시	이화연 남준[6)	
4	訪李蕉夫	오언율시	이초부	
5	寄丁佐郎夏教工部直中	오언율시	정하교	
6	與徐君三·李士一·兪汝民登圓嶠	칠언율시	서군삼 이사일 유여민	원교
7	英齋與閔參奉洙龍夜吟	칠언율시	영재 민수룡	
8	與李士一·許月老·釋永訓共賦	칠언율시	이사일 허월로 석영훈	
9	寄箕冊金教官相喜	칠언율시	김상희	평양
10	寄金承旨正喜	칠언율시	김정희	
11	伏波亭與尹蒲州夜吟	칠언율시	윤보주	복파정

---

6) 玉垂 趙冕鎬와 교유한 雪谷 南浚(?~?)의 誤記로 보인다.

번호	시제	유형	관련인물	기타
12	寄趙聖汝	칠언율시	조성여	
13	濯纓亭與趙大邱鍾淳共賦	오언율시	조종순	탁영정
14	伏波亭與月老諸人夜宿時永訓僧有約不來	칠언율시	허월로 석영훈	복파정
15	又	칠언율시	허월로 석영훈	복파정
16	與永訓僧共賦	칠언율시	석영훈	
17	與士一諸友夜會	칠언율시	이사일	
18	柳進士瑞家與諸益夜會[時韻釋在傍]	칠언율시	친구들	유서의 집
19	寄洪承旨稺圭	칠언율시	홍치규	
20	成均直所與柳典籍共賦	칠언율시	유전적	성균직소
21	同金參判健翁[陽淳]往伏波亭賞雪	칠언율시	김양순	복파정
22	又	칠언율시	김양순	복파정
23	獨吟[乙丑]	칠언율시		
24	李南原憲承夫人回甲	칠언율시	이헌승 부인	
25	徐君三家與黃坡夜吟	칠언율시	정환표	서군삼의 집
26	與沈大雅[樂應]共賦淸所家	칠언율시	심낙응	청소의 집
27	浿營與起山共賦	칠언율시	기산	패영(황해도)
28	與張承旨敎根·李文叟·李蓉城共登孟園	칠언율시	장교근 이문수 이용성	맹원
29	同金參判[陽淳]·金參判[蘭淳]諸公登弼雲坮賞花仍宿. 是時申在植·李光文·金弼均·洪稺圭·張敎根·安光直一代各公皆與之	칠언율시	김양순 김난순 신재식 이광문 김필균 홍치규 장교근 안광직	필운대

번호	시제	유형	관련인물	기타
30	又	칠언율시	김양순 김난순 신재식 이광문 김필균 홍치규 장교근 안광직	필운대
31	又與諸公會飮太古亭	칠언율시	김양순 김난순 신재식 이광문 김필균 홍치규 장교근 안광직	태고정
32	又與諸公留宿張園	칠언율시	김양순 김난순 신재식 이광문 김필균 홍치규 장교근 안광직	장원
33	又與諸公餞春北渚洞	칠언율시	김양순 김난순 신재식 이광문 김필균 홍치규 장교근 안광직	북저동
34	寄李尙書止淵	칠언율시	이지연	
35	寄御將柳相亮	칠언율시	유상량	
36	與沈先達承澤諸人登北麓	칠언율시	심승택 제인	북록
37	遊李主簿懿喆杏洲漁所	칠언율시	이의철	행주어소
38	又	칠언율시	이의철	행주어소

번호	시제	유형	관련인물	기타
39	又	오언율시	이의철	행주어소
40	又	오언율시	이의철	행주어소
41	又	칠언절구	이의철	행주어소
42	又	오언율시	이의철	행주어소
43	又	칠언율시	이의철	행주어소
44	與沈敬澤共賦	칠언율시	심경택	
45	寄金尙書鏴	칠언율시	김로	
46	與李進士載毅共賦	칠언율시	이재의	
47	寄沈先達承澤	칠언율시	심승택	
48	寄金陵漁官李蓉城	칠언율시	이용성	
49	過宗人述祖	칠언율시		
50	送張承旨敎根之谷山任所	칠언율시	장교근	곡산
51	洪承旨穉圭家夜吟	칠언율시	홍치규	홍치규의 집
52	又	오언율시	홍치규	홍치규의 집
53	南城營中贈留相	칠언율시	광주유수	광주
54	夜宿金台健翁家	칠언율시	김태건	김태건의 집
55	次御大將贈人江遊韻[游奉恩寺]	칠언율시	어대장	봉은사
56	健翁家夜飮	칠언율시	김양순	김양순의 집
57	與沈先達承澤諸人登辰瓊樓	칠언율시	심승택 등	진경루
58	水聲洞與金健翁[陽淳]金碧谷[蘭淳]共賦	칠언율시	김양순 김난순	수성동
59	寄柳大將相亮	칠언율시	유상량	
60	李尙書止淵權參判敦仁諸公會健翁家	칠언율시	이지연 권돈인	김양순의 집
61	七月旣望會健翁家	칠언율시		김양순의 집
62	與太僕郞李培秀共賦直廬	칠언율시	이배수	당직 숙소
63	與沈英叟[小楠]共賦直所	오언율시	심능숙	당직소

번호	시제	유형	관련인물	기타
64	宿東樊家[時泊翁在謫]	칠언율시	이만용	이만용의 집
65	寄廣州留相李止淵	칠언율시	이지연	
66	謾吟	칠언율시		
67	寄示廣州留相	칠언율시	이지연	
68	與諸公會洪承旨稱圭家	칠언율시	제공	홍치규의 집
69	與健翁諸公舟遊西湖轉向伏波亭	칠언율시	김양순 제공	서호, 복파정
70	與淸所共賦[時永訓僧在座]	칠언율시	청소 석영훈	
71	寄許友鋼	칠언율시	허강	
72	訪李承旨稱序, 不遇, 過佳谷忽見 碧谷桂圍坐林間, 欣然須共賦 [序當作瑞, 憲字号.]	칠언율시 (末句落)	이정관 김난순 안광직	佳谷

　『능산시고』의 목록에 등장하는 인물을 정리해보면, 당대의 유명한 시인들과 교유한 점이 두드러진다. 다산 정약용의 아들이자 두릉시사의 중심이었던 정학연, 금석학과 고증학의 대가 추사 김정희와 그의 동생 김상희, 정승직을 역임한 희곡 이지연과 이재 권돈인, 김양순과 김난순 형제, 남고시사의 심능숙, 이재의, 여항의 시인으로 유명했던 이만용 등과 시를 주고받았다. 또다른 특징으로는 셋 이상 모여 지은 시가 많은 만큼 시회의 모습을 포착할 수 있다는 점인데, 복파정 또는 탁영정에 모여 지은 시가 7수 보이고, 두릉시사, 북촌시단, 남고시사 등 이름 있는 시사 뿐만 아니라 김양순의 시사 등의 모임에서 지은 작품도 수록되어 있다. 무인 가문으로 알려진 능산구씨의 일원인만큼 무관직에 있는 이배수, 유상량 등과 지은 시 역시 확인할 수 있다.

3. 희시다작(喜詩多作)의 시인

구행원은 동시대 문인들에게서 시를 매우 사랑했으며 그만큼 많이 지었던 의욕적인 시인으로 기록되는데, 박옹(泊翁) 이명오(李明五)가 '원서에 있던 구도여가 아침에 들러, 나에게 시 짓기를 요청하니, 그 즐거워함을 알 만하다.(능산의 자가 도여이다.)[苑署具道如朝過, 要余賦詩, 喜可知也.(綾山字道如)]'라고 하며 그가 진정으로 '시를 즐거워함[喜詩]'을 지적했다. 심암(心菴) 조두순(趙斗淳)도 시를 깊이 즐긴 구행원의 모습을 묘사하였는데, 마치 입전하듯 그의 평생을 정리하였다.

綾山讀詩如度曲	능산은 시 읽기를 노래하듯 하니
雨筑風箏殷山谷	우축과 풍쟁으로 산곡의 노래를 이루네
軒眉時作哄堂笑	눈썹을 치켜들 때마다 시 지으니 모인 모두 웃으며
掃却人間羣呶叫	인간세상 일 씻어버리고 모여서 소리치네
我謂綾山癡	나는 능산을 멍청하다 여겼는데
胸中自有稱金錘	가슴 속에 기준을 스스로 갖고 있었네
我謂踈且狂	나는 능산이 너무 거침없다 여겼는데
老眼靑白不可當	늙은 그 눈이 청백으로 빛나니 당할 수 없구나
平生爲詩等於身	평생 지은 시 자기 키 만한데

一話不做失路嚬	한 마디도 눈썹을 찡그린다 하지 않았네
淸聖濁賢渾可口	청주 탁주 모두 입맛에 맞는데
到處吾廬何薄厚	도처가 곧 나의 집이니 어찌 타박하겠는가
其讀雖如歌	그는 독서를 비록 노래처럼 했으나
是歌是哭孰少多	노래같기도 통곡같기도 한 소리 누가 뭐라 하리오
其笑雖不休	그의 웃음은 비록 그치지 않았으나
是心恒懷宋玉秋	그 흉중에는 항상 송옥의 가을[7]을 품었네
竭來萍梗水雲鄕	자연 속에 이리저리 떠돌며 수운향에 있으니
不見動如參與商	보지 못하는 게 마치 삼성과 상성[8]이구나
綾山綾山知者誰	능산이여 능산이여 그를 아는 자 누구인가

---

[7] 초나라 屈原의 제자인 宋玉은 '九辯'이라는 노래를 지었는데, 임금에게 충성을 바치고도 쫓겨난 스승 굴원의 처지를 가을이 되어 영락하는 초목에 빗대어 한탄한 내용으로 되어 있다. 『楚辭』 권6, '九辯' 참고.

[8] '參商'은 參星과 商星을 말한다. 삼성은 서쪽에 있고 상성은 동쪽에 있어서, 번갈아 뜨고 지므로 서로 볼 수가 없다고 한다. 후에 친구가 멀리 떨어져서 서로 만나지 못하는 것을 비유하는 표현으로 사용되었다. 杜甫의 '贈衛八處處士'에서 "사람이 살아가며 만나지 못하는 것이 삼성과 상성 같구려.[人生不相見, 動如參與商.]"라고 하였다.

上有玉皇下乞兒   위로는 옥황이요 아래로는 걸인들이

리[9]

  조두순이 그린 구행원의 모습은, 눈썹을 찡그리고 추키며 마치 노래하듯 시 읊기를 좋아하던 시인이다. 일면 행동이 거칠고 시끄럽다 느껴지고 멍청하다고도 할 수 있지만, 그 심지가 굳고 총기가 반짝이는 시인임을 조두순은 감탄하며 후렴에서 칭송하였다. 신위의 시에서도 구행원이 집이 없어 고생하다가 쉰의 나이에 당시 그를 후원하던 이들이 집을 사주었다고 하였으니,[10] 술과 시로 자신을 달래며 떠돌아다니던 시인의 모습이 그려지며 조두순의 마지막 구절이 절실하게 다가온다.

  이러한 구행원의 이미지는 다른 시인이 그린 구행원의 모습에서도 똑같이 보인다. 조두순의 시 제목에서 유추할 수 있듯 구행원은 본인의 환갑을 맞아 널리 교유한 문인 명사들에게 축시를 요청했는데, 북촌시단의 후배 규재 남병철 또한 선배의 장수를 축하하며 그의 시에 대한 애호를 묘사하였다.

展眉以酒解頤詩   술로 눈썹을 펴고 시로 얼굴을 풀며

痴號多於顧愷之   바보라는 이름은 고개지보다 더하니

如斯冷淡生涯足   이처럼 가난해도 생애는 족하다며

---

9)   趙斗淳, 『心庵遺稿』 권5, 「능산 구행원은 시인으로, 살아온 날이 한 갑을 넘으매, 사대부와 어려 학자들에게 시를 요청하니 급히 장구를 지어 줌[具綾山行遠, 詩人也. 以生年舊甲之回, 乞詩於薦紳諸賢, 走題長句贈之.]」

10)   申緯, 『警修堂全藁』 권12, 「綾山五十無家, 近日始卜宅於慈壽橋之東. 盖好事者, 合錢而爲之買也. 綾山有詩自賀, 遍要和韻, 余亦賦焉.[具行遠自號綾山詩人也.]」

柴米油鹽摠不知	땔나무며 쌀과 기름, 전혀 마음에 두지 않네

艱難險阻備嘗之	가난과 험한 일을 골고루 맛보니
短髮伊來亂若絲	짧은 머리 요사이 실처럼 어지럽네.
如今大了今生債	이제야 이생의 빚 모두 갚으니
六十年間萬首詩	육십년간 만 수 시 지었네[11]

    환갑의 나이를 맞은 구행원에게 누구보다 현명한 선배이며 다작한 시인이라 높이는 작품이다. 진나라의 유명한 화가 고개지는 '치절(痴絶)'이라 불렸는데,[12] 남병철은 고개지보다 구행원이 그 호칭에 더욱 들어맞는다고 표현하면서 그의 유쾌함과 강인한 정신을 칭송하였다. 실제로 구행원은 50세가 될 때까지 집이 없었다고 하니[13] 과연 "가난과 험한 일을 골고루 맛"보았을 것이다. 그러면서도 총 만 수가 될 만큼 많은 시를 지었으니, 시를 짓는 것은 평

---

11) 南秉哲, 『圭齋遺藁』 권1, 「呈綾山老人[具行遠二首]」

12) 『晉書』에 "顧愷之가 桓溫의 막사에 있을 적에 늘 말하기를 '나의 몸에는 愚癡와 총명이 반반씩 있으니, 합하여 논한다면 그야말로 평균치를 얻었다 할 만하다.' 하였다. 이에 세상에서 그를 재주가 뛰어나고(才絶), 그림 솜씨가 뛰어나고(畫絶), 어리석음이 뛰어나다(癡絶) 하여 三絶로 일컬었다.[初, 愷之在桓溫府, 常雲, '愷之體中癡黠各半, 合而論之, 正得平耳.' 故俗傳愷之有三絶, 才絶, 畫絶, 癡絶.]"라는 말이 있다. 『晉書』 권92 文苑傳, 「顧愷之傳」 참고.

13) 申緯, 『警修堂全藁』 권12, 「능산은 쉰이 되도록 집이 없었는데, 근래에 처음 자수교 동쪽에 집 자리를 얻었다. 대게 호사자들이 돈을 모아 그를 위해 사주었다. 능산이 시를 지어 스스로 축하하곤 두루 화운시를 구하기에 내가 또한 지었다.(구행원은 스스로 능산시인으로 호를 삼았다.)[綾山五十無家, 近日始卜宅於慈壽橋之東. 盖好事者, 合錢而爲之買也. 綾山有詩自賀, 遍要和韻, 余亦賦焉.(具行遠自號綾山詩人也.)]」; 김지영(2011), 140~141면 참고.

생의 빚이지만 환갑이 된 선배는 그 빚을 갚아낸 것이니 대단하다고 감탄하며 표현한 것이다. 남병철은 시작품을 꾸준하게, 그리고 많이 지은 선배를 칭송하면서도 그의 시재가 되었을 다사다난한 삶을 기리는 시를 바쳤다.

'시인'이라는 자의식을 가진 인물로서 시를 멀리하거나 좋아하지 않을 리 없지만, 구행원은 특별히 주목받을 정도로 의욕적으로 시를 짓고 찾아다닌 애호가였다. 하지만 그의 거칠고 기이한 행적, 또 가문의 쇠락과 등용되지 못한 개인사로 인해 세상에 이름난 시인이 되지 못하였다. 구행원은 인생의 풍파 속에서 거칠고도 순수한 감성을 발현시켰고, 시를 사랑하는 '희시(喜詩)'의 자세로 많은 시를 짓는 '다작(多作)'한 그의 모습을 동시대 시인들은 포착하여, 함께 시회로 모이고 자신의 시에서 그를 기록하고 칭송하였다.

4. 이름난 시인들과의 창수(唱酬)

구행원은 두릉시사와 북촌시사를 포함하여 다양한 시회에 참석하였고, 자연히 넓은 교유폭을 가지고 있었다. 그의 시 친구로는 신분, 당색, 직급을 초월한 명사들이 있었다. 우선 조선 후기 여항시인으로 빼어난 시인이었던 동번 이만용 가문과의 교유가 깊었던 것으로 추측할 수 있는데, 그의 아버지인 박옹 이명오는 시를 참 좋아하던 시인으로 구행원을 기억하며 자신의 문집에 그와 함께 지은 시를 수록하였으며,[14] 이만용 역시 구행원과 지은

---

14) '具綾山[行遠], 李絳茶[祖默]見過.', '綾山過留宿同賦, 仍呈楓閣斤正.', '景臨直廬,

작품을 문집에 수록했다.[15] 구행원은 이명오가 유배갔을 때 이만
용의 집에 들러 그를 위로하며 '동번의 집에서 묵다(당시 박옹께서
유배가 있었다.)[宿東樊家(時泊翁在謫)]'[16]를 지어주었다.

또한 김양순의 시회[17]에도 출입한 것으로 추측할 수 있다.『능산
시고』에 수록된 작품을 살펴보면 시를 지은 주요 장소 중 '건옹의
집[健翁家]'이 있다. 그중 한 작품을 통해 희곡 이지연[18], 이재 권돈
인과 함께 김양순의 집에서 시회가 어떻게 모였는지 유추할 수 있
다.

相逢盡是十年顔	서로 얼굴을 봐온 것은 모두 십년이 되었고
百尺高樓翠靄間	백척의 높은 누각은 푸른 안개에 쌓였네
薜荔墻深凉雨滴	덩굴 감긴 담장 깊은 곳 차가운 비 내리고

與綾山夕陽賦詩, 限以曉鍾爲令.', '李靑渼[鎭泰]與綾山過', '苑署具道如朝過, 要余賦
詩, 喜可知也.[綾山字道如]', '奉邀海居都尉, 與綾山, 蓉城, 黃坡諸人作.'

15) '呆山庄, 與靑渼具綾山[行遠]共賦.', '臨湍縣齋, 遇綾山作.', '馬上, 次綾山韻.'

16) 『綾山詩稿』, '宿東樊家[時泊翁在謫]', "白首相逢坐聽鍾, 蒼蒼園木露華濃. 十塵未謝
餘秋夢, 千劫纔經宛舊容. 誰道先生吟碧茝, 終知高士愛寒松. 年來最恨東流水, 又是君
家草際蛩."

17) 劉在建,『里鄕見聞錄』, '柳史逋迟', "참판 健翁 金陽淳이 詩社를 결성하여 경조 鶴
山 尹濟弘, 판서 碧谷 金蘭淳, 태학사 翠微 申在植가 藍樓에 모였다. 또 愚山 崔憲
秀, 黃坡 鄭寅杓 등 여러 시인들이 그것을 이어받아, 풍류의 흥성함이 근고에 비할
데 없었다.[健翁金侍郞結詩社, 鶴山尹京兆·碧谷金尙書·翠微申太學士, 聚于藍樓.
又有崔愚山·鄭黃坡諸詩人承之, 風流之盛, 近古無比.]" 실시학사 고전문학연구회
(1997), 377~380면 참고.

18) 1777 ~ 1841, 본관은 全州. 자는 景進, 호는 希谷. 시호는 文翼. 趙大妃의 측근자로
서 1839년에 사교 금지를 주장해 프랑스 신부를 비롯한 많은 천주교인을 학살한
기해박해를 일으킨 장본인이 되었다. 저서로는 『희곡유고』가 있다.

梧桐井冷白雲還	오동 심긴 찬 우물에 흰 구름 돌아 오네
月應與我當秋好	달은 응당 우리와 더불어 가을을 맞아 참 좋고
蟬亦隨人到夕閑	매미 역시 사람 따라 저녁 되어서는 쉬는가
欲向氷壺逃晚熱	빙호로 들어가 늦더위 피하고자 하여
諸公得有畫中山	여러분께서 그림 같은 산속에 모였어라[19]

　제목에서 이지연을 상서로, 권돈인을 참판으로 지칭한 것을 보면 1831년 또는 1832년 즈음에 지은 작품으로 추측할 수 있다. 늦여름 더위가 심한 어느 가을날, 피서를 위해 자주 모이던 인원들이 김양순의 정자로 모였다. 5~6구에서 자연물상이 화자와 일체감을 갖고 호응하는 것처럼 표현한 점에 주목할 만하다.

　이지연은 그의 문집 『희곡유고』에서 구행원과의 친분을 보여주는데, 구행원을 처음 만나면서부터 5편의 화운시를 주고받으며 교류를 쌓았고 그의 환갑에도 축하하는 시를 지어주었다. 후에 김양순은 이조판서를, 이지연은 우의정을, 권돈인은 영의정을 역임하였으니, 이 시의 배경이 된 모임은 대단한 위세의 명인들이 모인 자리였을 것이다. 깊은 골짜기에 자리한 김양순의 누각은 신선세계인듯 몽환적이며 한 폭의 그림 같은 장소였으며, 거기 모인 인원도 명문대가였는데, 한미한 무인 가문의 구행원이 이처럼 현달

---

19)　『綾山詩稿』,「상서 이지연, 참판 권돈인 여러분들과 건옹 김양순 댁에 모이다.[李尙書止淵 權叅判敦仁諸公 會健翁家]」

한 인물들과 십여 년 보아온 사이라 말할 수 있을 만큼 그는 여러 시회에 오래 참석해 온 시인이었음을 유추할 수 있다.

그 외에 주목할 작품은 추사 김정희에게 보낸 작품이다. 구행원과 김정희가 연결되는 지점을 추측할 단서는 없지만, 정학연과의 인연으로 연결되었거나 서울의 명사들과 모인 자리에서 김정희 형제와 만나는 등으로 추측할 수 있다. 『능산시고』에는 동생 김상희에게 보낸 작품 '평양의 동몽교관 김상희에게 부침[寄箕冊金敎官相喜]'에 이어 김정희에게 보낸 시가 수록되어 있다.

明時休暇極遊遨	맑은 날 여유로운 때에 마음껏 노니니
月滿池塘葉滿皐	못에는 달빛 가득하고 언덕에 낙엽 가득하네
五夜琴書紅燭隱	오경의 새벽 독서에 붉은 초가 은은히 타는데
三穐笳鼓畫船高.	가을날 피리며 북소리 화려한 배에서 울려퍼지네
仙樓宿望朝端重	승지[20] 그대의 명망이 조정에 중하고
子舍風流浿上豪	아드님 풍류는 대동강의 호걸이라지
洛下諸人翹首久	한양의 모든 이 그리워한 지 오래인데
北山孤客夢偏勞	북산의 외로운 객 꿈에 유독 수고롭네[21]

---

20) 承政院의 正廳에 六仙樓라는 현판을 달았고 이로 인해 승지·좌승지·우승지·좌부승지·우부승지·동부승지 등 여섯 승지를 가리켜 六仙이라 했다.

21) 『綾山詩稿』, 「김 승지 정희에게 부치다[寄金承旨正喜]」

1828년 김정희는 평양에서 지내고 있었는데[22], 서울 북촌에 있
는 구행원이 그를 그리워하며 지은 작품이다. 잠시 관직을 맡지
않아 여유로운 때에 평양으로 간 김정희의 모습을 상상하기도 하
고, 서울로 들려오는 소문을 알려주며 그 풍류를 칭송하였다. 마지
막에는 보고 싶은 자신의 마음이 이만큼 간절하다는 것을 드러내
고자, 꿈에서 평양을 얼마나 갔는지 자신의 혼이 너무 수고롭다고
표현하였다. 특히 김정희와 떨어져 있는 상황을 다양한 소재의 대
비로 그리고 있는데, 정적이며 외로운 구행원과 동적이고 화려한
김정희를 다채로운 심상을 활용해 표현한 것이 주목할 만한 부분
이다.

5. 나오며

구행원은 18~19세기 여러 문인에게 그 누구보다 '치절(痴絶)'
의 호칭이 어울리는 인물이자 열정적으로 시를 지었던 '시인'으로
평가받았다. 여러 시회에 참여하며 교유의 폭을 넓혔고, 순수하면
서도 열정적인 자세로 '시를 사랑하며 많은 시를 창작[喜詩多作]'하
며 자신을 알아주는 동료 시인들과 평생 시를 지었다. 그중 두릉
시사에 참여하며 정학연, 이명오, 이만용 등과 만나고, 북촌시단에
서 남병철 등과 시를 주고받았으며, 이지연, 권돈인, 김정희, 조두
순 등 명문세가의 명사들에게 시를 구하며 함께 시회로 모이기도
하였다. 구행원의 교유의 폭과 그 실제 모습을 새로 소개한 『능산

---

22) 유홍준(2002), 222~237면.

시고』를 통해 포착할 수 있었다. 이는 그동안 제대로 조명되지 못한 열정적인 시인 구행원을 이해하고 탐구할 수 있는 주목할 만한 자료이다. 『능산시고』가 향후 조선후기 시회의 양상을 구체화하는 연구에 보탬이 될 것으로 기대한다.

참고문헌

〈원전자료〉

具行遠, 『綾山詩稿』.

李止淵, 『希谷遺稿』.

申緯, 『警修堂全藁』.

趙斗淳, 『心庵遺稿』.

劉在建, 『里鄕見聞錄』,

실시학사 고전문학연구회, 『里鄕見聞錄』, 민음사, 1997.

유홍준, 『완당평전 1』, 학고재, 2002.

〈논저〉

김영진, 「酉山 丁學淵의 생애와 저작에 대한 一考」, 『다산학』 12, 재단법인다산
　　　학술문화재단, 2008.

김영진, 「酉山 丁學淵 詩集 異本攷」, 『한문교육논집』 46, 2016.

김영진, 「유산 정학연 시집 이본고 (2)-추가 발굴 시집 2종을 중심으로-」, 『한
　　　국시가연구』 52, 한국시가학회, 2021.

김종후, 「圭齋 南秉哲 漢詩 文學 硏究」, 성균관대학교 석사학위논문, 2021.

김지영, 「丁學淵의 매화 연작시 「梅花三十首」에 대한 一考」, 『藏書閣』 25, 한국
　　　학중앙연구원, 2011.

박수현, 「具樹勳의 『二旬錄』 硏究」, 성균관대학교 석사학위논문, 2020.

차장섭, 「綾城具氏 族譜의 刊行과 그 特徵」, 『한국사학보』 22, 고려사학회,
　　　2006.

『옹산강목(甕算綱目)』 연구
– 19세기 무인의 현실 인식과 개혁 방안*

조민제

* 이 글은 조민제, 「甕算綱目」 연구 – 19세기 무인의 현실 인식과 개혁 방안」(『동양고 전연구』 94집, 동양고전학회, 2024)을 수정 보완한 것이다.

古文眞寶

1. 서론

『옹산강목』은 국정 운영의 개혁을 논한 경세서이다. 선행연구는 국립중앙도서관[1]과 고려대학교 해외한국학자료센터[2]의 해제인데, 책의 전체적인 내용 및 구성을 소개하는 데 그쳤을 뿐 그 저자와 편찬 시기에 대한 단서는 제시하지 못했다. 이 책에는 저자와 간기가 보이지 않으나, 책의 내용에 저자와 시기를 추정할 수 있는 단서가 있어 대략 추측해볼 수 있다.

이 책은 서구 세력의 개항 요구와 위협에 직면한 19세기 말의 상황에 맞서 이 상황을 타개해 나갈 방책을 구체적으로 제시하였다. 그중에서도 눈에 띄는 것은 강한 군대를 양성하는 방안을 제시하였다는 것이다. 주지하다시피 조선은 유교를 국시(國是)로 내세운 국가로, 문치(文治)를 표방한 국가로서 무(武)를 경시해왔다.

---

1) 배현숙 저.
2) 백진우 저.

하지만 저자는 이러한 전통적인 관념에서 성장하였음에도 무의 중요성을 언급하며 부국강병의 이념을 표방하고 있다. 이는 20세기 초 상무정신(尙武精神)을 표방하는 신채호와 박은식의 근대 민족 사학으로 이어진다.

한편 책의 끝부분에서는 수와 당이 군주의 개인적인 탐욕으로 인해 무리하게 고구려를 침공하다가 패배한 사례를 언급하고 있다. 이는 7세기의 강대국이었던 두 나라의 침공을 고구려가 막아낸 사례를 드러냄으로써 19세기 말 주변 강대국의 위협에 직면한 상황에도 위기를 극복해나갈 수 있다는 의지를 심어주었다는 데 의의가 있다.

하지만 여전히 유학적 전통 사고방식에서 벗어나지 못하여 종종 현실성이 떨어지는 방책을 제시한 사례도 보인다는 점은 한계라고 할 수 있겠다. 본고에서는 저자의 정체와 저술 의의 및 한계를 다루고자 한다.

2. 『옹산강목』의 서지적 검토

국립중앙도서관 소장 『옹산강목』은 불분권 1책의 필사본으로 표지는 떨어져 나갔다. 크기는 32.6×22.5cm, 총 287면이며 1면당 10행이고 1행당 22자로 구성되어 있다. 광곽은 사주쌍변(四周雙邊)이며, 어미는 상하내향이엽화문어미(上下內向二葉花紋魚尾)이다.

책의 내용은 계선지에 필사되어 있다. 간혹 글자와 글자 사이 우측 공간에 빠뜨린 글자를 써넣은 흔적을 발견할 수 있는데, 본문의 필체와 써넣은 글자의 필체가 유사한 것으로 보아 본문 필사자가 필사 내용을 검토하는 과정에서 빠뜨린 글자를 써넣은 것으로 보인다.

한편 서명(書名)에서도 드러나다시피 이 책은 강목체(綱目體)의 형식으로 쓰여 있다.[3] 큰 항목은 강(綱)으로, 강으로 분류된 항목의 하위 항목은 다시 목(目)으로 분류되었다. 각 강의 앞부분에는 서론격의 글이 있으며, 각 강과 목에서 먼저 여러 서적의 내용을 인용한 뒤 줄을 바꾸고 한 칸을 내린 뒤 '유차관지(由此觀之)'나 '부(夫)', '범(凡)' 뒤에 자신의 의견을 덧붙이고 있다.

이 책의 형식은 이이(李珥)의 『성학집요(聖學輯要)』와 유사한 점이 있다. 『성학집요』 역시 강목체로 저술되었으나 『옹산강목』과 같이 주장하려는 바를 5편의 큰 항목으로 정리한 뒤 이 항목을 언급해야 하는 이유를 간단히 언급하였다. 그 후 여러 경학서 내용을 인용하고, 그 내용에 대한 여러 성리학자의 주(注)와 소(疏)를 실은 뒤, '안(按)' 자 뒤에 자기 생각을 언급하는 방식을 취하였다. 여러 성리학자의 주와 소가 실리지 않았다는 것은 『옹산강목』과 다른 점이나, 다른 형식은 모두 『성학집요』의 그것과 일치하고 있다.

형식뿐만 아니라 두 책이 모두 개혁적 성격을 띠고 있다는 점에서도 공통점을 찾아볼 수 있다. 『성학집요』는 이이가 국왕 선조가 현명한 군주가 되기를 바라며 국정 개혁 방안을 제시한 책이다.

---

3) 태종 3년에는 『동국사략(東國史略)』이 강목체로 저술되었고, 세종 대에 완성된 『태종실록』 역시 강목체로 저술되었다. 이처럼 강목체가 대중적인 편찬 체제가 될 수 있었던 것은 조선이 성리학, 그중에서도 주자주의의 주자학을 국시로 삼았기 때문이었다. 『통감강목』에서 주자는 정통과 비정통을 구분하며 화이(華夷)를 구별하였다. 훗날 명(明)이 청(淸)에 의해 멸망하자 주자의 사상과 시각이 가장 잘 드러난 강목체가 조선 후기에 유행하게 되었다. 이 책에서도 주변국을 '蠻夷'나 '四夷'로 표현하는 것으로 보아, 그 영향을 받아 강목체로 저술한 것으로 판단된다.

『옹산강목』은 자기 생각을 '옹산'이라고 낮추며 보잘것없는 생각이라고 겸양하였으나, 결국 국정 개혁에 대한 소신을 밝힌 글이며, 국정 개혁의 주체인 군주를 염두에 두고 쓴 글이라 할 수 있다. 즉, 『옹산강목』은 형식면에서나 주제면에서나 『성학집요』와 성격을 같이 한다고 할 수 있다. 이 점에서 보았을 때 저자는 이 책을 저술할 당시 이이의 『성학집요』를 참고했을 가능성이 있다. 부국용론 제2목 생재(省財)에서 '율곡선생'이 언급되는 것으로 보아 그 가능성은 크다.

한편, 『옹산강목』은 앞서 언급한 국립중앙도서관본 외에 일본 동양문고에 또 하나의 이본이 소장 중인데, 두 이본은 구성 및 글자 면에서 많은 차이를 보인다. 일본 동양문고본은 불분권 3책으로, 표지가 있으며 제첨에 서명이 수기로 적혀 있고, 우측 하단에 '천금물전(千金勿傳)' 네 글자와 총 책수가 수기로 기록되어 있다. 표지 문양은 1사격면자이며 5침 안정으로 장정되었다. 크기는 34.0×22.5cm, 광각은 사주단변(四周單邊)이며, 1면당 행자수는 10행 22자이고 어미는 없다. 1책 55장, 2책 37장, 3책 45장이고, 2책의 첫부분이 2강의 제3목 '휼민정'의 마지막 대목으로 시작하는 것으로 보아 1책이었던 것을 3책으로 나눈 것으로 추정해볼 수 있다.

동양문고본은 국립중앙도서관본과 달리 서문이 수록되어 있지 않으며, 바로 목차 면부터 수록되어 있고 목차 면 우측 하단에는 붉은색의 '동양문고(東洋文庫)' 장서인이 찍혀 있다. 구성 역시 국립중앙도서관본과 차이를 보이고 있는데, 국립중앙도서관본의 구성은 총 258목이고 동양문고본은 247목으로, 항목 수에 차이가 있으며, 국립중앙도서관본의 경우 매 강(綱) 앞에 '치평지요(治平之

要)'네 글자가 있다. 또한 국립중앙도서관 본은 목록의 첫 줄 '옹산강목목록(甕算綱目目錄)' 다음 '치평지요제일강용인재합육목(治平之要第一綱用人才合六目)'이라는 구절이 있지만, 동양문고 본은 '옹산강목총(甕算綱目總)' 다음 '제일강용인재(第一綱用人才)'가 쓰여 있다. 다음 항목인 '용인재제일목격군심(用人才第一目格君心)' 역시 국립중앙도서관본의 '제일목격군심(第一目格君心)'과 다르다. 강과 목을 국립중앙도서관본과 비교해보았을 때 글자가 다르거나 국립중앙도서관본에 수록되어 있지 않은 내용이 들어가 있는 경우도 적지 않다. 이에 따라 본문의 글자 및 내용 면에서도 많은 차이가 존재할 것으로 예상된다.

이처럼 두 이본의 목(目)과 절(節)의 수에 분명한 차이가 있음에도 선행연구에서 이본의 구성적 차이 및 구체적인 차이점을 언급하지 않았다는 점은 아쉽다. 하지만 『옹산강목』의 이본이 국립중앙도서관과 동양문고에 소장 중이라는 사실을 제공하였다는 점에서 의의가 있다.

3. 『옹산강목』의 구성과 내용

『한어대사전(漢語大詞典)』에 따르면 옹산(甕算)이란 곧 망상(妄想)이라는 뜻이며, 원대(元代) 위거안(韋居安)이 저술한 『매간시화(梅磵詩話)』의 다음과 같은 내용이 인용되어 있다고 소개되어 있다.

　　　　동파의 시 주(註)에 이르길, 한 가난한 선비는 집에 오직 독(甕) 한 개가 있어서, 밤이 되면 그 항아리를 지키며 잠이

들었다. 어느 밤에는 마음에 생각하기를, 만약 부귀를 얻는
다면 돈으로 마땅히 땅과 집을 장만하고, 노래하는 기생을
품을 수 있겠지, 그리고 높고 큰 수레까지 모두 장만하겠
다고 생각했다. 마음속으로 이리저리 생각하다 보니 자신
도 모르게 기뻐서 춤을 추기 시작하다가 마침내 독을 깨뜨
리고 말았다. 그러므로 지금 세간에서는 망상하는 자를 옹
산이라고 부른다.[4]

가진 것이라고는 독밖에 없는 선비가 이 독을 밑천삼아 여러 즐
길 망상을 하다가 흥에 겨워 춤을 추던 중 자신도 모르게 하나뿐
인 독을 깨 버렸다는 이 고사는, 실현될 가능성이 없는 허황한 생
각을 하느라 애만 썼다는 것을 의미하고 있다.
　저자는 이 책 전반에 걸쳐 국가 운영에 대한 자기 생각을 드러
내고 있는데, 서문에서는 자신이 주장한 바가 망령되고 보잘것없
는 말이라 표현하였다.

그러나 재주, 식견, 도량을 겸비하고 좋은 임금과 좋은 때
를 만난 자가 아니라면, 때에 따라 말이 달라져 여러 모순
이 생기는 폐단이 어찌 없겠는가. 비록 우둔한 말이 수레
를 끌 가망이 없더라도, 쓸모없는 재목이라도 큰 집을 지
탱하는 데는 도움이 될 수 있으리니, 망령되이 보잘것없는

---

4)　“東坡, 詩註云, 有一貧士家惟一甕, 夜則守之以寢. 一夕, 心自惟念, 苟得富貴, 當以錢
　　若幹營田宅, 蓄聲妓, 而高車大蓋無不備置. 往來於懷, 不覺歡適起舞, 逐踏破甕. 故今
　　俗間指妄想者爲甕算.”『漢語大詞典』卷5, 297, 1990.

말로써 조목별로 변론하노라.[5]

저자는 이 책에서 자기 생각이 비록 우둔하지만 어느 방면에서는 도움이 될 수 있으니, 보잘것없는 자기 생각이라도 변론한다고 언급하였다. 서문의 내용을 근거로 제목에 붙인 '옹산'의 의미를 생각해보면, 저자는 국정 5강 22목 268절에서 논한 개혁 방안이 실현될 가능성이 없는 허황한 생각이라 겸양한 것으로 추측해 볼 수 있다.

서문에서 저자는 이 책의 저술 의도를 밝혔으나 자신을 '소적무창(疎逖武傖)'이라고 언급한 것 외에 자신에 대한 정보는 밝히지 않았다. 후술하겠지만 '소적무창'은 소원하고 미천한 무인을 뜻하는 말로, 저자의 신분을 추측해 볼 수 있는 단서가 된다.

또한 저자는 서문에서 이 책의 구성을 의도에 따라 배치하였음을 드러냈다. 저자는 "안으로 백성을 보전하고 밖으로 이웃 나라와 교류하는 방도는 나라를 부유하게 하고 군대를 강성하게 하는 것보다 큰 것이 없으며, 나라를 부강하게 만드는 것은 모두 사람을 쓰는 것에 달려있다."[6]라고 언급하였다. 「용인재론(用人才論)」에서도 "인재 등용에서 실효를 얻은 후에야 백성을 보호하는 방법을 시행할 수 있으며, 어진 이를 등용하여 백성을 보호한 후에 재원이 부유해지며, 강한 병사를 등용하여 진군하게 하면 적을 위협해 물러나게 하고 나라가 부유해지니, 쉽기가 손바닥을 뒤집는 것

---

5) "然苟非才識量兼全而遇主遇時者, 其孰無做說殊時矛楯多端之弊哉! 雖鈍駑之無望服輅, 或散樗之有補支廈, 故妄以甕說條辨焉."『甕算綱目』序, 3면.
6) "內保民命, 外交隣國之道, 莫先於富國强兵 而富强之道都在於用人."『甕算綱目』序, 3면.

과 같다."[7]라고 언급하며 인재 등용의 중요성을 강조하였다. 「강병사론」에서도 "우선 백성의 목숨을 보호하고, 나라의 근본을 튼튼히 하려 하지 않고서 갑자기 부유하고 강대해지고자 하니, 이는 뿌리를 자르고 가지에 물을 주는 것이다. 우선 어진 인재를 등용하지 않고서 백성을 보호하고 부강하게 하려는 망령된 생각은, 장인(匠人)이 없는데 옥을 새기는 것이다. 그러므로 군대를 논하는 것은 사람을 등용하고 백성을 보호하고 나라를 부유하게 하는 것에 최선을 다해야 하니, 생각건대 당사자는 굽어 살펴야 한다."[8]라고 언급하고 있다. 이는 인재 등용이 국정 운영 중 가장 우선시되어야 한다는 저자의 생각을 읽을 수 있는 내용이다. 『옹산강목』의 첫 부분이 '용인재론'인 것은 인재를 등용하여 쓰는 것이 다른 강보다 우선시되어야 한다는 점을 강조하기 위해 의도적으로 가장 앞에 배치한 것으로 해석할 수 있다.

서문 다음에는 목차가 있으며, 목차는 「용인재론(用人才論)」, 「보민명론(保民命論)」, 「부국용론(富國用論)」, 「강병사론(强兵士論)」, 「교린국론(交隣國論)」의 5개 항목인 강과 그 아래 세부 내용인 목으로 구성되어 있고 각 강 앞에는 '치평지요(治平之要)' 네 글자가 있다. 각 강의 앞부분에는 해당 항목을 논하고자 하는 의도를 밝힌 글이 있고, 강 뒷부분에는 총론에 해당하는 짧은 글이 실려 있다. 본문 뒤에 발문은 보이지 않는다. 책의 구성은 다음과 같다.

---

7) "旣得用人之實效, 然後乃可以施保民之道, 用賢保民, 然後富財, 用强兵士進則威敵退, 則富國, 其易如反掌矣." 「用人才論」, 『甕算綱目』, 26면.
8) "不先保民命, 以固邦本, 而遽欲富强, 則是斬根而灌枝者也. 不先用賢才而妄意保民富强, 則是無工而雕玉者也. 故論兵, 務於用人, 保民富國之下, 惟當事者俯加察焉." 「强兵士論」, 『甕算綱目』, 192면.

〈표1〉『옹산강목』의 구성

綱	目	節	합계
제1강 用人才論	제1목 格君心	8절	6목 53절
	제2목 生人才	6절	
	제3목 養人才	8절	
	제4목 得人才	10절	
	제5목 知人才	9절	
	제6목 任人才	12절	
제2강 保民命論	제1목 蕃民生	11절	4목 77절
	제2목 安民業	12절	
	제3목 恤民情	17절	
	제4목 化民俗	37절	
제3강 富國用論	제1목 生財	13절	4목 36절
	제2목 省財	5절	
	제3목 蓄財	6절	
	제4목 辦財	12절	
제4강 強兵士論	제1목 任將	26절	3목 53절
	제2목 精卒	20절	
	제3목 鍊械	7절	
제5강 交隣國論	제1목 歸化	7절	5목 49절
	제2목 守備	13절	
	제3목 和親	7절	
	제4목 征伐	16절	
	제5목 戎窮黷	6절	
도합	5강 22목 268절		

제1강은 「용인재론」으로, 유용한 인재를 얻는 방법이다. 임금이 어진 인재를 길러내는 방법, 훌륭한 인재를 알아보는 방법, 그리고 인재에게 어떻게 임무를 맡겨야 하는지를 논하고 있다. 제1목 격군심(格君心), 제2목 생인재(生人才), 제3목 양인재(養人才), 제4목 득인재(得人才), 제5목 지인재(知人才), 제6목 임인재(任人才)의 여섯 가지 목과 그 아래 53절에서 구체적 방도를 논하고 있다.

제2강은 「보민명론」으로, 백성을 보호하는 방법이다. 백성의 삶을 번성하게 하고 안정시키고 어려운 백성의 삶을 구호하고 민간 풍속을 교화하는 방도를 언급하며, 제1목 번민생(蕃民生), 제2목 안민업(安民業), 제3목 휼민정(恤民情), 제4목 화민속(化民俗)의 네 가지 목과 그 아래 77절로 구성되어 있다.

제3강은 「부국용론」으로, 국가의 재정을 부유하게 하는 방법이다. 농토를 개간하고 무리한 요역을 금지하고, 상평창(常平倉)을 설치하여 백성의 삶을 안정되게 한 뒤, 사창(社倉)을 설치하여 기아에 대비하고, 세금을 거두는 방도를 언급하였다. 제1목 생재(生財), 제2목 생재(省財), 제3목 축재(蓄財), 제4목 판재(辦財)의 네 가지 목과 그 아래 36절로 구성되어 있다. 그중 판재에서 주세(酒稅)와 어과(魚課), 주거(舟車) 등 특정 사물에 세금을 부과하면 국가 재정에 보탬이 될 것임을 강조하고 있어 주목된다.

제4강은 「강병사론」으로, 병사를 강성하게 만드는 방법이다. 장수를 임명하고 정예병을 양성하는 방법과 무기를 마련하는 방법을 언급하였다. 제1목 임장(任將), 제2목 정졸(精卒), 제3목 연계(鍊械)의 3목과 그 아래 53절로 구성되어 있다. 정졸에서 저자는 병사란 나라를 지키는 사람이므로 천대하여서는 안 되며, 등급이 마땅히 평민보다 한 단계 높아야 한다는 점을 강조한다. 또한 무기를 만드는 데 유용하다면 외국의 제조법도 받아들여야 한다고 주장하고 있는데, 군인의 위상을 높이고 부국강병을 외치며 무비(武備)의 중요성을 강조하고 있는 점은 주목할 만하다.

제5강은 「교린국론」으로, 이웃 나라와 외교하는 방법이다. 어떻게 하면 이웃 나라가 자국에 쉽게 다가오는지, 이웃 나라 침입 대비 및 침입시 수비하는 방법, 이웃 나라와 화친할 때 주의할 점, 이웃 나라를 침입할 경우 전쟁은 최후의 수단이므로 무리한 전쟁이 낳은 비참한 결과를 언급하였다. 제1목 귀화(歸化), 제2목 수비(守備), 제3목 화친(和親), 제4목 정벌(征伐), 제5목 계궁독(戒窮黷)의 5목과 그 아래 49절로 구성되어 있다. 「교린국론」에서는 다른 나라와 외교할 때 엄격한 약법(約法)을 세우고, 외국 사신이 들어올 때 보호 및 영송(迎送)하고 빈상(儐相) 및 통역할 관리를 두며 통화(通貨)를 관리할 사시관(司市官)을 둘 것을 주장하였다. 이 책이 저술될 당시가 주변의 여러 국가와 관계를 맺어야 할 상황이었음을 나타내는 단서가 드러나는 부분이기에 주목할 필요가 있다.

이처럼 저자는 국정 전 분야를 총 5강 22목 268절로 나누고 여러 서적을 인용한 뒤 자기 생각을 개진하는 방식으로 개혁 방안을 제시하였다. 이 책에서 저자가 인용한 서적은 『논어(論語)』, 『맹자(孟子)』, 『대학(大學)』, 『중용(中庸)』, 『시경(詩經)』, 『서경(書經)』, 『주역(周易)』 등 사서삼경(四書三經)과 『예기(禮記)』, 『주례(周禮)』 등 유가의 경서가 주를 이루고 있으며, 『좌전(左傳)』, 『사기(史記)』, 『한서(漢書)』, 『당서(唐書)』, 『송사(宋史)』, 『원사(元史)』 등의 정사(正史)와 『장자(莊子)』, 『순자(荀子)』, 『국어(國語)』, 『손자(孫子)』, 『육도(六韜)』, 『삼략(三略)』 등 다양한 분야의 서적 및 『병학지남』과 『무예도보통지』 등 우리나라에서 간행된 병서(兵書) 등이다.

4. 『옹산강목』의 저자 추정

이 책의 작자는 미상이나 내용을 통해 대략적으로나마 작자의 신분에 대해 유추해볼 수 있다. 첫째, 작자는 19세기의 인물이다. 「강병사론」에 다음과 같은 내용이 나온다.

> 방략과 절차는 모두 장수된 자에게 달려 있기에 장수를 임용하는 일을 먼저 말하였다. 그러므로 전부 거론하지 못하겠다. 그러나 대략적인 것은 이미 『무예도보통지』에 갖추어져 있다.[9]

『무예도보통지』는 1790년(정조14) 완간된 책인데, 『옹산강목』에 『무예도보통지』가 언급되었다는 것은 『무예도보통지』가 나온 이후에 이 책이 저술되었다는 것을 의미한다. 따라서 『옹산강목』은 적어도 18세기 후반 이후에 저술되었다고 추정해볼 수 있다.

또한 「강병사론」에서 언급된 '육군'과 「교린국론」에서 언급된 '전보' 등 근대적 용어도 이 책의 저술 시기가 조선 말기임을 입증한다. 전보는 전신을 이용한 통신이나 통보를 의미한다. 이 시기 조선에서는 연행 사신과 청나라로부터 전해진 서적을 통해 서양 문물에 대해 알게 되었고, 위정자들은 부국강병을 위해 서양 문물을 도입할 필요성을 느끼게 되었다. 위정자들의 눈길을 끈 대표적인 서양의 과학 기술이 바로 전보였다. 조선 정부는 전보의 필요

---

9) "方略節次都在於爲將者而先說任將之事, 故不能悉擧, 然大略則已具於武藝通志也."
「强兵士論」, 『甕算綱目』, 236면.

성을 깨닫고, 중국에 영선사(1881~1882), 일본에 조사시찰단(1881), 미국에 보빙사(1883)를 파견하여 각각 근대적 기술을 배워오게 하였다. 그 결과 조선에서도 1888년 서울과 공주, 대구, 부산을 잇는 남로전선(南路電線)을 가설하였다.[10]

조선에 처음으로 전신이 가설된 것은 1885년으로, 인천 – 서울 – 평양 – 의주에 개설된 서로(西路) 전선이었다.[11] 하지만 이 전선은 갑신정변 이후 청나라가 조선을 압박하여 조선에 가설비를 조달하게 한 결과 가설된 전선이었고, 서로 전선 관리와 운영을 총괄할 모든 권한을 위임할 것을 요구하였기에 통신 시설의 전권은 조선 정부에 있지 않았다.[12] 조선 정부는 독자적인 전신 운영권을 갖기 위해 노력한 결과 1888년 서울과 부산을 잇는 남로(南路) 전신선과 1890년 서울과 원산을 잇는 북로(北路) 전신선을 자력으로 가설하고 관리 운영을 잇는 조선정보총국(朝鮮電報總局)을 창설하였다. 1895년에는 삼국간섭으로 세력이 약화한 일본을 압박해 환수받은 서로 전선을 바탕으로 전신 사업을 확장해나갔으며, 대한제국 정부는 역원과 봉수제를 폐지하고 전신 사업을 발전시키고자 노력했다.[13]

저자는 「교린국론」의 '수비(守備)' 제9목에서 변방을 지키는 방

---

10) 김연희, 「고종 시대 근대통신망 구축 사업」, 서울대학교 박사학위논문, 2006, 69~72면.

11) 해저 전신선 가설이 된 것은 그보다 이른 시기인 1883년으로, 일본의 나가사키와 조선의 부산을 연결하였다. 그런데 이 해저 전선은 이미 유럽과 동양을 잇는 전신 선로와 연결됨으로써 중국과 러시아는 물론 유럽과도 직접 통신을 할 수 있었다. 김연희(2006), 44면.

12) 김연희(2006), 42~45면.

13) 김연희(2006), 69~80면.

법을 논하며 전보에 대해 다음과 같이 언급하였다.

> 모든 변방을 지키는 방법에는 척후와 봉수가 또한 중요하
> 므로, 비록 일이 없는 때라도 미리 정성스럽게 정돈해야
> 한다. 그리고 지금 전보와 같은 도구는 쓸 곳이 있으니 없
> 어서는 안 된다.[14]

변방을 지키기 위해서는 척후와 봉수가 중요하므로 일이 없을
때 미리 정돈해야 하며, 전보 역시 쓰일 곳이 있으므로 없어서는
안 된다고 강조하고 있다. 전신이 가설된 것은 1885년이므로 적어
도 전보가 등장한 1885년 이후에 이 책이 저술되었을 것이다. 척
후와 봉수를 정돈해야 한다는 것으로 보아 아직 폐지되기 전으로
보이며, 전보가 함께 공존한 시대인 1885~1895년 사이에 이 책이
저술된 것으로 판단된다.[15]

그 외에도 시대적 배경을 추정하게 하는 내용이 여러 곳에 보인
다. 가령 「교린국론」에서는,

> 대저 화친의 방법이란, 각국이 한데 모여 엄격하게 약속한
> 법을 세우고 각자 맹약을 지켜야 하며, 만약 약속한 법을
> 어기는 자가 있거든 각국에서 공동으로 처벌해야 한다. 이

---

14) "凡守邊之法, 斥候烽燧又爲緊要, 雖在無事之時, 豫爲精飭而可也. 而如今電報之具,
   亦或有用處矣. 亦不可無矣."「强兵士論」,『甕算綱目』, 258면.
15) 김연희는 대한제국이 일본의 압력으로 1895년 제대로 작동하지는 않았지만 국가
   통신망으로서의 명맥을 유지하던 역원과 봉수제가 모두 폐지되었다고 언급한 바
   있다. 김연희(2006), 101면.

처럼 한다면 비록 큰 나라라고 하더라도 약속을 지키지 않으면 스스로를 보호할 수 없고, 비록 작은 나라라고 하더라도 약속을 지킬 수 있다면 스스로를 보전할 수 있으니, 어찌 좋은 법이 아니겠는가[16]?

라는 구절이, 그리고 역시 「교린국론」에서

사방의 나라는 언어가 같지 않고 즐기고 좋아하는 것도 같지 않으므로, 옛날에는 역관을 설치하여 맞이한 뒤에 그 뜻을 전달하고 그 기호를 통하여 피차가 뜻과 기호를 통달한 뒤에 자연히 화친하여 어긋나거나 소원해지지 않는다.[17]

라고 하였다. 이 책이 저술될 당시 조선의 주위에 여러 나라가 있었다는 것을 알 수 있으며, 그들과 어떻게 관계를 맺어야 할지 고민하고 있다는 것을 파악할 수 있다. 조선 후기에 들어서 조선은 다양한 서양의 나라들과 마주하게 되었는데, 그 시작은 이양선(異樣船)이었다. 이양선이 출몰하기 시작한 것은 18세기 후반이었다. 1797년 동래 용당포에 잠시 정박했던 영국 프로비던스(Providence)

---

16) "夫和親之法, 各國會同嚴立約法, 各守盟約, 若有違約法者, 各國共伐. 如是則雖大國, 不守約則未能自保, 雖小國能守約, 則乃能自全, 豈非良法乎!"「交隣國論」, 『甕算綱目』, 263면.

17) "夫四方之國言語不同嗜欲不同, 故古者設譯官而擯(儐)相之然後, 達其志, 通其欲, 彼此達通志欲, 然後自然和親而不華(乖)不疎也."「交隣國論」, 『甕算綱目』, 266면.

호를 시작으로[18] 1816년 영국의 알세스트(Alceste)호와 리라(Lyra)호, 1832년 영국 동인도회사의 상선 로드 애머스트(Lord Amherst)호, 1845년의 영국 사마랑(Samarang)호, 1846년 프랑스의 클레오파트르(Cleopatre)호, 1866년 미국의 제너럴셔먼호 등 서양의 이양선들이 조선에 들어왔다.[19] 이상의 내용을 통해 판단해보았을 때, 저자는 조선 후기, 그중에서도 19세기 후반의 인물임을 유추해볼 수 있다.

둘째, 저자는 무인 신분이다. 저자는 서문에서 자신을 '소적무창'이라고 표현하고 있는데 즉, '소원하고 미천한 무인'의 신분이라는 말이다. 또한 저자는 경서 외에 다량의 병서를 인용하며 자신의 주장을 펼치고 있는데, 그중 일명 무경칠서[20]라고 불리는 서적 중 『손자병법』과 『육도』, 『삼략』, 『오자』, 『사마법』 등의 서적 내용이 인용되는 것으로 보아 저자가 무인 신분일 가능성을 점쳐볼 수 있다.

---

18) 조선 연해에 출연한 최초의 이양선은 해군 대령 삐루주(Jean Francois Galaupedela Pérouse)의 부솔(Boussol)호 등 2척의 프랑스 군함으로 1787년에 제주와 울릉도 해역을 조사 및 측량하였다. 하지만 본토 연안에 출현하여 조선 관원의 문정(問情)을 맡은 서양 선박은 영국의 프로비던스 호였다. 『한국사』37, 국사편찬위원회, 2003, 4면.

19) 김혜민, 「19세기 전반 서양 異樣船의 출몰과 조선 조정의 대응」, 『진단학보』131, 진단학회, 2018, 157~169면.

20) 고려시대에 유입된 것으로 추정되는 무경칠서는, 조선 무과의 평가 과목 중 하나가 되었다. 무과 체제가 정비된 후에는 무예 실기 시험 합격자 100명 중 무경칠서 중에서 1책을 자원하여 시험하도록 규정이 정비되어 사실상 무과의 필수과목이 되었다. 무경칠서는 임진왜란 이후 병학 교육이 강화되면서 을해자와 경진자로 간행되었고, 효종 대에 들어서는 연소한 무신을 뽑아 무경칠서를 강의하게 하였으며, 숙종 대와 정조 대에도 무경칠서의 추가 간행이 이루어졌다. 이처럼 조정이 나서 여러 차례 간행을 주도한 결과 시중에 그 수량이 많아져 무과에 응시하고자 하는 많은 무인들도 손쉽게 무경칠서를 접했을 것이며, 이 책의 저자도 그중 한 사람이었을 가능성이 높다.

한편 이 책에서 작자는 병서 외에도 사서 및 여러 경전을 인용하였다. 무인 신분으로서 어떻게 경서를 학습한 것일까. 이를 추정케 하는 기록이 있다.

> 다만 초시(初試)는 본래 강서(講書)하는 법이 없으나, 복시(覆試)에는 사서오경(四書五經) 중 한 가지 책, 무경칠서 중 한 가지 책, 『통감(通鑑)』·『병요(兵要)』·『장감(將鑑)』·『박의(博議)』·『무경(武經)』·『소학(小學)』 중 한 가지 책 및 『경국대전(經國大典)』을 강시(講試)한 다음에 합격시키기 때문에, 글을 이해하지 못하는 자일지라도 무재(武才)에 능하면 명예를 얻으려고 초시를 보고, 합격한 뒤에 복시 때에는 자진하여 물러서는 자가 많으니, 복시에 강(講)하는 사서(四書) 중에서 두 가지 책을 초시 때에 임시방편으로 강하도록 하여, 복시에서 스스로 물러설 자들로 하여금 시험에 참여할 수 없게 함이 어떠하겠습니까."[21]

윗글은 과거 시험 실기에 대한 이손(李蓀, 1439~1520)의 발언으로, 무인 중 글을 모르는 자들이 많아 초시만 응시하고 복시는 전혀 응시하지 않는 경우가 많으니, 복시의 과목인 사서 중 두 과목을 초시에서 치를 것을 주장하고 있다.

---

21) "但初試本無講書之法, 覆試則四書五經中一書, 武經七書中一書, 『通鑑兵要』,『將鑑兵要』,『將鑑博議』,『武經小學』中一書, 乃『經國大典』講試後入格, 故雖不解文者, 若能武才者, 則欲釣名, 試初試中格後, 當覆試自退者, 比比有之. 覆試所講四書內二書, 於初試, 權宜試講, 使覆試自退者, 不得參試何如?"『중종실록』권16, 중종 7월 7월 22일 계사 5번째 기사.

또 지금의 무사는 전혀 학식이 없어서 기회에 따라 지혜를 쓰는 것이 더욱 염려스러우니, 젊은 무사를 가려 『진서(陣書)』· 『손자』· 『오자』· 『좌전(左傳)』· 『통감(通鑑)』· 『송감(宋鑑)』 등의 글을 강습시켜 고금에 해박하게 해야 하겠다.[22]

이는 홍가신(洪可臣, 1541~1615)의 주장으로, 당시의 무인들은 학식이 부족하니 여러 글을 강습하여 역사에 해박하게 만들어야 한다는 것이다. 조정이 무인들에게 병서 외의 기타 경전 및 사서에 대한 강습을 주도했는지는 알 수 없으나, 무과에도 문과와 마찬가지로 강서(講書)의 제도가 있었고, 그 과목에 사서오경과 같은 경전도 있었으니, 무관이 되고자 한다면 병서 외의 다른 서적도 공부해야 했다는 것을 알 수 있다. 『옹산강목』에서 무경칠서 외에 경전과 역사서가 다량 인용되는 것도 무과의 강서 제도에 의해 경전을 학습하였기에 경서의 지식에 비교적 해박한 결과라고 할 수 있다.

한편 저자는 무인이 뛰어난 무예를 보유하고 있다면 공경의 지위에까지 오를 수 있다고 주장한다.

정예병을 뽑아 왕궁을 숙직하며 지키게 하는 것은 임금을 높이고 도성을 강하게 하고 걱정을 없애며 예방하는 방도이다. 지금 미천한 생각으로써 말하면, 백성 세 사람 중 한

---

22) "且今之武士, 專昧學識. 臨機運智, 尤足可慮, 宜擇年少武士, 講習『陣書』, 『孫』· 『吳』, 『左傳』, 『通』· 『宋』等書, 使之該博古今可也." 『선조실록』 권165, 선조 36년 8월 30일 계축 1번째 기사.

명을 택하여 무(武)를 숭상하게 하고, 그중 가장 용맹한 자를 택하여 고을의 군대로 삼아 급료를 주고, 고을의 군대 중 또 등급을 뛰어넘은 자를 택하여 감영의 군대로 삼아 그 과를 후하게 해주고 재능을 시험하여 급료를 후하게 준다. 감영의 군대 중 또 그 뛰어난 자를 뽑아 왕궁을 지키게 하고 필경 재능을 헤아려 관직을 주되 크게는 공경(公卿)을, 작게는 알자(謁者)를 주는데, 이처럼 하면 온 도의 날래고 용맹한 자들은 모두 영문(營門)에 모이고, 한 나라에서 날래고 용맹한 자들은 왕궁에 모두 모일 것이니, 반드시 도성이 약해 강하지 못하고 몸이 가벼워 꼬리가 무거워지는 근심은 없을 것이다.[23]

작자는 비록 무인의 신분이라도 용맹하고 뛰어난 무예를 갖추었다면 그 재능을 헤아려 높게는 공경의 작위까지 수여해야 한다고 주장하고 있다. 그는 무인으로서 신분 상승의 한계를 느꼈고, 그 불만이 이러한 주장으로 드러난 것이라 짐작된다.

그 외에 작자는 외국의 기술이라도 이로운 점이 있으면 적극적으로 받아들여야 한다고 주장하였다.

원나라 세조 때 서역인 역사마인(亦思馬因)은 돌 쇠뇌를 잘

---

[23] "夫抄選精銳宿衛王宮, 蓋尊君强本消患豫防之一道也. 今以賤慮言之, 則擇民三丁一而尙武, 其中擇最壯者, 爲州軍而給科, 州軍中又擇其超等者, 爲營軍而厚其科, 試才授科, 營軍中又擇其絶倫者, 宿衛王宮而畢境量材授官, 大者公卿, 小者卽謁者, 如此則一道驍勇都聚營門, 一國驍勇叢集王宮, 必無本弱末强體輕尾重之患矣." 「交隣國論」, 『甕算綱目』, 260면.

제조했는데, 150근의 기계가 소리를 내면 천지를 진동하게 하니, 공격하면 적을 물리치지 않음이 없어서 원나라 사람들은 매번 전투에 나갈 때마다 이 돌 쇠뇌를 써서 공을 세웠다. 이를 통해 보면, 기계를 만드는 법은 비단 나라의 법에만 국한될 것이 아니라 외국의 법이라도 본받을 것이 있다면 반드시 본떠야 한다.[24]

부국강병을 도모하던 당시 추세에 맞게 나라에 도움이 된다면 외국의 기술을 본받아야 한다는 개방적인 생각을 하고 있다는 점이 흥미롭다.

또한 저자는 병사란 나라를 지키는 군인이기 때문에 신분과 관계없이 모두 귀하다는 점을 강조하고 있다.

주(周)나라의 제도는 병사를 농사에 포함했다. 한(漢)나라가 건국한 뒤에는 6군의 양가 자제를 뽑아 우림과 기문에 입대시켰다. 병사는 나라를 위해 죽음을 무릅쓰는 사람이다. 마땅히 평민보다 한 등급 높아야 한다. 천하고 하찮게 여기면서 죽음을 각오하는 마음을 갖고자 한다면 되겠는가? 주나라와 한나라의 제도를 모범으로 삼아 귀하게 여기고 천하게 여기지 말아야 한다.[25]

---

24) "元世祖時, 西域人亦思馬因善造礮, 重一百五十斤機發聲振天地, 所擊無不摧陷, 元人每戰用此礮皆有功. 由此觀之, 則鍊器械之法, 非但局於本國之法, 雖外國之法, 可以模則者必爲模, 則可也."「强兵士論」,『甕算綱目』, 245면.

25) "盛周之制寓兵於農. 漢興六郡良家子弟, 給選羽林期門. 夫兵爲國冒死之人也. 當與平民秩高一級, 可也. 若賤之土芥而欲得其死心, 豈可得乎? 規夫周漢之制, 則貴而勿賤, 可也."「强兵士論」,『甕算綱目』, 239면.

나라를 위해 목숨을 바치는 병사들을 천대하지 말고 귀하게 여겨야 한다는 주장이다. 작자가 무인의 신분이기 때문에 병사를 천대하는 현실을 비판한 것이라는 추측을 뒷받침해준다.

고종이 신식 문물 견학의 목적으로 인원을 파견할 때 그들을 보호할 목적으로 무인들을 동행하게 하였는데, 저자가 이 수행 무인 중 한 명일 가능성도 점쳐볼 수 있으나, 필자는 그 가능성은 희박하다고 생각한다. 다른 나라를 방문했다면 그 견문을 드러내기 마련이나, 이 책의 어디에서도 그런 내용은 찾아볼 수 없기 때문이다. 따라서 저자는 국내에서만 복무한 무인 신분의 인물이었으며, 순전히 학습한 내용을 바탕으로 당시 국정 운영의 해결방안을 찾으려 했던 것으로 생각된다.

이상을 정리해보면 저자는 서문에서 자신을 "소원하고 미천한 무인"이라고 직접 신분을 밝혔으며, 무경칠서의 여러 서적을 인용하였다. 또한 용맹함과 뛰어난 무예만 갖추었다면 높은 벼슬에 오를 수 있어야 하고 무인을 천대하면 안 된다는 점을 강조하고 있다. 이는 모두 무인의 처지에서 받았던 불공평한 대우에서 비롯된 주장으로 볼 수 있다. 또한 국가의 군사력 증대에 도움이 될 수 있다면 외국의 기술이라도 적극적으로 받아들여야 한다는 개방적인 태도도 지닌 인물이었다는 것을 알 수 있다.

셋째, 저자는 조선인이다. 저자는 자신의 의견을 뒷받침할 근거로 조선의 인물 및 책, 그리고 역사와 관련된 내용도 인용하고 있다.

> 일찍이 보건대, 율곡 선생이 말하길, 검소함은 공손한 덕이며, 사치는 커다란 악이다. 검소하면 마음이 늘 방종하지

않아서 경우에 맞게 처신할 수 있지만, 사치스러워진다면 마음이 항상 바깥으로 치달아 날마다 방자해지면서도 만족할 줄을 모른다.[26]

저자는 '율곡 선생'의 언급을 인용하였는데, 『성학집요』 권23에 수록된 내용이다. 율곡과 그의 저서를 인용한 것으로 보아 저자는 조선 사람일 가능성이 높다. 이어서 저자는 무리한 정벌의 폐해를 일깨워주고자 『국어』의 내용을 인용한다.

『국어』에는 수(隋) 양제(煬帝) 대업 6년에 거듭 고려(고구려)를 정벌하려 하였으나 끝내 망하고 말았다고 한다. 고려 같은 나라는 바다 모퉁이의 한 국가로, 일찍이 중국의 난리를 겪지 못했다. 수 양제의 군대가 승부를 겨루고자 하였으나 이미 이길 수 없었고 또 화가 나 군대를 일으켜 다시 정벌하고자 하였으나 천하가 이미 어지러워져 마침내 멸망에 이르게 된 것이다. 처음에 탐욕으로 인하여 병력을 다하였으니 마땅히 망하지 않겠는가?[27]

수 양제가 탐욕으로 인해 무리하게 고구려를 정벌하려다가 실패한 사례를 인용하였다. 뒤이어 당(唐) 태종(太宗)이 무인 이세적

---

26) "嘗見栗谷先正之言, 儉, 德之恭也, 侈惡之大也. 蓋儉則心常不放, 而隨遇自適, 侈則心常外馳, 而日肆無厭."「交隣國論」, 『甕算綱目』, 166면.

27) "『國語』隋煬帝大業六年, 累伐高麗, 遂至于亡. 若高麗則海隅一邦, 未嘗爲中國之難. 隋煬帝天下之兵, 以較勝負旣不能克, 又發忿兵再伐而天下已亂, 遂至于亡. 初因貪而窮兵, 宜乎其亡也."「交隣國論」, 『甕算綱目』, 283면.

(李世勣)의 말을 따라 고구려를 무리하게 정벌하려다 실패한 사례를 인용하고 있다.

> 『국어』에는 당 정관 17년 태종이 고려(고구려)를 정복하려 하는데, 저수량(褚遂良)이 (정벌하지 말 것을) 간언하였고, 이세적은 (정벌할 것을) 권하였다고 한다. 만약 고려에게 벌할 만한 죄가 있다면 한두 명의 맹장이 4~5만의 군대를 거느리고 공격해도 가능할 것이다. 그러나 당 태종은 만승(萬乘)의 황제로서 바다를 건너 멀리 치려 하였으나 별다른 소득을 얻지 못했으니, 어찌 임금 덕의 허물이 아니겠는가. 저수량의 간언을 듣지 않고 다만 이세적의 말을 들었기 때문이다. 이세적 역시 무장이다. 사해를 안정시키고 사방의 오랑캐도 두려워하였으나, 공을 탐하는 마음이 끝이 없어 오히려 허물이 되고 말았네.[28]

이상의 내용을 통해, 저자는 19세기 조선의 무인이었다는 결론을 도출해낼 수 있다.

---

28) "『國語』唐貞觀十七年, 太宗欲伐高麗, 褚遂良諫之, 李世勣勸之. 假使高麗有可罰之罪, 但命一二猛將率四五萬衆攻之可也. 而唐太宗以萬乘之帝, 渡海遠征, 別無成績, 豈非累於君德乎! 盖不聽褚遂良之言, 而只聽李世勣之言故也. 世勣亦是武將也. 海內晏淸四夷讋伏, 猶有貪功之心未已, 郵矢夫."「交隣國論」, 『甕算綱目』, 283면.

5. 의의와 한계

앞서 살펴본 근거에 따라『옹산강목』은 19세기 말 이후의 저술임을 확인할 수 있었다. 19세기는 새로운 시장 개척을 위해 동방으로 진출한 서양 세력과 조선이 마주하게 된 시기이다.『옹산강목』은 국정을 어떻게 개혁해야 이 시기의 위기를 극복할 수 있을지 여러 서적을 인용하고 자기 생각을 덧붙여 그 개혁책을 구체적으로 제시하고 있다. 저자가 강한 군대를 양성하는 방안을 제시한 점은 20세기 초 신채호(申采浩, 1880~1936)와 박은식(朴殷植, 1895~1925)의 민족주의 사상과 연관된다고 할 수 있다.

서양 세력은 조선에 개항을 요구하였으나 조선 정부가 강경한 태도를 보이자 몇몇 국가는 무력을 이용하여 개항을 요구하였고, 그 결과로 병인양요와 신미양요가 일어났다. 일본도 서구와 마찬가지로 조선에 개항을 요구하였고, 계속되는 요구에 시달린 조선인들은 혼란스러운 정세를 안정시키고 이 위기로부터 구해줄 구국의 영웅을 염원하게 되었다. 이러한 분위기 속에서 우리 역사에서 외세의 침입으로부터 나라를 구한 영웅들이 재조명되기 시작하였는데, 신채호의『을지문덕(乙支文德)』,『이순신전(李舜臣傳)』이 대표적인 작품이다. 두 작품의 서론과 결론에 그 의도가 분명히 드러난다.

> 다행스럽다 을지문덕이여! 아직도 몇줄의 역사가 전해왔도다. 그러나 불행하다 을지문덕이여! 겨우 몇 줄의 역사만 전해졌도다……한 나라의 민족은 또한 한 영웅이 피를 흘려 지킨 것이다. 그의 정신은 산과 같이 우뚝하고 그의

은택은 바다처럼 넓거늘 그 나라의 영웅을 그 민족이 모른다고 하면 그 나라가 어찌 잘될 수 있겠는가?……그런데 우리나라는 한 손으로 산하를 정돈하고 한 칼로 백만강적을 살퇴(殺退)한 참 영웅의 큰 공적도 이같이 말살하고 있으니 양국의 훗날 강약된 차이는 여기에서 비롯된다고 할 것이다. 과거의 영웅을 올바로 기록하여 후에 이 같은 영웅이 다시 출현하기를 기원한다.[29]

신채호는 목숨을 바쳐 나라를 지켰음에도 민족이 그 인물을 기억하지 못한다면 나라가 잘될 수 없으며, 그런 영웅을 기억하여 기려야 한다고 주장한다. 또한 그런 의도로 이 책을 저술하였다고 언급하였다. 『이순신전』의 결론에서는 다음과 같이 말했다.

무릇 수군의 제일 위인을 낳았고 철갑선 창조의 비조(鼻祖)인 우리나라로서, 오늘에 이르러 저 해군력이 가장 강성한 나라와 견주기는 고사하고 드디어는 국가란 이름조차도 존재할까 말까 하는 비참한 지경에 빠졌으니 내가 저 수백 년 동안 내내 백성의 기상을 눌러 꺾으며 백성의 앎을 가로막고 문약사상(文弱思想)을 심어주기만 하던 비열한 정객(政客)들의 남긴 독을 돌이켜 생각하면 한(恨)이 바닷물과도 같이 깊은 것이다.
이에 이순신전을 지어 고통에 빠진 우리 국민에게 내보내

---

29) 『을지문덕 / 이순신전 / 최도통전』, 신채호, 독립기념관 한국독립운동사연구소, 1989. 26~27면.

노니, 무릇 우리의 선남선녀(善男善女)들은 이를 본받으며 이 길을 걸어 나가 가시밭길을 밟아 다지고 고해난관(苦海難關)을 뛰어 넘을지어다.

하늘이 20세기의 태평양을 내려다보고 제2의 이순신을 기다리고 있는 것이다.[30]

이는 모두 신채호가 경험한 당시의 혼란한 정세를 보여주는 부분이다. 그는 옛 영웅을 재조명함으로써 백성에게 구국의 경험을 일깨워 이 위기를 극복해나가기를 기원하였다. 신채호는 병기(兵器)와 무예(武藝)를 중시해야 할 시기라고 강조하였지만 구체적인 개선책을 제시하지 않았고, 지금 이 위기를 자초한 것은 유학(儒學)을 중시한 나머지 무(武)를 경시해왔기 때문이라고 강렬한 어조로 비판하는 데 그쳤다.[31] 즉 신채호는 지나치게 '문'만 중시하였기에 위기에 직면하게 된 것이라고 보았다. 『옹산강목』의 저자 역시 「강병사론」에서 문(文)과 무(武)를 함께 숭상해야 함을 강조하였다.

---

30) 위의 책, 신채호(1989). 164~165면.

31) "생멸(生滅)과 존망(存亡)이 순식간에 결단이 났는데, 하물며 세상의 변란이 더욱 크고 경쟁이 더욱 치열하여 병기와 군대를 신성시하는 근래의 시대에 이르러서야 말해 무엇하랴. 그렇건대 저 긴 소매를 늘이고서 느린 걸음 걸으면서 수백 년 동안 수신제가치국평천하(修身齊家治國平天下)나 강론하던 자는 모두가 꿈속에서 잠꼬대하던 인물들이 아니던가." 위의 책. 71면. / "옛날에는 이같이 강하고 날랬던 우리 선조의 정신이 후대에 와서는 어찌하여 이렇게 어리석어졌는가? 슬프다……나는 탄식할 수 밖에 없다. 수백년 동안 어리석은 선비들이 부질없이 말하기를 '무공(武功)이 문치(文治)보다 못하다'고 하며, 또 몇몇 용렬한 신하들이 망령된 입을 놀려 '인자(仁者)는 작은 것으로 큰 것을 섬긴다(以小事大)'라고 하여 정책이 날로 쓰러지고 줄어 들었고, 백성의 기세는 꺾어져 눌렸으며 지난날 강하고 씩씩했음을 덮어버리고 옛 사람 가운데서도 썩어 빠진 새우 같은 유생(儒生)만을 숭상하였으니 부끄러운 일이다." 위의 책. 25~26면.

문과 무는 서로 필요로 하여 서로 돕는 것이니, 몸에 왼쪽과 오른쪽이 있고 사물에 근본과 말단이 있는 것처럼 한쪽을 소홀히 할 수도 없고 뒤집어 시행할 수도 없다.[32]

조선은 임진왜란과 병자호란이라는 큰 전쟁을 겪고도 군인에 대한 대우는 크게 개선하지 않았고, 여전히 '문'을 '무'보다 높게 평가했다. 신채호의 영웅 역사전기가 치밀한 고증으로 영웅을 재조명하여 위기 극복의 의지를 불어넣었다면, 『옹산강목』은 무비 (武備)의 증대와 상무적인 기풍을 만들기 위한 구체적인 방책을 제시하였던 것이다. 이는 문치 위주의 정치체제에서 벗어나 무비 증대를 통한 부국강병으로 위기를 극복하려는 주장이었다. 신채호 역시 '무'의 중요성을 강조하였고, 거기에 한 걸음 더 나아가 구국의 영웅이 필요함을 강조하여 『을지문덕(乙支文德)』, 『이순신전(李舜臣傳)』 등을 저술하였던 것이다. 따라서 『옹산강목』은 20세기 초 민족주의 역사관의 출현을 예고한 저술이라고 할 수 있다.

그 외에 필자가 주목한 또 한 가지는 '계궁독' 마지막 부분인 수·당 전쟁의 언급 부분이다. 지도자의 탐욕으로 인해 시작된 무리한 전쟁의 말로를 언급한 부분이긴 하나, 왜 하필 수와 당을 사례로 들어 언급하였던 것일까? 고구려와 수·당 전쟁은 고려시대 김부식과 이규보가 언급했을 정도로 오랫동안 인식되어 온 전쟁이다. 조선 후기에는 고증적 학풍이 유행하여 보다 구체적인 역사 연구가 이루어지기 시작하였다. 한치윤(韓致奫, 1765~1814)은 고

---

32) "乃文乃武, 相須相輔, 如身之有左右, 物之有本末, 誠不可偏廢, 亦不可倒施矣." 「强兵士論」, 『甕算綱目』, 191면.

구려와 수·당 전쟁을 기록한 중국의 자료 중 어긋난 사실을 바로 잡고, 『해동역사(海東繹史)』에서 수·당의 고구려 침공이 부당한 것임을 강조하였다.[33] 치밀한 고증으로 축적된 고구려와 수·당 전쟁 연구는 19세기 말에서 20세기 초에 이르러 신채호와 박은식에게 전해져 '을지문덕'과 '연개소문'의 모습으로 등장하게 되었다. 서양 열강의 위협에 시달리던 당시 상황을 극복하고자 역사 속 구국 영웅을 주목하게 되었고, 엄청난 승리를 거두었음에도 주목받지 못하고 기록으로 전해져 오던 인물들을 치밀한 고증과 연구 끝에 일대기로 구성한 것이다.

『옹산강목』은 '을지문덕' 등 구체적인 인물을 언급하지는 않았다. 하지만 무리하게 고구려를 침범하려다가 패배한 두 왕조를 반면교사로 삼았다. 이는 조선에 개항을 요구하며 위협하는 주변국에 보내는 메시지이며, 독자에게 과거의 위기 극복 사례를 제시하려는 의도로 보인다.

『옹산강목』은 19세기라는 격변기에 위기를 타개할 방법을 제시하였다. 저자가 무인의 신분이기에 무력의 신장을 통해 위기를 극복하고자 하였다고 할 수 있다. 그럼에도 여전히 주자학적 관념으로 문제를 바라보고 해결하려는 모습도 자주 보이고 있다.

> 성인이 중화(中和)의 덕(德)에 이르고 신도로써 설교하여도 산천 초목 금수 모두 교화에 귀화되는데, 하물며 이웃 나라 사람 역시 같은 사람으로 하늘 아래 있는 자들이거

---

33) 윤성환, 「한국인의 고구려와 수·당전쟁 인식 - 고려~근대시기 지식인의 인식을 중심으로-」, 『군사연구』 138, 육군군사연구소, 2014, 81~82면.

늘, 어찌 귀화되고 복종하려는 도가 없겠는가. 다스리는 자는 반드시 요순에 이르는 것을 자신의 직분으로 삼아야 한다.[34]

저자는 다스리는 자가 우선 요순의 도에 이른 후에 임금이 되어야 한다는 것을 강조하고 있다.

임금된 자는, 우선 한 몸의 밝은 덕을 밝히면 집이 정리되고 나라가 다스려지고, 반드시 만방을 사이좋게 하는 데까지 이르게 된다. 그러므로 옛날의 대인들은 반드시 그 임금으로 하여금 우선 밝은 덕을 밝히게 하여 천하에까지 넓히게 하였던 것이다[35].

저자는 임금이 밝은 덕을 밝히면 집과 나라가 다스려진다는 수신제가치국평천하(修身齊家治國平天下)의 관념을 언급하며, 그 덕을 밝히면 만방을 사이좋게 할 수 있으므로 임금의 덕을 밝히는 것을 우선시해야 함을 강조하고 있다.

교린(交隣)의 도의 큰 큰본은 우선 나라를 수비하는 것보다 나은 것이 없으니, 덕이 있으면서 수비를 잘하면 이웃

---

34) "聖人致中和之德, 而以神道說敎, 則山川草木禽獸皆歸於敎化之中. 況隣國之人亦是同流之人亦在一天之下者, 豈無向化歸服之道乎. 所以爲治者必以致君堯舜爲己任, 可也."「交隣國論」,『甕算綱目』, 249면.

35) "爲人君者, 先明一身之明德, 則家齊國治, 必至于協和萬邦. 故古之大人, 必使其君先明明德, 而推廣之於天下矣."「交隣國論」,『甕算綱目』, 249~250면.

국가가 귀화할 것이고, 덕이 없으면서 수비를 잘하면 이웃
국가의 침략을 막을 수 있을 것이고, 먼저 수비한 후에 화
친하면 그 화친이 영구할 것이다. 먼저 수비한 후에 정벌
하면 그 정벌은 반드시 완전할 것이다. 어찌 교린의 큰 근
본이 아니겠는가[36]?

저자는 교린할 때 가장 우선시 하여야 할 것은 수비(守備)라고
언급하였다. 하지만 수비보다 우선시되어야 할 것이 바로 '덕'이
라고 강조하고 있는데, 덕이 있으면서 수비하면 주변국이 화친할
것이라는 주장을 펼치고 있다.

옛 성왕이 병사를 쓸 때는 지극한 인(仁)으로 인하지 않은
자를 치고, 지극한 의(義)로 의롭지 않은 자를 쳤기 때문에
천하에 적이 없었던 것이니, 천하가 한번 노하자 안정되었
다.[37]

저자는 인한 자가 인하지 않은 자를 치고, 의로운 자가 의롭지
않은 자를 치는 것이 마땅하기 때문에 천하에 적이 없었다는 점을
강조한다.

이처럼 저자는 유학에서 강조하는 덕목인 덕과 인, 의 등을 강

---

36) "夫交隣之道大本, 莫過乎先守備其國, 有德而善守備, 則隣國歸化, 無德而善守備, 則
可以禦隣國之侵陵, 先守備而後和親, 其和永久矣. 先守備而後功伐, 其伐必萬全矣. 豈
非交隣之大本歟." 「交隣國論」, 『甕算綱目』, 253면.

37) "古者聖王之用兵, 以至仁伐不仁, 以至義伐不義, 所以無敵於天下, 天下可一怒而安定
矣." 「交隣國論」, 『甕算綱目』, 268~269면.

조하며, 이러한 인품 소양이 나라를 다스리고 주변국과 교우하기 전 우선시되어야 한다고 주장하고 있다. 이처럼 여전히 주자주의적 전통적인 가치관에 갇혀 있다는 것은 한계라고 할 수 있다.

6. 결론

『옹산강목』은 총 5강 22목 268절에 걸쳐 국정 운영의 개혁 방안을 논한 책이다. 이 책의 이본은 2종으로, 각각 국립중앙도서관과 일본 동양문고에 소장 중이다. 구성과 내용에서 많은 차이를 보이고 있으며, 국립중앙도서관본에는 없고 동양문고에 있는 내용도 있어 추후 연구를 요한다.

저자는 18세기 이후의 인물이다. 그가 「교린국론」에서 언급한 '전보'가 조선에 들어온 것은 1885년이고, 큰일이 발생하기 전 봉수를 사전에 손봐야 한다고 주장하는 것으로 보아 봉수가 폐지되기 전인 1895년 사이에 이 책이 저술되었을 것으로 추정할 수 있다.

저자는 무인 신분이다. 책의 서문에서 자신을 '소원하고 미천한 무인'으로 칭했으며, 인용한 『손자』·『오자』·『사마법』·『육도』·『삼략』 등의 병서는 모두 무과의 초서 시험인 '강서'에서 다뤄야 할 무경칠서의 책이다. 또한 무관이 용맹하고 뛰어난 무예만 갖추었다면 그를 뽑아 고관의 작위까지 주어야 한다고 주장하고 있는데, 이 역시 무인의 신분으로서 경험한 불공평한 대우에서 비롯된 주장이라고 할 수 있다.

저자는 조선인이다. 이 책에 인용한 수많은 경전과 병서 중 『병학지남』,『무예도보통지』등 조선의 책이 보이며, 율곡 이이 등 조선의 인물과 책의 마지막에서 수와 당이 고구려에 패배한 내용을 언급한 점에서도 확인할 수 있다.

저자는 무의 중요성을 언급하며 부국강병을 주장하고 있는데, 이는 혼란스러운 당시 시국을 극복할 방책이라 생각했기 때문이었다. 이러한 생각은 20세기 초 신채호와 박은식의 민족주의 사상과 유사한 면모가 있다.『옹산강목』의 마지막 장에서 수 양제와 당 태종이 무리하게 고구려를 침공하다가 패배한 사례를 인용하였다. 이는 과욕이 낳은 폐해에 대해 주변국에게 보내는 메시지이며, 국난 극복 사례를 언급함으로써 독자에게 국난 극복 의지를 전달하기 위한 의도라고 할 수 있다.

이 책은 19세기 혼란스러운 국내외 정세 속에서 무인의 신분으로서 무의 중요성을 강조하며, 유교 경서를 비롯한 여러 분야의 서적을 인용하여 국가 경영 여러 분야에 대한 소신을 밝힌 저술이라는 데 의의를 둘 수 있다.

참고문헌

〈원전자료〉

국립중앙도서관『옹산강목』.

고려대학교 해외한국학자료센터『옹산강목』.

국립중앙도서관『성학집요』.

『조선왕조실록』.

〈논문〉

문철주,「역사 , 전기 문학에 나타난 민족 의식-『을지문덕』,『강감찬전』을 중심으로」,『새얼어문논집』3, 새얼어문학회, 1987.

김연희,「고종 시대 근대통신망 구축 사업」, 서울대학교 박사학위 논문, 2006.

송명진,「근대 계몽기의 매체와 담론: 고대사의 재정립 과정과 개화기 전(傳)의 서술 양상 연구-신채호의 〈슈군의 뎨일 거륵한 인물 리슌신전〉을 중심으로」,『현대문학의연구』30, 한국문학연구학회, 2006.

최성환.「한말 조선시대사 편찬의 동향과『東鑑綱目』의 영 · 정조대 서술」,『韓國史學史學報』28, 한국사학사학회, 2013.

김남일,「조선 초기 관찬 역사서에 있어서『자치통감강목』書法의 영향」,『한국사학사학보』29, 한국사학사학회, 2014.

윤성환.「한국인의 고구려와 수 · 당전쟁 인식-고려~근대시기 지식인의 인식을 중심으로-」,『군사연구』138, 육군군사연구소, 2014.

최용철.「조선후기 중화(中華)사상과 화서(華西)학파의『화동강목(華東綱目)』의 간행」,『중국학논총』54, 고려대학교 중국학연구소, 2016.

노영구,「조선시대『무경칠서(武經七書)』의 간행과 활용의 양상 -『무경칠서직해(武經七書直解)』의 도입, 간행을 중심으로」,『조선시대사학보』80, 조선시대사학회, 2017.

김혜민,「19세기 전반 서양 異樣船의 출몰과 조선 조정의 대응」,『진단학보』131, 진단학회, 2018.

김수자,「역사 '기록'과 영웅 '출현'의 관계: 신채호의『을지문덕』저술을 중심으로」,『동방학』42, 한서대학교 동양고전연구소, 2020.

〈단행본〉

『聖學輯要/擊蒙要訣』, 이이 원저, 고산 역해, 동서문화사, 1978.

『을지문덕 / 이순신전 / 최도통전』, 신채호 저, 독립기념관 한국독립운동사연
    구소, 1989.

『開化期文學論』, 李在銑 · 金學東 · 朴鐘哲 저, 螢雪出版社, 1996.

『한국사』 37, 38, 국사편찬위원회, 2003.

두남(斗南) 조인규(趙寅奎) 시집의 편집 양상 고찰

최민규

1. 머리말

전근대 시기 문집은 저자 사후 후인들이 편집, 간행하는 것이 일반적이다. 전란이 남긴 폐해가 수습되고 조선 후기 숙종 연간 교서관인서체자, 전사자 등의 활자가 개발되며 문집 간행 방법도 다변화되었다. 이에 따라 개인 문집 간행이 이전보다 활발해지면서 저자 생전에도 문집의 간행이 종종 이뤄지곤 하였다. 특히 19세기로 들어오면 청나라 사신으로 다녀올 때 문집을 간행하는 모습이 확인된다.[1][2]

이 점에서 두남(斗南) 조인규(趙寅奎, 1814~1886)의 시문 유통 양상은 주목할 만하다. 그의 『두남시선(斗南詩選)』은 교유 인물과 문인들이 시고를 산정하고 전사자를 모각한 목활자를 사용하여 1881년 4

---

[1] 김영진, 「조선조 문집 간행의 제양상」, 『민족문화』 43, 한국고전번역원, 2014.

[2] 박제가의 『정유고략』과 이상적의 『은송당집』이 대표적인 예이다. 한편, 17세기에도 이정귀와 김상헌이 명나라에서 문집을 간행하는 경우도 확인된 바 있다.

권 2책으로 간행하였기 때문이다. 이는 저자 생전에 자편고를 중심으로 문집이 간행되는 양상에 비추어 특수한 사례라고 할 수 있다.[3] 조인규의 문집 간행과 비슷한 사례로 정지윤(鄭芝潤, 1808-1858)의 『하원시초(夏園詩鈔)』가 있다. 이 책은 그의 벗 최성환이 산정하여 전사자로 간행하였는데, 정지윤이 홍세태, 이언진, 이상적과 함께 조선후기 역관 문학의 대표자로 일컬어진다는 점에서 비슷한 간행 과정을 보여주는 조인규의 『두남시선』에도 관심을 기울일 필요가 있다. 저자 생전에 그 시집이 간행되었다면 그의 시가 당대 문인들에게 많이 읽혔으며 호평을 받았다고 유추할 수 있기 때문이다.

조인규가 당대에 높이 평가된 사실은 『두남시선』만이 아니라 국립중앙도서관에 소장된 필사본 1책 분량의 『조두남시고(趙斗南詩藁)』를 통해서도 확인된다. 이 책은 조인규가 윤치련(尹致璉, 1814-1895, 號 冶亭·學丹)에게 직접 시고를 가져가 산정을 부탁하여 만들어졌다. 윤치련이 산정을 마친 뒤 그의 사촌 이인규(李人圭, 1812~?)에게 서문을 받았다.[4] 다만 이 책은 필사본이므로 목활자본 『두남시선』에 비하여 상대적으로 주목받지 못하여 후대 인물들은 물론, 당대 인물들 역시 이 책을 잘 알지 못하였던 것으로 보인다. 『조두남시고』의 편집 이후 만들어진 『두남시선』조차 이 책을 언급하고

---

3) 金錫九, 『斗南詩選』, 「斗南詩選 跋」, "……今余獨不爲王仲宣耶? 公之同社僉君子, 各選幾篇, 如金出鑛 燦然可見. 於是, 余掌剞劂, 俾免散失, 而以壽其傳,……"; 李源恒, 『斗南詩選』, 「斗南詩選 跋」, "……門人西溪金錫九甫, 亦一奇偉之士.……愛 先生之詩文如珠玉錦繡, 不忍捨手而置之. 遂搜索其散編, 將命匠而刊之.……"

4) 이들 사촌은 편자미상의 『유서팔가(柳絮八家)』(불분권 1책, 존경각 소장)를 통해 우촌 남상교의 「유서(柳絮)」에 차운한 작품을 남겼다. 「유서」는 남상교의 원운 이후로 신위, 조운경, 한배영, 신명준, 강진, 이인규, 윤치련의 차운작과 일제강점기 시절 박풍서, 정만조, 이범세 등의 차운작이 전한다. 한편 이인규는 조면호, 최우형, 남병철, 박영보, 이유원, 강로, 유후조, 이승경 등과 1837년 소과 동방이다.

있지 않기 때문이다. 다만 이 책의 서문에는 구한말 이래 한남서림을 경영하였던 백두용(白斗鏞, 1872~1935)의 장서인이 두 과 찍혀 있으며('心齋', '白斗鏞印') 백두용의 『서적목록』(규장각 상백문고 소장)을 보면 『두남시선』 2책 역시 소장하고 있었다고 밝혀 조인규의 시문이 애독되었던 양상을 보여준다. 『조두남시고』는 총 176제의 시(이 중 150제가 칠언율시임)를 싣고 있는데 총 449제의 시를 싣고 있는 『두남시선』과 비교했을 때 50여 제 가량만이 서로 중복되기 때문에, 조인규의 문학을 살필 때 반드시 참고할 자료이다.

본고는 두남 조인규의 시가 당대와 후대에 어느 정도의 반향이 있었는지 살펴보고자 한다. 이를 위하여 우선 그의 시문 속에 나타나는 인물들을 표로 정리하고 그 교유의 특징을 제시할 것이다. 이어서 『두남시선』과 『조두남시고』가 편집되면서 후대 인물들이 조인규의 시를 열독한 양상을 확인하고자 한다.

2. 두남 조인규와 그의 교유 양상

『두남시선』과 『조두남시고』에 보이는 그의 교유 인물은 210명을 상회한다. 다만 여러 문헌을 찾아보아도 호만 언급될 뿐, 이름이 보이지 않는 인물이 많고 그조차 한두 수에서만 언급된다. 아래에 제시하는 표는 『두남시선』과 『조두남시고』를 통틀어 5회 이상 언급되거나, 적게 언급되었음에도 교유한 사실 자체가 중요한 의미를 지닌 인물 가운데 본고에서 다룰 대상을 가나다 순서로 정리하였다. 상고할 수 없는 사항은 비워두었다.

<표 1> 두남 조인규의 교유 인물 정리

순번	성명	호	본관	생년	과거	언급	비고
01	김구현 (金九鉉)	소계 (小溪)	광산	1830	문과	30 회	김재현의 아들로 김재헌에게 입양되었다.
02	김석구 (金錫九)	서계 (西溪)	분성			3회	『두남시선』 간행을 맡았으며, 『두남시선』 발문을 썼다.
03	김수현 (金壽鉉)	미상	광산	1826	문과	1회	척제라고 호칭되며 광은부위 김기성의 손자이다. 1865년 금강산행과 1872년 동지겸사은정사 사행을 조인규와 함께 갔다.
04	김익현 (金翼鉉)	두계 (斗溪)	광산	1829	문과	19 회	『두남시선』 내 만시 3편 중 한 인물이다. 친형 김보현은 임오군란 때 피살되었다.
05	김재헌 (金在獻)	무호 (無號)	광산	1799	진사	7회	김재현의 형이자 김구현의 양부이다.
06	김재현 (金在顯)	미서 (薇西)	광산	1808	문과	4회	『미계집』 저, 『미계집』에서 조인규를 5회 언급한다.[5]
07	민영목 (閔泳穆)	천식 (泉食)	여흥	1826	문과	4회	1872년 동지겸사은서장관으로 조인규와 함께 갔다. 갑신정변 때 피살되었다.
08	박문규 (朴文逵)	천유 (天遊)	순창	1805	문과	0회	『천유시집』 저, 『천유시집』에서 조인규를 2회 언급한다.[6]

---

5) 金在顯, 『薇溪集』, 「賀趙斗南六十一歲」, 「伯氏宅, 逢三湖兄弟, 趙斗南」, 「趙澹人, 徐斗山, 趙斗南聯訪, 拈宋人韻」, 「雨後爲三湖所携, 與澹人, 斗山, 斗南會斗溪席」, 「趙玉垂, 趙澹人, 趙斗南, 柳月湖夜會李三湖家(庚午, 1870)」이 있다. 마지막 시는 『옥수집』에서 조면호가 같은 자리에서 지은 시(운자와 참석자가 같음)도 보인다.

6) 朴文逵, 『天遊詩集』, 「過竹下尙書宅, 遇沈鍾山, 趙斗南, 金菱山, 李海蓮, 丁海村, 次唐人韻共賦」, 「七月七日竹下上書宅, 遇趙斗南, 李海蓮共賦」이 있다.

순번	성명	호	본관	생년	과거	언급	비고
09	박응한 (朴應漢)	신암 (新庵)	울산	1835		1회	『신암집』 저, 개성 출신, 김재현의 문인, 『신암집』에서 조인규를 4회 언급한다.[7]
10	안기서 (安岐瑞)					1회	조인규가 척형이라고 호칭하지만 신원미상이다.
11	오상완 (吳尙琬)	후산 (侯山)				6회	개성 사람으로 손정복과 함께 교유하였다.
12	유교환 (兪敎煥)	혜산 (兮山)	기계	1805	문과	3회	개성 사람으로 신좌모, 정현덕, 한경원, 조성교, 이헌기, 최우형 등과 교유했다.
13	유상 (柳湘)	청사 (靑士)				20회	고양 사람으로, 조인규는 그와 함께 황해도를 유람할 동안에만 시 51수를 지었다.
14	윤치련 (尹致璉)	야정 (冶亭)	해평	1814		24회	『조두남시고』를 편집하였으며 『조두남시고』에선 야정으로, 『두남시선』에선 학단(學丹)으로 나온다.
15	이봉기 (李鳳基)	강사 (岡士)	연안	1813	진사	3회	해련(海蓮)이라는 호로도 불리우며 이명적, 최우형, 심영경, 윤치련 등과 교유하였다.
16	이승경 (李承敬)	노화 (老華)	한산	1815	진사	11회	『여사난고』 저, 『두남시선』 서문을 썼으며, 1850년도 전후부터 함께 교유하였다.
17	이승백 (李承白)	다천 (茶泉)	한산	1810	진사	6회	조인규는 이외에도 이승기(홍순목의 사위), 이기재(김상현의 매형), 이위재 등 여러 한산이씨와 교유하였다.

---

7) 朴應漢, 『新庵集』, 「同趙斗南(寅奎), 趙參奉(性純), 趙注書(性鶴)再遊天摩山」, 「雪夜, 與趙斗南(寅奎)訪金小溪(九鉉, 時任戶曹佐郎)」, 「斗南丈來訪」, 「奉贐斗南丈」이 있다.

순번	성명	호	본관	생년	과거	언급	비고
18	이승익 (李承益)	삼호 (三湖)	한산	1812	문과	4회	연천 김이양의 외손으로 김재현, 김구현, 조민식 등과 함께 교유하였다.
19	이원항 (李源恒)	소운 (少雲)	수안			2회	『두남시선』발문을 썼으며, 약관 때부터 조인규를 사사하였다. 이희팔의 아들이다.
20	이인규 (李人圭)	단구 (丹邱)	전주	1812	진사	27회	『조두남시고』서문을 썼으며 그 편집자 윤치련과 사촌지간이다.
21	이희팔 (李羲八)	소불 (少芾)	수안			4회	1852년 연행에 동행하였으며 이상수는 그가「산해관상량문」등을 썼다고 전한다.
22	손정복 (孫貞復)	초원 (蕉園)	밀양	1802	생원	12회	개성 사람으로, 조존구, 윤치련, 이인규 등과 함께 교유하였다.
23	서돈보 (徐惇輔)	두산 (斗山)				4회	조인규는 해당하지 않으나, 『호국계풍집』에서 흥선대원군, 최우형, 조면호, 이봉기 등과 함께 교유하였다고 한다.
24	신좌모 (申佐模)	담인 (澹人)	고령	1799	문과	0회	『담인집』 저, 『담인집』에서 조인규를 3회 언급하였다.[8]

---

8) 申佐模,『澹人集』,「七夕日, 崔竹下(遇亨)宅會社友, 拈唐人韻共賦. 會者李海蓮(鳳基), 朴天游(霽鴻), 趙斗南(寅奎), 尹冶亭」,「翌日復會, 會者華陰李尚書, 韶亭趙侍郎, 鍾山沈奉事(英慶), 蒼下鄭寢郎(駿和), 嘉樹丁上舍(大森), 海蓮, 天游, 斗南, 冶亭諸詩伴」(앞시 바로 다음 시, 1866),「竹下宅, 與徐斗山(惇輔), 趙斗南(寅奎), 丁嘉樹(大森)同賦」(1871)이 있다. 하술되는 42번의 담인은 서대문 백문시사에서 활동한 교유인물들과 함께 언급되며, 신좌모 또한 백문시사 인원들과 접점이 적다고 밝히고 있기에 전부 조민식으로 보아야 한다.

순번	성명	호	본관	생년	과거	언급	비고
25	신헌구 (申獻求)	백파 (白坡)	고령	1823	문과	11회	『추당잡고』 저, 저암 신택권의 증손으로『두남시선』서문을 썼으며『추당잡고』(낙질본)에서 조인규를 2회 언급하였다.[9)
26	심영경 (沈英慶)	종산 (鍾山)	청송	1809	진사	8회	『종산시집』 저, 정대식, 최우형, 이봉기 등과 함께 교유하였다.
27	정대식 (丁大栻)	금포 (錦圃)	나주	1810	음직	6회	『정금포시집』 저. 심영경, 손정복, 최우형 등과 교유하였다.
28	정기석 (鄭箕錫)	초서 (蕉西)	영일	1813	음직	1회	『부군유고』 저. 정제두의 5대 종손으로, 강화학파 이시원의 동생인 이지원의 사위 윤자명도『두남시선』에서 언급된다.
29	정현덕 (鄭顯德)	우전 (雨田)	초계	1810	문과	3회	『해소집』 저, 최우주, 최우형, 조존구 등과 함께 교유하였다.
30	조면호 (趙冕鎬)	옥수 (玉垂)	임천	1803	진사	0회	『옥수집』 저, 『옥수집』에서 조면호를 1회 언급하였다.[10)
31	조문규 (趙文奎)		함안	1811		5회	조인규의 친형으로 이인규, 조존구, 손정복, 윤치련 등과 함께 교유하였다.
32	조민식 (趙敏植)	담인 (澹人)	함안	1803	진사	5회	관아재 조영석의 고손자로, 광산김씨, 한산이씨 등의 서촌 백문시사, 그리고 조면호의 북사에서 주로 활동하였다.

---

9) 申獻求, 『秋堂褧稿』, 「有懷趙斗南(幷小序)」, 「和贈斗南」이 있다.

10) 趙冕鎬, 『玉垂集』, 「李三湖(承益)侍郞過從罕而契心切, 以日爲約且久, 趁日往訪, 金薇西, 趙澹人在座, 亦與柳月湖(南珪), 趙斗南(寅奎)始識共賦」가 있다. 자세한 것은 3번 주석 참조.

순번	성명	호	본관	생년	과거	언급	비고
33	조병식 (趙秉式)	학파 (鶴坡)	양주	1832	문과	1회	『두남시선』 서문을 썼다.
34	조존구 (趙存九)	석장 (石丈)	평양			60 회	무반 가문 출신으로 가장 많이 언급되며, 손정복, 최우주, 정현덕, 유상, 윤치련, 윤치조, 이인규, 조문규, 정대식 등과 함께 교유하였다. 명설루, 연소정, 남산 등 남촌 일대에서 교유한 양상이 종종 보인다.
35	주수창 (周壽昌)	행농 (荇農)	(淸)	1814		2회	1872년 연행에서 만났으며 조인규가 그의 원고본 문집에 서문을 써주었다.
36	최우주 (崔遇周)	삼허 (三虛)	삭녕	1807		3회	하려 황덕길의 외손자로, 조존구, 정현덕, 최우형 등과 교유하였다.
37	최우형 (崔遇亨)	죽하 (竹下)	삭녕	1805	문과	23 회	『죽하집』 저, 『죽하집』에서 조인규를 52회 이상 언급하였다.[11]
38	한치원 (韓致元)	동랑 (東郎)	청주	1821	무과	0회	『동랑집』, 『소계집』 저. 『동랑집』에서 조인규를 3회 언급하였다.[12]
39	한치조 (韓致肇)	괴음 (槐陰)	청주	1808	생원	8회	『두남시선』 서문을 썼으며 자애(紫厓)라는 호도 썼다. 한치원의 형이다.
40	홍승억 (洪承億)	심재 (心齋)	풍산	1842	문과	17 회	『두남시선』 서문을 썼으며 해거도위 홍현주의 손자이다.

---

11) 崔遇亨, 『竹下集』, 「與斗南, 天遊共賦」를 포함하여 52제 이상이 있다. 작품명이 많아 생략하였다.

12) 韓致元, 『冬郎集』, 「與趙斗南(寅奎)共賦」, 「斗南又至, 是日雨雪」, 「金斗溪(翼鉉), 金小溪, 趙斗南, 尹檀樊(致祖), 徐斗山(惇輔), 李超窩(承誠), 尹冶亭, 宋棠圃諸詩人, 聯枉共賦」가 있다.

조인규는 광산김씨 김수현을 척제로, 신원미상의 안기서를 척형이라고 부르는 혈연관계에 있다. 시집에서 족조라고 부르며 종유하는 조민식도 관아재 조영석의 고손자라는 데서 알 수 있듯 노론인데, 조인규 역시 광은부위 김기성의 손자 김수현과 혈연 관계에 있어 노론에 속한다는 것을 알 수 있다. 이는 『함안조씨참판공파보』(2007)의 조인규와 그 선대의 서술을 통해서는 알기 어려운 정보이기도 하다. 하지만 조인규 일가는 오랫동안 문과에 급제한 사람이 없었고, 조인규 본인 역시 부친상을 치르고 있던 1871년에 이르러서야 처음 한양의 중부령으로 음직에 나서는 데 그친다. 조인규의 당색이 짙지 않았으리라 추측해본다.

　　조인규가 교유한 인물군을 보았을 때 위의 추측이 더 강해진다. 그들 가운데 김수현과 같은 광산김씨가 다수 있고 오랜 세월 서대문 인근에서 세거하였던 노론계 한산이씨도 많지만, 죽하 최우형으로 대표되는 근기남인들, 그리고 신헌구의 경우에서 보이는 소북 인사, 또 이른바 강화학파라고 칭해지는 하곡 정제두의 5대 종손 정기석과도 교유한 정황을 보여주고 있다. 그의 시집의 서문을 써준 사람들도 각각 노론 3명, 남인 1명, 소북 1명이다. 즉, 조인규라는 사람을 교유의 측면으로 이해할 때 특정 당파의 시각에서 이해하기보단 19세기 무렵 대두되는 전문시인 가운데 한 명으로 보아야 하며, 이에 따라 조인규가 속해있던 교유 집단을 밝히는 것이 우선시된다고 할 수 있다.

　　그가 다른 인물과 자주 만난 곳은 남산 일대, 남관왕묘 쪽의 연소정, 남별궁의 명설루, 경기 감영의 천연정 등이다. 이 사실을 바탕으로 교유 인물을 재정리해보면 크게 두 가지 집단으로 구분할 수 있다. 서대문 천연정을 중심으로 한 집단, 남산을 중심으로 한

집단이 그것이다.

우선 첫 번째로 서대문 인근의 교유 집단이다. 김재헌, 김재현, 김구현, 김익현, 이봉기, 이승경, 이승백, 이승익, 신헌구, 조민식 등이 여기에 속한다. 이들을 두고 조면호는 '백문시사(白門詩社)'로[13], 신좌모는 '백문시회'로[14] 부른 바 있다. 백문은 오행의 대응에 따르면 서문인 돈의문에 해당한다. 이 집단에 속한 신헌구는 스스로 '성서시사(城西詩社)'라고 지칭하고 있다.[15] 신헌구의 명명에 따라 성서시사라고 부르기로 한다. 조인규는 이 지역의 모임을 매우 좋아하여 "오 년 동안 집을 빌려 연지 쪽에 지냈으니, 향기로운 이웃 아껴 이사하지 않았네."[16]라고 한 바 있다. 연지는 곧 경기 감영 천연정의 연못이다. 이곳에서 살기 시작한 연도는 상고할 수 없지만 셋방살이하며 한양 도처를 전전하는 중에서도 유독 이 지역을 떠나지 못하였다고 술회하였다.

서대문 일대는 단릉 이윤영 등 한산이씨가 세거하던 곳이기도 한데, 이승경, 이승익, 이승백은 모두 이윤영의 동생 이극영의 증손자이다. 미서 김재현은 일찍이 남촌 일대 소남 심능숙의 남고시

---

13) 趙冕鎬, 「戲次白門詩社韻」에서 "我愛當今李景誠(承敬字也)"라고 하며 이승경을 이들 동인으로 지목한다.

14) 申佐模, 『澹人集』, 「向來一會, 雖謂之冠平生可也, 歸猶耿耿不能已也. 夜中無睡, 疊前韻, 敬呈東閣雅鑑」, "白門詩會之盛聞國中, 遇汀先生之來作此邑地主, 豈不誠天定奇緣乎." 여기서 우정 선생은 이위재로, 한산이씨이다.

15) 申獻求, 『秋堂褸稿』, 「李海蓮(鳳基)以金吾郎入耽羅還歷路相訪」, "曾與海蓮相從於城西詩社……"이라 하였으며 「和贈斗南」, "兩鄰溪友盡靑雲……(溪友指斗溪, 小溪)"라고 하여 두계 김익현, 소계 김익현, 두남 조인규, 신헌구가 서로 어울렸음을 밝히고 있다.

16) 趙寅奎, 『趙斗南詩藁』, 「菊史庄石丈雲麓藍厓錦坡偕」, "五年賃屋住蓮池, 爲惜隣芳故不移."

사에서 이름을 알렸는데[17] 1860년 초에 이르러 이승익의 옆집으로 이사하였다.[18] 조인규는 이승익을 중심으로 김재현 등 광산김씨는 물론, 북촌시단의 종장 조면호도 마주하곤 하였다.[19]

이들 가운데 신헌구와 맺은 교유가 특히 주목된다. 「성시전도시」를 통해 크게 알려진 저암 신택권의 후손 신헌구는 대대로 한양에 살며 흥선대원군의 막하에 있었는데 1873년 말에 왕후, 풍양조씨와 최익현의 정치적 공세에 따라 대원군이 실각하자 해남으로 떠나라는 밀명을 받았다.[20] 신헌구는 조정에도 들어가지 않고 곧장 해남으로 향하였는데 도중에 조인규가 소식을 듣고 그를 찾아가서 함께 시를 읊었다. 이후 해남에 도착한 신헌구는 이때를 추억하며 시를 지었고[21], 수년 뒤 해당 시집을 조인규에게 보내주었다.[22] 오래지않아 신헌구가 해배되어 돌아오자 조인규는 다음과

---

17) 金在顯, 『薇溪集』卷4의 권말에 친형 김재헌의 수록을 베껴서 "星州宅, 沈少楠諸公會, 賦梅花一聯曰, '養萼遲長同稚子, 開花易別似淸人'. 沈丈大讚曰, '少年何以知養子之難乎?' 仍誦傳于士友, 以詩有名, 自此."

18) 金在顯, 『薇溪集』, 「新移京橋第, 與三湖李令家隔一墻, 約同閒, 詩伴小會」라는 시제에서 알 수 있다.

19) 5번 주석 참조.

20) 黃玹, 『梅泉野錄』, "午人宰相子弟, 年少名宦, 爲雲峴私人者, 不可摟數, 而韓者東, 崔鳳九, 蔡東述, 權鼎鎬, 鄭顯德其尤也. 甲戌初, 內賜綸封, 使城外開見, 及開則命邊遠開住, 並北人申獻求亦列其中, 六人者, 倉黃上道, 其實竄配也. 三四年後, 稍稍召還, 皆改頭換面, 虱附諸閔, 遂致通顯." 한편 신헌구가 스스로 기록한 『白坡漫藁』 「公私記略」에는 1875년 7월 6일의 일이라고 하며, 최봉구와 정현덕이 아닌 朴灝陽과 趙宇熙가 함께 밀명을 받았다고 한다. 혹 황현이 와전된 소문을 들은 것은 아닌가 한다.

21) 申獻求, 『秋堂褋稿』, 「有懷趙斗南(幷小序)」, "余與斗南, 論交流俗外, 相遇甚善. 去年夏,……承命 南征, 程限已迫, 將出宿于近僻處, 俶裝一日而行. 薄暮, 斗南至, 與之箕踞,……" 한편 이 내용도 20번 주석을 뒷받침하고 있다.

22) 趙寅奎, 『斗南詩選』, 「去年冬, 閱申承宣(獻求白坡)『陽山詩稿』, 有懷余詩一首, 將欲和呈, 適聞湘江雷雨之信, 喜劇仍賦」.

같은 시를 읊었다.

> 주인이 손님 부르자 손은 기약한 듯 가니
> 바삐 삿갓에 나막신 차림, 혹여 늦을까 걱정하네
> 양산(필자 주: 신헌구)을 멀리 보내니 모두 몇 해였던가
> 서재에서 만나니 그때 당시와 똑같구나
> 가랑비 고르게 내려 꽃잎은 선명하고
> 산들바람 받기 좋아 버들가지 푸르러지네
> 이제 서쪽 동산 고운 풀길에
> 늙은이에게 친한 벗이 있노라 자부하겠네[23]

한시라도 빨리 신헌구를 만나러 간 끝에 서로 마주하니 변함없는 모습에 반가움을 표한다. 겨울 지나고 봄이 오자 눈이 아닌 가랑비가 내린다. 살을 에는 북풍도 멎고 산들바람 불어와 바깥의 버들가지도 푸른 빛을 띈다. 사실상 유배길을 떠나던 신헌구를 안타깝게 보낸 조인규는 드디어 신헌구를 다시 만날 수 있었다. 서쪽 동산이라며 성서의 모임을 넌지시 언급하는 것도 눈길이 가는 지점이다.

두 번째로 남산 자락의 교유 집단이다. 서돈보, 신좌모, 심영경, 정대식, 정현덕, 조존구, 최우주, 최우형, 한치원, 한치조 등과 함께 만난 이 집단을 동시대 다른 문인, 또는 모임 구성원 내에서 특

---

23) 趙寅奎, 『斗南詩選』, 「白坡自海南歸後共賦」, "主人招客客如期, 笠展忙忙恐或遲. 遠別陽山凡幾歲, 相逢書屋似當時. 均添細雨明花瓣, 恰受輕風變柳絲. 從此西園芳草路, 老夫自許有親知."

별하게 명명한 양상을 찾기는 어려웠다. 다만 여러 군데서 몇몇을 같은 모임(同社)이라고 지칭하였다. 일례로 신좌모는 최우형의 집에서 동인들이 모였으니 이봉기, 박문규, 윤치련, 이명적, 심영경, 조인규 등이었다고 서술한 바 있다. 편의상 남촌시사라고 부르기로 한다.[24)

한양 남산 자락에서 지내며[25)] 당대 남인들에게 시단의 종장으로 불리던 그는 흥선대원군과 함께 시사를 갖기도 하였는데[26)], 조인규와 함께 지은 시만 50여 제가 넘는다. 그중 조인규, 박문규와 자리를 함께 하며 지은 시에, "벗의 도리로는 그대들 마땅히 말을 자주 몰 테요, 시의 명성으로는 나 역시 전날 황학루를 무너뜨렸지"[27)]라며 이백의 시를 인용하여 시명이 높은 두 사람은 초청을 받아 시회에 자주 참석하겠지만 자신 또한 시에 자부심이 있다고 표현하였다.[28)] 이는 최우형의 시와 함께 조인규의 시 또한 당대에

---

24) 8번 주석 참조.

25) 趙寅奎, 『趙斗南詩藁』, 「三虛庄石丈雨田李雲洲偕」, "……一年黃鳥來樽外, 終日南山在枕頭. 舊客重尋磨驢迹, 主人何處竹樓愁(竹下方在金海任所, 三虛權作主人)……" 삼허 최우주는 황덕길의 외손자이다.

26) 규장각 소장 『湖菊溪楓集』에서 그 시사를 확인할 수 있다. 黃玹, 『梅泉野錄』, "南人崔遇亨, 連擢淸要, 至吏判, 弘提, 封君, 兼管忠勳府, 嘗乘軺至北村, 擧扇掩鼻曰, 老論腐臭, 何其薰也"의 서술이 있어 최우형이 흥선대원군의 막하에서 북촌 노론에 대해 부정적인 인식을 가지고 있음을 알 수 있으나, 앞서 언급한 김재현, 김익현, 윤치조 등과도 교유하기도 하였다. 崔遇亨, 『竹下集』, 「與斗南檀樊共吟」, "今宵荷月又西池" 라고 하여 최우형 또한 천연정으로 찾아간 것이 확인되며 金在顯, 『薇溪集』, 「哭竹下崔尙書(遇亨)」, "少遊故友擅詞場, 每誦公詩若望洋. 白首始傾識荊盖, 果然千載見初唐"이라 하여 그 교분이 적지 않음을 알 수 있다.

27) 崔遇亨, 『竹下集』, 「與斗南天遊共賦」, "江湖舊夢別漁舟, 假合軒裳已白頭. 友道君應頻命駕, 詩名我亦舊椎樓. 西風砧響橫秋急, 斜照禽聲伴客求. 昨夜明河秋雁影, 挑燈默坐數前遊."

28) 李白, 『李太白集』, 「醉後答丁十八以詩譏余槌碎黃鶴樓」, "黃鶴高樓已槌碎, 黃鶴仙人無所依." 한편 박문규는 金澤榮, 『崧陽耆舊傳』에 따르면 최우형과 정현덕이 그의

상당한 명성이 있었음을 반증하는 대목이기도 하다.

3. 『두남시선』과 『조두남시고』의 편집과 열독양상

『두남시선』의 편집 과정은 서발문에 잘 드러난다. 서론에서 인용한 구절 가운데 "시사를 함께하는 여러 군자들이 각자 몇 편씩 가려 뽑았다"라는 말이 있는데, 신헌구는 『두남시선』 서문에서 이 시사를 두고 '금화사(金華社)'라고 지칭한 바 있다. 이승경의 『두남시선』 서문을 보면 '시사의 벗 노화 이승경이 기록하다'라고 하였으니[29] 서쪽을 오행에 대응시켜 금이라고 표현하였을 뿐, 성서시사 동인들에게 시의 산정을 부탁한 것으로 추정된다.

다만 조인규는 그의 시에서 가난을 누차 언급하였고, 이승경은 서문에서 조인규가 누대 동안 가난하였다고 서술하였다. 스스로 문집을 간행할 여력이 없었던 것이다. 『두남시선』의 간행은 전적으로 김석구에게 힘입었으니 김석구가 흩어진 원고 가운데 일부를 뽑아서 간행하자 조인규도 멈추게 할 수 없었다고 한다. 그렇기 때문에 조인규는 간행할 때에 이르러 벗들에게 서문을 맡기면서 자신이 아니라 김석구의 의로움을 봐달라고 요청한다. 이 때문에 서문 다섯 편 모두 조인규의 시재를 언급하며 김석구가 『두남

시를 좋아했을 뿐만 아니라 동문환 역시 그의 시재를 일컬었다고 하였다.

29) 申獻求, 『斗南詩選』, 「斗南詩選跋」, "……忽一日, 以巾衍散藁, 屬金華社.……"; 李承敬, 『斗南詩選』, 「斗南詩選跋」, "金君錫九能詩尙義,……亟就散藁中, 選略干首而剞劂之, 斗南亦不能止也. 乃遍托玄晏于知舊曰, '非我夸也, 要以見金君之義耳.'……故其爲詩也, 和厚豊融, 悠然如水流雲行, 絶不見有憂思怨憤之辭.……社友老華李承敬識."

시선』간행에 가장 중요한 역할을 맡았다고 일컫고 있다. 시풍에 대해서는 이승경이 말한 것처럼 온화하며 성대하다고 비평하였다.

『조두남시고』는 조인규가 직접 윤치련에게 자신의 시고를 산정해주기를 부탁하여 편찬한 책이다. 조인규가 윤치련의 안목을 깊이 신뢰하였다는 것을 알 수 있다.[30] 윤치련은 조인규의 시풍을 네 단계로 나눈다. 처음엔 화려하였고 이어서 호방하였다가 다음엔 비장하였고 마지막으로는 힘셌다고 평한다. 힘세다는 것은 창건(蒼健)이라 표현하였는데, 이는 도곡 이의현이 두보의 시를 비평하며 사용한 용어이기도 하다. 요컨대 조인규의 시가 어떻게 변하여 왔는지 꼼꼼하게 분석하였다고 할 수 있겠으나, 순서를 잘 갖추었다는 윤치련의 자평과는 달리 시간 및 시체별 정리가 되어 있지 않아 대입해보기는 어렵다.

두 시집은 서로 참조하였을 가능성이 낮은 것으로 보인다. 『조두남시고』는 수록 작품의 창작연도를 상고하였을 때 1870년 이후의 것을 찾기 어려우나 『두남시선』은 1881년 작품까지도 수록하고 있다. 이에 따라 『조두남시고』가 먼저 편집되었다고 가정할 수 있으나, 『두남시선』내 어디에서도 『조두남시고』의 존재를 언급하거나 암시하는 경우가 보이지 않는다. 아직 성서시사를 출입한 인물이 개관된 바 없기에 상세히 알아볼 수 없는 지점이기도 하다.

---

30) 李人圭, 『趙斗南詩藁』, 「趙斗南詩藁序」, "……斗南以謂率多眞率之會, 不無倉卒之作, 不可不刪定成, 不於人人求之, 必懇冶亭而當其役, 蓋深知冶亭隻眼神藻, 必無遺珠之歎矣.……"; 尹致璉, 『趙斗南詩藁』, 「(琅玕叢藁略)小序」, "斗南詩集, 艸創未湟滑淆於簡編之上, 蓋十常八九也. 上下三十載, 刪其雷照疊出, 及赴急涉漫着, 揀得各體若干首, 鈔定于冊. 余觀夫斗南筆有儁才, 詩道三變. 何謂三變? 始以繁縟之工, 一變為豪逸之音, 再變為悲壯之音, 三變為蒼健之音. 蒼健之於詩門大, 是為上乘. 余以第三變謂善變, 至於叙次甚備, 待丹邱序出, 可以標準於藝林云."

【사진 1】 좌측『두남시선』(장서각 소장본),
우측『조두남시고』(국립중앙도서관 소장본)

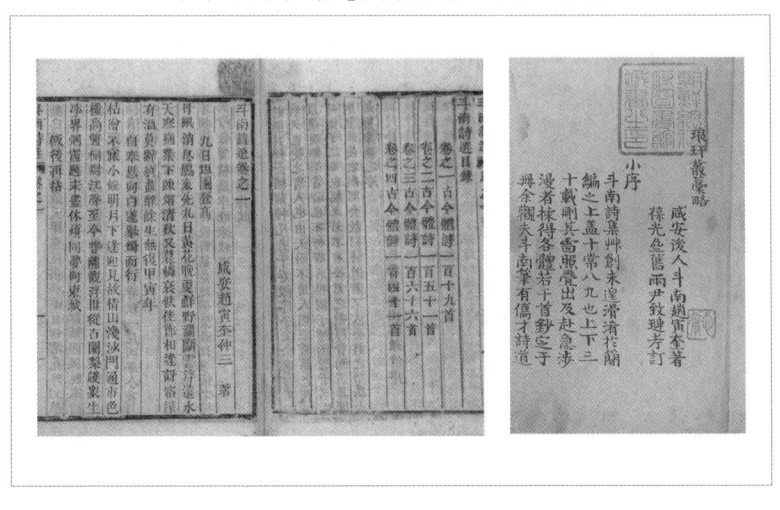

『조두남시고』는 필사본 유일본만이 현전한다. 조인규의 시집 또
한 목활자로 간행된『두남시선』을 통해 읽혀왔을 것이며,『두남시
선』의 존재만이 후대에 알려졌다. 장지연 등이 편찬한『대동시선』
권9와 이기가 편찬한『조야시선』권2에 그의 시가 각각 4수, 3수
가 뽑혔다.[31] 모두『조두남시고』에는 실리지 않고『두남시선』에만
수록된 시를 뽑은 것이 주목된다.『대동시선』은 조인규의 제2차
연행인 1872년의 연행시 2편을 먼저 실어 그가 사신단에 참여한
모습을 보여준다. 아래는「주행농(필자주: 이름 수창)에게 부치다」라
는 시이다.

---

31) 『大東詩選』,「寄周荇農」,「燕京感事」,「逢朴秋舫上舍永軾」,「漫吟」;『朝野詩選』,「貞
山(李上舍象偉)石丈(趙存九)明坡(李章魯)雲麓齊會菊庄」,「李台(承益)席上」,「逢朴
秋舫上舍(永軾)」

황도의 객사에서 머무르는 이월인데

쌀쌀한 꽃샘추위에 꽃은 더디게 피는구나

무슨 일로 다시금 만리길 종유하였는지

멍청이가 늙더니 다시 멍청해진 걸 자조하노라[32]

이 칠언절구는 제2행과 제4행에 각각 전고를 사용하고 있다. 우선 '쌀쌀한 꽃샘추위[春寒惻惻]'는 원나라 조맹부의 '쌀쌀한 꽃샘추위에 중문도 닫네[春寒惻惻掩重門]'에서 비롯한 것이다. 상촌 신흠의 시화 「청창연담」에서 원나라 시인의 절구 가운데 이 시를 고평가하기도 했거니와 조선조 전반에 걸쳐 종종 인용되는 표현이다. 다시 멍청해졌다는 말은 두보의 '미치광이 늙어서 다시 미치는 걸 스스로 비웃노라[自笑狂夫老更狂]'라는 구절을 그대로 따른 것이다. 동지겸사은사행의 일원으로 이미 1873년 새해 아침을 북경의 옥하관에서 맞이하였는데 늦도록 떠나지 못하는 심정을 주수창에게 드러내고 있다. 옥하관을 떠날 무렵에 웃음소리 나던 상황과 대조적이다.[33]

주수창은 『황청경해속편』을 편찬한 왕선겸의 스승으로 조인규가 중산대학 소장 필사본 『사익당시집』에 서문을 써준 바 있다.[34] 다만 간본 문집에는 해당 서문이 없고 조인규와 주고받은 시문 또

---

32) 『大東詩選』, 「寄周荇農」, "客舍皇州二月時, 春寒惻惻放花遲. 重遊萬里緣何事, 自笑痴人老更痴."

33) 趙寅奎, 『斗南詩選』, 「玉河臨發, 次三行人韻(필자주: 민영목)」, "快馬輕車笑語間, 出門一步卽鄕關."

34) 이 자료를 알려주신 중국 복단대학 고적정리연구소의 왕미소 박사후께 감사의 말씀을 올린다.

한 보이지 않는다. 해당 자료의 열람이 어려워 확인하지 못한 점은 아쉽지만, 조인규는 1872년 연행에서 저명한 인사들과 대거 교유를 맺은 모습이 확인된다. 채수기, 오대치, 주소백, 온충한, 복문섬, 숭신 등이다. 이전의 1852년 연행에서는 황작자에게 그 시재를 인정받은 바 있다.[35]

4. 맺음말

두남 조인규는 19세기에 본격적으로 등장한 전문시인의 한 명으로 금강산행, 두 차례의 연행, 문집의 간행 등 일반적인 시인으로 경험하기 어려운 일을 경험하였다. 2장에서는 그가 교유한 210여 명을 정리하여 성서시사와 남촌시사에서 주로 활약하였다는 것을 밝혔고, 그중에서도 신헌구, 최우형과의 관계에 주목하였다. 기존에 알려진 『매천야록』 등의 서술을 재검토하며 조인규 교유자들의 문집을 유기적으로 연결하고자 시도하였다. 3장에서는 시문 편집의 검토와 함께 후대에 재선집되어 유통되는 과정에서 청나라 인물이 주목되었다는 점에 착안하여 별도로 이들을 언급하였다.

이 과정에서 조인규의 교유인물을 통하여 현전하는 자료가 적은 인물의 정체를 탐색하고, 흥선대원군의 관계망으로 묶어서 보

---

35) 李源恒, 『斗南詩選』, 「斗南詩選跋」, "時, 上國名士, 無人不仰其風采文章, 江南人黃侍郎(爵滋)樹齋, 亦以章甫名流, 人皆推之爲歐蘇之望. 一見 先生詩文, 擊節稱歎, 大許爲知己人."

기 쉬운 최우형, 신헌구 등을 세부적인 교유 집단에 따라 재정리하였다.

참고문헌

〈원전자료〉

조인규, 『조두남시고』(필사본 불분권 1책, 국립중앙도서관 소장).

조인규, 『두남시선』(목활자본 4권 2책).

김재현, 『미계집』(필사본 4권 2책, 일본 천리대학 소장, 국립중앙도서관 영인본).

박문규, 『천유시집』(연활자본 2권 1책).

박응현, 『신암집』(필사본 2권 1책, 규장각 소장).

신좌모, 『담인집』(목활자본 20권 10책).

신헌구, 『백파만록』(낙질 필사본 2권 2책, 국립고궁박물관 소장).

신헌구, 『추당잡고』(필사본 2권 2책, 연세대학교 소장).

이기 편, 『조야시선』(필사본 4권 2책, 아세아문화사 영인본).

장지연 외 편, 『대동시선』(연활자본 12권 5책).

조면호, 『옥수집』(『한국문집총간』 속 125-126 영인본).

최우형, 『죽하집』(필사본 8권 4책, 국사편찬위원회 소장).

한치원, 『동랑집』(연활자본 3권 1책).

〈논저〉

김영진, 「조선조 문집 간행의 제양상-조선후기 사례를 중심으로」, 『민족문화』 43, 한국고전번역원, 2014.

유영혜, 「申佐模의 「倣關西樂府體, 寄按使韓柳下」 연구」, 『동방한문학』 64, 동방한문학회, 2015.

신희철, 『외안고』, 보경문화사, 1980.

이민희, 『백두용과 한남서림 연구』(개정판), 역락, 2020(초판 2013)

이현일, 「雨村 南尙敎 詩 硏究」, 『한국한문학연구』 42, 한국한문학회, 2008.

이현일, 「李鳳煥 三代의 七言律詩 연구」, 『한국한문학연구』 58, 한국한문학회, 2015.

임영길, 「淸 문인 黃爵滋와 朝鮮 문인의 교유-『仙屛書屋初集年記』를 중심으로-」, 『한국한문학연구』 64, 한국한문학회, 2016.

조용승, 『한국계행보』, 1980.

정필준, 「1860~1870년대 근기남인의 내부갈등과 동향」, 서울시립대학교 석사
학위논문, 2015.

한영규, 「『朝野詩選』의 편제와 특성」, 『한국한시연구』 24, 한국한시학회, 2016.

『함안조씨참판공파보』, 함안조씨참판공파보발간위원회, 2007.

『해평윤씨대동보』, 해평윤씨대동보간행위원회, 1983.

박문호(朴文鎬)의 『중용장구상설(中庸章句詳說)』 연구
– 인물성 인식을 중심으로

최서형

古文眞寶

1. 서론

이 글은 호산(壺山) 박문호(朴文鎬, 1846~1918)의『중용장구상설』을 분석하여 그의 인물성(人物性) 인식을 밝히는 것을 목표로 하고 한다. 박문호의 본관은 영해(寧海), 자는 경모(景模), 호는 호산(壺山)이며, 저술로『호산집(壺山集)』이 있다. 그는 당시 어지러운 사회에서도 저항하는 모습보다 자신의 도를 지키며 독선기신하고, 후학을 양성하는 도학자의 행보를 보인 인물이다.[1]

18세기 남당 한원진을 필두로 한 호론과 외암 이간을 필두로 한 낙론을 중심으로 벌어진 호락논쟁은 조선 후기 사상계에 상당한 영향을 주었다. 호락논쟁의 배경과 논쟁이 야기한 파장은 사회 및 정치적 방면에까지 미쳤다.[2]

---

1) 신창호,『호산 박문호의『논어』이해와 그 특징』,「동양고전연구」제38집, 2010, 동양고전학회, 64면.
2) 이경구,『호락논쟁을 통해 본 철학논쟁의 사회정치적 의미』,「한국사상사학」제26집, 한국사상사학회, 2006, 3면.

박문호는 호론의 입장에 선 인물이고, 그 입장을 바탕으로 후학을 양성하였다. 호론 학설의 특징은 사람과 사물의 성(性)이 다르다는 것인데, 이는 존화양이, 즉 중화를 보존하고 오랑캐를 물리치자는 주장으로까지 이어진다.[3] 사람과 사물의 성이 다르다는 것은 사람의 본성이 사물의 본성보다 우월하다는 주장을 내포한다. 우월한 인간의 본성이 열등한 사물에 의해 더럽혀지는 것은 불가하므로 열등한 것을 물리쳐야 한다는 것이다. 이러한 가치관에도 박문호가 외세에 저항하지 않고 은거하여 독선기신한 행보는 이례적이다.

주지하다시피 『중용』은 원래 독립된 책이 아니고, 『대학』과 더불어 『예기』의 편명 중 하나였다. 주희를 비롯한 송대 도학자들에 의해 그 가치가 재조명되어 『논어』·『맹자』·『중용』·『대학』 네 편의 사서 체계가 성립되었다. 조선 학문의 토대는 송의 성리학에 근본하므로 사서 연구는 조선 성리학의 이해와 직결된다고 볼 수 있다.

주희는 『중용장구』 서문에서 『중용』을 공자의 손자 자사가 지은 것이라 하였고, 『중용』의 본지는 마음의 허령지각일 뿐이라 하였다.[4] 주자학에서 『중용』은 유가 도학의 심법을 온전히 담아낸 책이라 볼 수 있다. 『중용』 이해에서 가장 중요한 부분 중 하나가 성 이해인데, 성을 제대로 이해한다면 『중용』의 심법 이해에 초석을 닦을 수 있다고 보인다. 경전 주석은 주석가의 학문 경향이 드러나는 표본이다. 박문호의 『중용장구상설』에 나타난 성 인식을 살

---

3) 이경구, 위의 글. 19면.
4) 해당 내용은 朱熹, 『中庸章句』 서문 참조.

펴본다면, 그의 학문적 특징을 유추해낼 수 있을 것이다.

2.『중용장구상설』의 문헌적 검토

『중용장구상설』은 박문호가 저술한 경전 주석서『칠서주상설(七書註詳說)』에 포함된 책으로『중용장구』에 자신의 견해를 덧붙인 것이다. 박문호는 당시 사람들이 신학문으로 경도되는 상황에서 경학을 후학에 전수하겠다는 목적을 갖고 경학서 저술에 몰두하였고, 그 결과 사서삼경을 주석한 39책 분량의『칠서주상설』을 완성하였다.[5] 그는『칠서주상설』서문에서 박문[知]과 약례[行]를 학문의 중심으로 삼았는데, 처음에 상세하게 배워야 한다는 학문관을 내비쳤다.[6] 본서는 그 관점대로 문자나 사물의 명칭 풀이, 문장 의미 풀이, 문장이 지닌 다양한 차원에서의 의미 제시의 세 단계로 서술되었다.[7]

주석의 구성 방식은 경문을 배치하고, 주희 등 선배 유학자들의 학설을 설명하고, 마지막에 선배의 학설들을 종합하면서 자신의 의견을 제시하는 형식이다. 주자주의 내용은 대자, 나머지 주석 내용은 소자로 인쇄되어 있다. 주희와 진순 등 송대 학자들의 학설만 모은 것이 아니라 후한 정현 등의 학설도 인용하며 다양한 학

---

5) 이점수, 「壺山 朴文鎬의 經學 說에 대한 제 1고찰『論語』」,『범한철학』제56권, 범한철학회, 2010, 92면.

6) 안유경, 「호산 박문호의『대학장구상설』고찰」,『율곡학연구』제39집, 율곡연구원, 2019, 130~131면.

7) 신창호, 위의 글. 62면.

자들의 의견을 수렴하려는 모습을 보인다. 그중 노론계 기호학파 문인들의 학설을 주로 인용하고 있는 것이 특징인데, 특히 농암 김창협(1651~1708), 우암 송시열(1607~1689), 남당 한원진(1682~1751)의 경설을 다수 인용하였다. 이를 주석의 근거로 삼은 것은 박문호의 경학설의 방향을 알 수 있는 척도인데, 선배 학자들의 주장을 인용하면서 호론의 주장을 내비치고 있는 것도 주목할 만하다.

본 논문의 연구대상은 한국학중앙연구원 소장『중용장구상설』(청구기호 古1332-1)이다.[8] 1921년 충청북도 보은군 풍림정사에서 간행되었다.[9] 오침안정법으로 엮여 있고 1권 1책이며, 크기는 29.8×20.5cm로 목활자본이다. 총 80장, 10행 22자로 인쇄되어 있으며 소주는 쌍행으로 인쇄하였다. 활자의 형태를 살펴보면 개인이 간행한 것임을 유추할 수 있다. 이본 여부는 미상이다.

조선 후기 학자들의 중용 이해는 주희의『중용장구』를 전범으로 삼았다. 주희의『중용』해석은 도덕형이상학적 해석이 특징인데, 박문호를 포함한 대다수의 조선 성리학자의 견해 또한 이를 따른다.[10]

---

8) 본 논문은 저본을 위주로 작성하되, 번역본이 필요한 경우는 박문호 저·성백효 역(2021)을 참고하되 필요시 일부 윤문하였다.

9) 규장각한국학연구원(https://kyu.snu.ac.kr/)『중용장구상설』해제(우경섭) 참조.

10) 엄연석,「『韓國經學資料集成』所載『中庸』註釋의 특징과 그 연구방향」,『대동문화연구』제49집, 성균관대학교 대동문화연구원, 2005, 162~164면.

【사진 1】『중용장구상설』

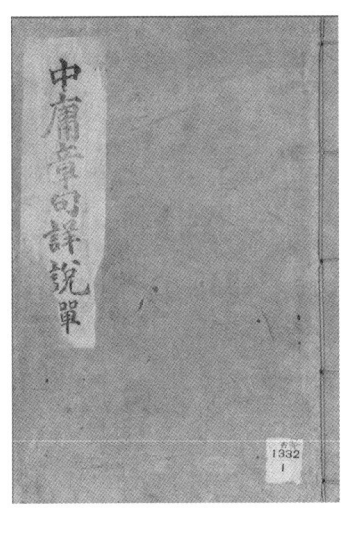 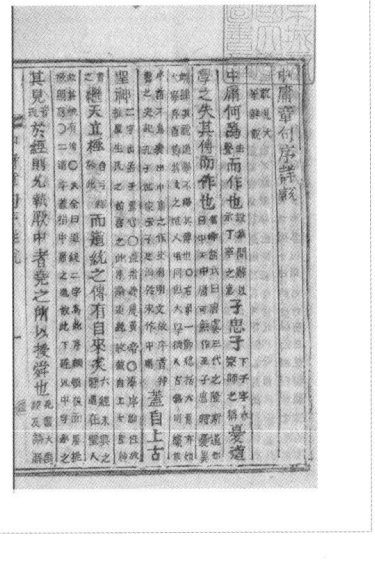

『중용』해석의 방향을 결정짓는 쟁점은 경문 분절에 대한 인식
이다.『중용』분절은 크게 4분절설과 6분절설로 나뉜다. 아래는 4
분절설과 6분절설의 요지를 각각 표로 제시한 것이다.

〈표 1〉『중용』4분절설과 6분절설

〈4분절설〉

구분	분절별 주요 내용
제1~11장	도의 본원과 그 실체, 존양(存養)과 성찰(省察)의 요점, 성신(聖神)의 공화(功化)의 지극함
제12~20장	비은(費隱)을 포괄하고, 소대(小大)를 겸하다
제21~32장	천도와 인도
제33장	1편의 요점

〈6분절설〉

구분	분절별 주요 내용
제1장	중화(中和)를 말하다
제2~11장	중용(中庸)을 말하다
제12~19장	비은(費隱)을 말하다
제20~26장	성(誠)을 말하다
제27~32장	대덕(大德)과 소덕(小德)을 말하다.
제33장	제1장의 뜻을 다시 말하다.

6분절설은 명대에 제작된 대전본에 처음 등장하는 설이며 주희의 주장은 아니다. 세종 때 대전본이 유입되며 조선 학자들이 6분절설을 수용한 것으로 보인다.[11] 대전본 「독중용법」에서 6분절설을 제시하고 있는데, 「독중용법」의 저자는 미상이다. 4분절설의 특징은 경문의 맥락관통에 집중하여 『중용』을 이해하려 한 것이고, 6분절설의 특징은 주요 명제의 해석에 바탕하여 『중용』을 이해하려 한 것으로 보인다.[12]

『중용장구』는 4분절설을 채택하였다. 주자주를 보면 20장은 12장의 의미를 결론지은 것으로 보았지만, 19장에 대해서는 그러한 의견이 없는 것이 그 근거이다. 조선 전기에는 6분절설이 정설로 받아들여진 것으로 보이나 인조반정 이후 주자학의 정설화 작업이 진행되면서 남당 한원진은 주희의 6분절설을 초년설, 4분절설

---

11) 주희 저 · 최석기 역, 『중용』, 한길사, 2014, 44면.

12) 최석기, 「『中庸』의 分節問題와 崔象龍의 解釋」, 『漢文學報』 제19집, 우리한문학회, 2008, 1271면~1278면.

을 만년설로 간주하여 4분절설이 정설이라 하였고, 이후 한원진의 설이 정설화되었다.[13] 이후 영남학파에서는 한원진의 설을 받아들이는 모습도 일부 보였으나, 한주 이진상(1818~1886)을 중심으로 4분절설과 6분절설을 통합하여 이해하려는 흐름을 보이기도 하였다.[14] 박문호는 한원진의 4분절설에 동의하였다.[15] 즉 경문의 맥락 관통에 초점을 둔 것으로 보인다.

박문호 『중용』 해석은 인물성 해석이 특징적이다. 인물성 해석은 조선 경학사에서 중요한 부분이다. 조선 후기 기호학파 유학자들은 인물성동이 견해에 따라 호론과 낙론으로 분화되었고, 이에 따라 사회·정치적 입장 또한 다른 양상을 띤다. 박문호가 인물성을 주로 다룬 부분은 경1장이며, 경1장에 상당한 분량의 설명을 할애하였다.

본 논문에서 다루지는 않지만, 경16장의 귀신 해석 또한 특징적이다. 『중용』의 귀신은 흔히 말하는 귀신(ghost)이 아니고, 음양의 작용에 가깝다. 박문호 귀신 해석의 특징은 주자학자들의 귀신 해석을 따르되 제사의 중요성을 강조한 것이 특징이다. 또한 천자의 제사는 가치가 크고 일반 백성의 제사는 가치가 비교적 작다고 하며 신분 차이에 따른 차이를 드러내기도 하였다. 이는 타고난 본성이 다르다는 논리로 확장되는데, 이는 인물성이 다르다는 경학적 가치관이 확장된 일면으로 보인다.

---

13) 최석기, 「郭鍾錫의 中庸 分節說」, 『동방한문학』 제55집, 동방한문학회, 2013, 1면.

14) 자세한 내용은 최석기(2017) 168~175면 참조.

15) 朴文鎬, 『中庸章句詳說』, "六大節云云, 按小註, 王氏四大節之說, 尤合於章句之意, 當從之而六大節之說, 蓋備其一義耳."

3. 박문호의 인물성 인식

인물성의 개념을 이해하기 위해서는 성(性)에 대한 이해가 수반되어야 하고, 이기(理氣)에 대한 구별은 필수적이다. 주희는 기(氣)를 모든 자연물과 자연 현상의 기체(基體)이며 구성 요소로 판단하였고,[16] 이(理)는 기의 보편적 원리로 이해하였다. 박문호는 기가 존재하기 전에 이가 먼저 있다고 하였고, 기(氣)가 있으면 이(理)는 반드시 존재한다고 했는데,[17] 이 해석은 주희의 주장과 일치한다. 그러나 이는 홀로 존재할 수 없고, 기의 안에 있어야만 하며 기를 통해 발현해야 한다는 제약이 있다.

『중용』 1장에서는 하늘의 명(命)을 성(性), 성을 따름을 도(道), 도를 따름을 교(敎)라고 하였다.[18] 주희는 명(命)은 영(令)이고 성은 이(理)라고 풀이하였다.[19] 박문호는 이에 북계 진씨의 해석을 인용하고 자신의 해석을 덧붙였다. 아래 인용문을 보면 박문호는 하늘의 이(理)를 내가 받아들이면 성이 되고, 그 성은 본디 근원이 하나라고 이해했음을 알 수 있다.

> 북계 진씨는 말하였다. "이(理)는 천지간 사람과 사물의 공공의 이치요, 성은 나에게 있는 이치이니. 하늘에서 받아 내가 소유한 바가 된다. 그러므로 성(性)이라고 한다."[20]

---

16) 오하마 아키라 저 · 이형성 역, 『범주로 보는 주자학』, 예문서원, 1997, 109면.

17) 朴文鎬, 『中庸章句詳說』, "有是理然後有是氣, 有是氣則必有是理之說也."

18) 朱熹, 『中庸章句』, "天命之謂性, 率性之謂道, 修道之謂敎."

19) 朱熹, 『中庸章句』, "命猶令也, 性卽理也."

20) 朴文鎬, 위의 글. "北漢陳氏曰, 理是汎言天地間人物公共之理, 性是在我之理, 受於天

내 생각에 공공의 이치는 이른바 하나의 근원이다. 하늘에 있으면 이(理)라고 하고 사물에 있으면 성(性)이라 하고 일에 있어서는 다시 원래 이름으로 명하여 이(理)라고 한다.[21]

주희는 이어서 "사람과 사물이 태어나는 것이 각기 그 부여받은 이를 얻음에 기인하여 건순과 오상의 덕을 삼으니, 이른바 성이다."라고 하였다.[22] 건순은 음양이고, 오상은 오행이다. 이에 대해 박문호는 농암 김창협, 외암 이간, 남당 한원진 등의 해석을 인용하고 자신의 해석을 덧붙이는데, 선배 학자들의 의견을 제시하여 자신의 논리에 힘을 싣기 위함으로 보인다.

농암이 말했다. "사람과 사물이 비록 똑같이 하나의 이를 얻어 태어났으나 편벽되고 온전한 차이가 없을 수 없으니, 기에 통색(通塞)이 있어서 이가 그에 따라 편벽되거나 온전할 뿐이다. 그러므로 주자께서 『맹자』에서 논하시길, '이로써 말하자면 인의예지의 품부받은 것을 어찌 사물이 얻어서 온전히 할 수 있겠는가?'라고 하셨으니, 이 한 마디 말씀이 분석이 매우 분명하다. 여기서 말한 것은 만물의 성이 사람과 다시 차별이 없음을 말한 것은 아니다."[23]

而爲我所有. 故 請之性."

21) 朴文鎬, 위의 글. "按公共之理, 卽所謂一原也. 在天謂之理, 在物謂之性, 在事還以原名命之曰理."

22) 朱熹, 『中庸章句』, "人物之生, 因各得其所賦之理, 以爲健順五常之德, 所謂性也."

23) 朴文鎬, 위의 글. "農巖曰, 人物雖同得一理以生, 然不能無偏全之殊, 氣有通塞而理隨

외암이 말했다. "천명의 오상과 태극의 본연이 애초에 피차, 본말, 편전, 대소의 차이가 없다. 오상이 만약 기여서 다른 체로 논한다면 이것은 응당 말할 것이 없겠지만, 이와 같은 이이니 천지 만물이 똑같이 이 하나의 근원이다. 그 기질을 논하면 비단 개의 성이 소의 성이 아닐 뿐 아니라, 도척의 성이 순임금의 성이 아니다. 그 본연을 논하면 비단 도척의 성이 바로 순임금의 성일 뿐 아니라 사물의 성이 곧 사람의 성이다"[24]

남당이 말했다. "성에는 세 층위의 차이가 있다. 태극은 형기를 초월하여 칭한 것이니 이는 사람과 사물이 모두 같은 성으로, 제22장 장구 '사람과 사물의 성 또한 나의 성'이라는 것이 이것이다. 오상은 기질로 인하여 이름지었으니, 이는 사람과 사물이 똑같지 않으나 사람은 모두 똑같은 성이니, 『맹자』주석에 '인의예지를 품부받은 것을 어찌 사물이 얻어서 온전히 할 수 있겠는가.' 한 것이 이것이다. 선악은 기질을 섞어서 말하였으니, 이는 사람마다 모두 다른 성이니, 『논어』의 '성이 서로 비슷하다.'는 것이 이것이다."[25]

以偏全耳. 故朱子於孟子論之曰, 以理言之, 則仁義禮智之稟, 豈物之所得以全哉? 卽此一語, 剖判甚明矣. 此所云, 非謂萬物之性, 與人更無差別也."

24) 朴文鎬, 위의 글. "魏巖曰, 天命五常, 太極本然, 初非有被此本末偏全大小之異也. 五常若是氣而論於異體, 則此當無說, 若是理, 則天地萬物, 同此一原矣. 論其氣質, 則非惟犬之性, 非牛之性也, 跖之性, 非舜之性也, 語其本然, 則不惟跖之性, 卽舜之也, 物之性, 卽人之性也."

25) 朴文鎬, 위의 글. "南糖曰, 性有三層之異, 太極超形器而稱之, 此人與物皆同之性也. 第二十二章章句, 人物之性亦我之性是也. 五常因氣質而名之, 此人與物不同而人則皆同之性也, 孟子註仁義禮智之稟豈物之所得而全是也. 善惡雜氣質而言之, 此人人皆不

위 세 명의 주장의 공통점은 다음과 같다. 사람과 사물이 똑같은 하나의 이를 얻었지만, 각자의 타고난 기질로 인해 다른 존재로 구별된다는 것이다. 사람은 천리의 바름을 온전히 받아들였기 때문에 사람의 존재로 남을 수 있는 것이고, 사물은 천리를 받았지만 기에 통색이 있어 그 천리의 바름을 온전히 받지 못해 사물의 존재가 된다는 것이다. 이는 성리학에서 일반적으로 말하는 대전제이다.

김창협은 주희의 주석을 인용하면서 사람의 성과 사물의 성은 구별되어야 한다고 하였다. 보편적 근원성을 의미하는 이는 만상에 자신을 드러내면서 자신의 정체성을 유지하지만, 현상계의 각기 다른 기의 제약으로 개체의 본성이 다를 수밖에 없다는 것이다.[26] 이는 김창협 초년의 주장인데, 김창협의 주장은 이후 인물성 이론을 주장한 호론 계열 학자들의 논거가 되기도 하였다.[27]

이간과 한원진의 성 해석을 설명하기 전에, 태극·오상·본연지성·기질지성에 대해 설명할 필요가 있다. 태극은 형이상학적 체계의 궁극에 있는 실체인 이이며 만물이 생장하고 소멸하게 하는 근거이다.[28] 오상은 인의예지신으로 윤리적 덕성인 동시에 성리학에서는 인간을 포함한 만물의 이와 일치되는 본연지성의 내용을 이룬다.[29] 성은 본연지성과 기질지성으로 구분되는데, 이는 본연

同之性也, 論語性相近是也."

26) 이천승,「農巖 金昌協의 心性論에 대한 研究」, 성균관대학교 박사학위논문, 92~93면 참조.
27) 이천승, 위의 글. 96면.
28) 배제성,「巍巖 李柬의 人物性同論의 의미와 지향」, 『양명학』 제44호, 한국양명학회, 2016, 299면.
29) 배제성, 위의 글. 290~295면 참조.

지성으로 설명되며 기는 기질지성으로 표현된다. 이가 본연지성으로 설명되는 것은 직관적으로 알 수 있으나, 기질지성은 이해하기 쉽지 않다. 이가 본연지성으로 표현될 때 그것은 항상 사물 안에 있는 성이며 기적인 측면을 아울러서 기질지성이라 표현한다.[30]

이간은 김창협과 달리 사람과 사물의 성은 같다고 하는 인물성동론을 주장한 인물이다. 즉 낙론 계열에 속한 인물이다. 인용문을 보면, 이간은 천명의 오상과 태극의 본연은 똑같은 이라고 서술한다. 또한 성 중의 본연지성을 논하자면, 도척의 성과 순임금의 성이 같고, 사물의 성과 사람의 성이 같다고 서술한다. 이는 인간과 동물 모두 오상을 온전히 갖추었다는 것이다.[31] 다만 기질이 서로 다르기 때문에 사람과 사물의 구별이 생기는 것이다.

한원진은 이간과 달리 사람의 성과 사물의 성은 다르다고 주장한 인물이다. 즉 호론 계열의 인물이다. 실제로 이간과 한원진은 인물성동이론에 대해 치열하게 논쟁하였는데, 이는 조선 유학사에서 손꼽히는 철학 논쟁이다.

인용문에서 한원진은 성에 세 층위가 있다는 성삼층설을 제시하였다. 그 층위는 태극의 층, 오상의 층, 선악의 층이다. 다음은 한원진의 성삼층설을 표로 제시한 것이다.[32]

---

30) 배제성, 위의 글. 291면.
31) 배제성, 위의 글. 290면.
32) 해당 표는 배제성(2020) 209면에서 인용하였다.

〈표 2〉 한원진의 성삼층설

층위	층위 규정	대응개념	性 구분	가치	지칭 논법	이일/분수 구분
1층	超形氣	太極	本然之性	純善	單指	理일
2층	因氣質	五常	本然之性	純善	各指	分殊
3층	雜氣質	善惡之性	氣質之性	有善惡	兼指	分殊之 分殊

　한원진은 형기를 초월한 태극은 형이상의 궁극이기 때문에 사물과 사람이 모두 가지고 있는 성이 된다고 보았는데, 태극은 본연지성이 되며 이는 이간의 설명과 일치한다.

　또한 오상에 대해서는 기질에 기인하여 이름했다고 하였는데, 사람은 오상을 품부받아 온전히 할 수 있으나 사물은 그 기질로 인해 오상을 온전히 할 수 없으므로 사물이 된다는 것이다. 즉 한원진은 이 부분에서 사람과 사물의 본성이 다르다고 주장한 것이다. 오상이 기질에 기인하였으므로 이는 기질지성이라 인식할 수도 있다. 하지만 한원진은 만물은 그 종에 따라 나름의 본연지성과 도를 가진다고 하였다.[33] 오상은 기질에 기인하지만, 선천적으로 본연지성에 속하는 것이다. 한원진의 이 설명은 인간은 오상의 온전함을 얻었기에 그렇지 못한 사물보다 존재가치가 뛰어나다는 전제를 내포한다.

　또한 이 설명으로 한원진의 이일분수 인식 또한 유추할 수 있

---

33) 배제성, 「남당 한원진의 가치 위계적 성삼층설의 특징-태극·오상·오행의 통합적 구조를 중심으로」, 『율곡학연구』 제43호, 율곡연구원, 2020, 207면.

다. 태극은 궁극의 형이상학적 이이므로 단 하나인 이, 즉 이일이 된다. 반면 오상은 기질에 기인하였고, 이가 사람과 만물에 존재하나 기의 다름으로 인해 각각 온갖 형태로 발현된 것이기에 분수에 해당하는 것이다.

마지막 선악에 대해서는 기질과 섞인 것이라 하였다. 즉 본연지성에 기질이 합쳐져서 사람마다 서로 다른 성을 갖는 것이라 하였다. 이에 『논어』의 '성은 서로 가까우나, 습관으로 서로 멀어진다.'[34]를 인용하여 설명하였다. 즉 선악의 성은 본연지성이 아닌 기질지성이 되는 것이다.

박문호는 먼저 태극에 대해 설명한다. 천명지위성의 천은 태극의 성에 해당시킬 수 있으니, 성이 아니라 이라고 해야 한다고 하였다. 또한 인물성이 같다고 언급한 부분은 천리인 태극이 같은 것일 뿐이라 보았다. 이간의 인물성동론은 태극이 같기 때문으로 본 것이다.

또한 박문호는 주희의 해당 주석은 본디 사람을 위주로 말한 것이며 사물은 잠깐 언급한 것일 뿐이라고 하였다.[35] 이어서 오상에 대한 자신의 의견을 피력하였다.

> 이 주를 얼핏 보면 사물 또한 온전히 7개의 성을 얻었다고 말할 수 있을 것 같은 것이 있다. 그러므로 주자의 문인 중 의심하여 물은 자가 있었다. 주자께서 답하셨다. "예컨대 소의 성질이 순한 것과 말의 성질이 건한 것은 바로 건순

---

34) 『論語』「陽貨」"性相近也, 習相遠也."
35) 朴文鎬, 위의 글. "此註本主乎人而言之, 物則只是夾帶說耳."

의 성이고, 호랑이의 인과 벌과 개미의 의는 바로 오상의
성이다. 다만 품부받은 것이 적어 사람이 온전한 것을 품
부받은 것과는 다르다."……이 말씀은 실로 장구의 각주이
니, 그 두 번 전환하신 말씀은 맹자의 생지위성 주의 세 번
전환하신 말씀과 서로 같다. 주자의 장구에서 주자께서 또
따라 분석하시기를 이렇게 자세하였는데, 후세 사람들이
간혹 사람과 사물을 섞어 하나로 만들고자 함은 어째서인
가? 단지 이 장구는 사람을 위주로 말하되 사물을 함께 언
급하였다. 그러므로 그 문세가 부득불 이와 같아 편벽되고
온전함을 구분할 겨를이 없는 것이다.[36]

위의 7개의 성은 건순과 오상이다. 사물 또한 7개의 성을 받았
을지도 모른다는 문인의 질문에 주희는 사물은 오상을 온전히 품
부받지 못하였다고 하였다. 그리고『중용』에서 주로 말하는 대상
은 사람이며, 사물은 단지 설명 중 함께 잠시 설명했을 뿐이다.
박문호의 오상 설명 또한 한원진의 설명과 일치한다. 태극을 받
았지만 기질이 달라서 사람은 오상을 온전히 받아 사람이 되고 사
물은 오상을 온전히 받지 못해 사물이 된다. 즉 박문호는 한원진
처럼 오상 또한 본연지성으로 인식한 것이다.
상기 해석을 종합하면 박문호는 인물성이론에 기반하여『중용』

---

36) 朴文鎬, 위의 글. "此註驟看之, 有似於謂物亦全得七性者. 故朱門人有疑而問之者而
朱子答云, 如牛之性順, 馬之性健, 卽健順之性, 虎浪之仁, 蜂蟻之義, 卽五常之性. 但
只稟得來少, 不似人稟得來全.……此說實章句之註脚, 而爲其再轉說, 與孟子生之謂
性註之三轉說, 正相類耳. 朱子之章句也, 而朱子又從而分析之, 如此丁寧, 而後人或欲
混人物而一之, 何哉? 但此章句, 方主人說而帶及物. 故其文勢不得不如此, 而無暇乎
分偏全耳."

을 이해한 인물이며, 그 이해의 바탕은 한원진의 시각에 있었음을 알 수 있다. 그리고 사람과 사물의 성을 구분하여 사람의 성의 높은 위상을 확립시키려 한 것 또한 알 수 있다.

박문호는 솔성지위도과 수도지위교를 성을 따르는 방법으로 이해하였다. 주희는 『중용장구』에서 솔성지위도에 대해 "사람과 사물이 각각 그 성의 자연스러움을 따르면 일상생활하는 사이 각자 응당 행해야 하는 길이 있지 않음이 없으니, 이것이 이른바 도이다."[37]라고 하였다. 이에 박문호는 주희의 "사람의 성을 따르면 사람의 도가 되고, 소와 말의 도를 따르면 소와 말의 도가 되는데, 그 성을 따르지 않으면 그 성을 잃어 소와 말의 도가 아니다."[38]를 인용하였다. 즉 사람과 사물의 본연지성은 다르며 각자 자신의 성대로 행동하며 다른 개체의 성을 따르려 해서는 안 된다는 것이다.

주희는 또한 수도지위교에 대해 "성과 도가 비록 다르나 기품이 혹 다르기 때문에 과불급의 차이가 없을 수 없으니, 성인이 사람과 사물이 응당 행해야 할 것에 기인하여 품절하였다."[39]라고 하였다. 박문호는 이에 대해 주희의 다른 주석을 인용하였다. 주희는 수도지위교는 오로지 사람의 일에 나아간 것이나 사물에도 또한 품절하여 각각 그에 알맞은 자리를 얻게 하는 것이라고 하였다.[40]

---

37) 朱熹, 『中庸章句』, "人物各循其性之自然, 則其日用事物之間, 莫不各有當行之路, 是則所謂道也."
38) 朴文鎬, 위의 글. "朱子曰, 循人之性, 則爲人之道, 循牛馬之性, 則爲牛馬之道, 若不循其性, 使馬耕牛馳, 則失其性, 非牛馬之道."
39) 朱熹, 『中庸章句』, "性道雖同, 而氣禀或異, 故不能無過不及之差, 聖人因人物之所當行者而品節之."
40) 朴文鎬, 위의 글. "朱子曰, 修道謂敎, 專就人事上言, 就物上亦有品節,……使萬物各

즉 교는 오로지 사람을 대상으로 하여 사람의 성을 얻게 하려는 것이나 사물에도 동일하게 적용하여 자신의 성을 얻게 한다는 것이다. 박문호는 주희가 『중용장구』에서 사람과 사물의 본성을 다르게 파악했고, 사람의 성을 따르고 도를 닦아 그것을 보존하여 잃지 않게 해야 한다고 생각했다고 보인다.

그렇다면 보존하는 방법은 무엇인가? 『중용』 경문은 그 방법으로 보이지 않는 곳에서 삼가고, 들리지 않는 바에서도 두려워하는 신독을 제시하였다.[41] 박문호는 이 단계에서 부도불문은 귀와 눈을 닫는 단계가 아니고, 만사가 일어나기 전에 미리 예방하는 것 미발 단계의 공부로 인식하였다.[42] 그리고 신독은 동한 상태, 즉 이발의 상태로 보았다.[43] 그는 미발과 이발 상태 모두 성을 보존해야 한다고 인식한 것이다. 수양의 측면을 강조한 것으로 보인다.

4. 결론

19~20세기는 조선 성리학계 발전의 결실을 거두는 시기이고, 그 결과는 화서학파, 간재학파, 한주학파 등 조선 성리학의 다양화로 나타난다.[44] 그중 박문호의 성리학은 사람과 사물의 본성이 다

得其所."
41) 朱熹, 『中庸章句』, "道也者, 不可須臾離也. 可離非道也. 是故君子戒愼乎其所不睹, 恐懼乎其所不聞. 莫見乎隱, 莫顯乎微, 故君子愼其獨也."
42) 朴文鎬, 위의 글. "所不諸不聞, 不是閉耳合眼時, 尺是萬事皆未萌芽, 自家便先戒懼, 防於未然, 所以養其未發."
43) 朴文鎬, 위의 글. "愼獨是動而敬."
44) 금장태, 『19세기 한국성리학의 지역적 전개와 시대인식』, 「국학연구」 제15집, 한국

르다는 호론의 입장을 고수하는 쪽으로 발전하였다.

호론의 주장은 존화양이를 중시하며 중화를 온존하고 오랑캐를 물리치자는 주장으로까지 이어진다. 이것을 당시 사회에 적용하면 조선을 보위하고 일제 등 외세를 배척하자는 주장으로 이어질 수 있다. 하지만 박문호는 그러한 행보를 밟지 않고, 조용히 은거하며 학문에 몰두하였던 사람이다.

박문호는 성은 이의 범주에 속하고, 한원진의 설을 바탕으로 사람과 사물의 성이 다르다고 주장하였으며, 그 성을 보존하는 방법으로 신독의 수양 방법을 제시하였다. 박문호는 사람이 사물의 본성을 따르면 안 된다고 하며 그 행동 준거로 신독을 제시한 것이다. 박문호의 해석은 타인을 감화하는 것보다 개인의 수양을 지향하고 있다. 객체에 의해 휘둘리지 않고 자신을 올곧게 하는 것을 더 중요시한 것으로 보인다. 이러한 그의 관점은 그의 행보와도 연관되는 것으로 보인다. 즉 박문호의 성 인식을 통해 그의 성리학적 사고의 경향이 그의 행적에도 영향을 주었으리라고 추측해 볼 수 있을 것이다.

국학진흥원, 2009, 6면.

참고문헌

〈원전자료〉

『論語』.

朴文鎬, 『中庸章句詳說』, 한국학중앙연구원 소장본(청구기호 古1332-1).

박문호 저·성백효 역, 『대학·중용장구상설』, 다운샘, 2021.

朱熹, 『中庸章句』.

주희 저·최석기 역, 『중용』, 한길사, 2014.

〈논저〉

금장태, 「19세기 한국성리학의 지역적 전개와 시대인식」, 『국학연구』 제15집,
한국국학진흥원, 2009.

배제성, 「巍巖 李柬의 人物性同論의 의미와 지향」, 『양명학』 제44호, 한국양명
학회, 2016.

_____, 「남당 한원진의 가치 위계적 성삼층설의 특징-태극·오상·오행의 통
합적 구조를 중심으로」, 『율곡학연구』 제43호, 율곡연구원, 2020.

신창호, 「호산 박문호의 『논어』 이해와 그 특징」, 『동양고전연구』 제38집, 동양
고전학회, 2010.

안유경, 「호산 박문호의 『대학장구상설』 고찰」, 『율곡학연구』 제39집, 율곡연구
원, 2019.

엄연석, 「『韓國經學資料集成』 所載 『中庸』 註釋의 특징과 그 연구방향」, 『대동
문화연구』 제49집, 성균관대학교 대동문화연구원, 2005.

오하마 아키라 저·이형성 역, 『범주로 보는 주자학』, 예문서원, 1997.

이경구, 「호락논쟁을 통해 본 철학논쟁의 사회정치적 의미」, 『한국사상사학』
제26집, 한국사상사학회, 2006.

이점수, 「壺山 朴文鎬의 經學 說에 대한 제1고찰 『論語』」, 『범한철학』 제56권,
범한철학회, 2010.

이천승, 「農巖 金昌協의 心性論에 대한 研究」, 성균관대학교 박사학위논문,
2004.

최석기, 「19세기 嶺南學派의 『中庸』 分節說 考察」, 『동양한문학연구』 제46호,

동양한문학회, 2017.

_____, 「郭鍾錫의 中庸 分節說」, 『동방한문학』 제55집, 동방한문학회, 2013.

_____, 「『中庸』의 分節問題와 崔象龍의 解釋」, 『漢文學報』 제19집, 우리한문학
　　　회, 2008.

〈인터넷 사이트〉

규장각한국학연구원 (https://kyu.snu.ac.kr/)

한국고전종합DB (https://db.itkc.or.kr/)

근대 유교 지식인의
한문 대중화 방안
-『조선문소학(朝鮮文小學)』의 언문과
일상어를 중심으로

이동원

1. 머리말

20세기 전후는 전 지구적으로 진행된 서구 주도의 근대가 한반도에 진입하는 시기이다. 여기에 대응하는 움직임은 문명 갈등으로 표출되었다.[1] 당시 지식인의 정신적 뿌리는 경학에 토대를 두었으며 한문이라는 언어로 생산되고 소통되었다. 경학을 이해하기 위해서는 한문으로 접근하는 것이 가장 적합했다. 언해는 어디까지나 경학 이해를 위한 부차적인 수단이었다.

당시 신학과 구학의 갈등 속에서 전통유학자들은 구학의 정신을 신념으로 삼아 자신들의 사유를 표출하고자 했다. 대중의 한문 수용능력의 한계를 인식한 이들은 언문을 적극 활용했다. 언문과 사상의 일치가 이들의 목표였다. 그 사례로 1934년 7월 편찬, 간행된『조선문소학』에 주목하고자 한다.

『소학』은 1187년 주희와 유청지에 의해 편찬되었으며 고려 말

---

1) 임형택,『문명의식과 실학』, 돌베개, 2009.

에 전래되어 조선시대에 널리 배포되었다. 1518년 의역 방식으로 소학을 최초로 언해한『번역소학』이 등장했다. 1588년에는 직역에 해당하는『소학언해』가, 1666년 수정본『소학언해』가 나왔다. 1744년에는 영조의 명으로『소학언해』가 간행되었다. 마지막 영조의 언해가 앞의 것을 정리한 것이다. 이후 등장한『소학언해』는 이 틀에서 크게 벗어나지 않았다.[2]

기존에 간행된 소학의 언해본은 불필요한 내용을 산삭하는 과정이 있었지만, 결국 표현방식은 동일하여 일상어가 아닌 이질적 언어의 재생산에 그쳤다. 이는 주도적으로 한글을 이용하지 못한 한계를 지닌다. 결국 경학과 언문의 간격은 크게 좁혀지지 못한 상태로 남았다.

『조선문소학』은 앞선 언해본과 큰 차이가 있다. 주된 특징으로는 '순한글', '시대성', '지역성'을 들 수 있다. 순한글 표기 덕분에 주석란이 생겨 그 속에 요약한 주석을 첨가했다. 또한 다양한 표현으로 섬세한 의미를 드러내고자 시도했다. 그 결과 기존의 언해보다 이해도는 높아지고 내용은 한층 풍부해졌다.

『조선문소학』에 대한 지금까지의 연구는 부록으로 실린 「오륜행실가」의 국문 가사 연구가 전부이다.[3] 여전히 책의 내용에는 관심이 부족한 실정이다. 이 글은『조선문소학』이 어떤 방식으로 한문을 번역하여 대중화에 접근했는지에 집중하고자 한다. 필자는

---

2) 신정엽,「朝鮮時代 간행된 小學 諺解本 연구」,『서지학연구』44, 한국서지학회, 2009.

3) 강전섭,「諺文小學」附錄의「五倫行實歌」에 對하여」,『民族文化研究』19집, 고려대학교 민족문화연구소, 1986.

국립중앙도서관(국중본) 소장『소학언해』(1744)⁴⁾와 필자 소장『조선문소학』을 비교했다. 형식과 단어 표현을 중심으로 변화된 부분을 찾고자 했다. 당시 유학자들이 언문과 한문 사상을 어떻게 일치시키고자 했는지 그 흔적을 확인하는 것이 목적이다. 분석 범위는 『조선문소학』의「서제」,「제사」「입교」,「명륜」편으로 한정했다.

2. 언문이라는 용어의 선택

『조선문소학』은 만회(晚晦) 김영구(金榮九, 1863~1949)가『소학집주』를 편집하고 언문으로 번역한 책이다.⁵⁾ 아래는 이 책의 서지사항이다.

> 표제(권수제): 諺文小學
> 판사항: 石印本(石版本)
> 판심제: 朝鮮文小學
> 형태사항: 1冊(112張): 세로30×가로20cm. 11行 24字, 5침 안정법, 上下向二葉花紋魚尾
> 발행시기: 1934년 7월
> 발행소: 完山石板印刷所(全北全州郡全州邑淸水町六七番地)

---

4) 청구기호: 古1256-2-1-4.
5) 김영구(金榮九, 1863~1949)의 자는 경노(敬老), 호는 만회(晚悔)이며, 본관은 언양(彦陽)이다. 임인년에 통훈대부 종3품 내부주사를 지냈다. 면암(勉菴) 최익현(崔益鉉)의 문하에서 공부했으며 김제에 공벽정(控碧亭)을 짓고 그곳에 거주했다. 저서는『백가정선(百家精選)』,『국문소학(國文小學=조선문소학)』「오륜행실가」등이 있다. 위 강전섭의 연구에서 김영구에 관한 기록을 참고해볼 수 있다.

『조선문소학』은 1934년 7월 10일 석인본으로 간행되었다. 석인본은 개인의 문집이나 족보가 대부분이라는 점에서 이 책의 간행은 특별하다.[6] 목차는 없다. 역자 만회의 서문 1장,「소학서제」1장,「소학제사」2장,「입교」4장 반,「명륜」18장,「경신」3장 반,「계고」16장 반,「가언」30장 반,「선행」27장으로 본문이 총 102장이다. 부록으로 역자 김영구의「오륜행실가」8장이 있고, 권말에는 한문으로 지은 고재(顧齋) 이병은(李炳殷, 1877~1960)의 발문 1장이 첨부되어 있다.[7]

『조선문소학』의 이칭은 '언문소학'이다. 책 표제는 물론 발문에도 '언문소학'이 책 제목으로 언급되어 있다. 이본[8]의 표제 역시 '언문소학'이다. 이본 중 오직 국중본만 표제가 '조선문소학'이며 서문,「오륜행실가」, 발문이 없다는 점에서 차이가 있다. 다른 요소는 모두 동일하다. 간행 전 서문과 발문이 이미 작성되었으므로 국중본은 먼저 간행된 축소판으로 추정한다.

필자 소장의『조선문소학』은 간행 전 삭제한 내용(서문, 발문, 오륜행실가)을 첨가하여 완성한 본이다. 이러한 번거로운 과정은 '국문'이라는 표현을 금지하고 격하시켜 '조선문'으로 대체한 일제의 영향 때문이다.[9] 1934년은 '한글', '국문', '조선문'이라는 표현을 일

---

6) 20세기 초에 전주에서 발간된 석판본(石版本) 현황은 이태영의『완판본 인쇄·출판의 문화사적 연구』(역락, 2021, 52~53면) 참조.

7) 이병은(李炳殷, 1877~1960), 본관은 전의(全義). 자는 자승(子乘), 호는 고재(顧齋)이다. 전라북도 완주출생으로 교리(校理) 이봉덕(李鳳德)의 아들이며, 간재 전우(田愚)의 문인이다. 고향의 남안재(南安齋)를 전주로 옮기고 후진을 양성하여 많은 인재를 배출했다. 남양사(南陽祠)에 봉향되었으며,『고재집(顧齋集)』12권 6책이 전한다.

8) 국립한글박물관, 전주역사박물관, 대전광역시시립박물관 등에 소장되어 있다.

9) 조항범,『그런, 우리 말은 없다』, 태학사, 2005.

상적으로 사용한 시기이다. 옛 단어인 언문을 사용한 것은 주목할
필요가 있다.

언문이 옛말이 된 이유는 자주 안 쓰여서가 아니라 우리 손으로
없애버린 탓이다. 20세기 초 한글을 내세우고 한자어를 버리려는
시도가 있었다. 언문은 한글 비하의 의미를 지닌 용어로 오해받아
왔다.[10) 그러나 언문은 비하의 의도가 전혀 없다. 유학자가 한글을
비하할 의도로 '언문'이라 이름붙인 것이 아니다.

책의 이름을 언문이라 붙인 까닭은 한문을 염두한 행위이다. 당
시 언문 대신 국문이란 선택지가 있었다. 국문은 우리나라의 문자
라는 의미이다. 국문을 사용하면 한문이 외국어에 가까워지는 느
낌이 있다. 반면 언문은 진서(眞書)와 대비되는 표현이다. 언문이라
는 용어를 사용하면 한자(한문)와 한글 모두 우리나라에서 함께 쓰
는 문자로 인식할 수 있다. 한자를 없애는 분위기 속에 언문이라
는 표현은 한자를 살리기 위한 시도였다.

이는 일제를 의식한 저항의 표현으로도 볼 수 있다. 간행을 위
해서 형식적으로는 일제가 강제한 조선문이라는 단어를 따를 수
밖에 없었다. 하지만 허가를 받은 뒤 명칭을 '조선문소학'에서 '언
문소학'으로 바꾸었다. 언문은 전통용어이다. 전통적 단어로 일제
에 저항하려는 의도가 엿보인다.

언문으로의 전환은 책의 형태까지 변화시켰다. 기존의 『소학언
해』는 완전한 한글 문장을 구사할 이유가 없었다. 한문 학습의 보
조수단으로 언해가 사용되었기 때문이다. 기존 언해의 구조는 본
문에 한자를 넣고 아래 한글 음을 달았다. 또 주요 어휘에 한자를

---

10) 언문의 의미에 관해서는 홍현보의 『언문』(이회, 2019, 549면) 참조.

병기하여 국한문으로 풀이하였다. 언해는 한문학습이 주된 목적이었지, 한글 그 자체로 온전한 문장을 만들려는 목적은 아니었기 때문이다.

【사진 1】국립중앙도서관『소학언해』의 일부,『조선문소학』의 일부

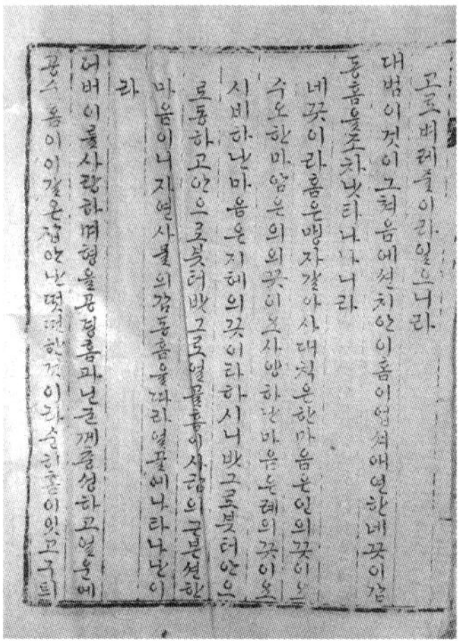

이와 반대로『조선문소학』은 본문에 한자 없이 바로 한글로 기재하였다. 기존 주석란에 있던 언해가 본문으로 옮겨졌다. 이에 새롭게 주석란이 생겼고, 여기에는『소학집주』의 주석을 요약해 넣었다. 이전의 언해는 주석이 없어 피상적인 내용이 이어지는 경향이 있었다, 그러나『조선문소학』은 완전한 순한글 표현으로 변화된 형식 덕분에 내용이 기존보다 풍성해졌다.

3. 일상어의 사용

이병은은 『조선문소학』의 발문에서 다음과 같이 말했다.

> "다만 오늘날의 언해라고 하는 것이 방언(方言)과는 차이가
> 있어서 이해하기 어려운 부분이 많았다. 따라서 원래 『소
> 학』의 여러 편 가운데 부녀자와 어린아이들에게 더욱 절실
> 한 격언과 핵심주장을 뽑아 지역에서 일상적으로 사용하
> 는 음으로 풀이하여 한 권의 책을 만들어 『언문소학』이라
> 이름하였다."[11]

이병은은 기존의 언해를 소통 불가한 언어로 인식했다. 언해의
가장 큰 문제는 구시대적 언어였다. 당시의 언어는 이미 언해의
시대와 크게 달라졌다. 또한 기존의 한문 학습 목적에 맞게 설계
된 언해의 방식도 진부해졌다. 이에 그는 일상성이 상실된 언어를
문제삼고 이를 개선하고자 하였다.

여기서 주목해야 할 부분은 "오늘날의 언해라는 것이 방언과 차
이가 있다"이다. 방언은 단순히 지역적 특성을 나타내는 말이 아
니다. 한국어는 세대별, 지역별, 성별에 따라 달라지며 이러한 개
별적인 언어가 방언이다. 공통을 나타내는 표준어와 달리 방언은
차이에 중심이 있다.[12] 즉 방언은 시간상 현재에 해당하며 공간적

---

11) 「題諺文小學後」, "但今諺解云者, 方言有異, 多有難曉處, 及就本篇中取其格言至論,
尤切於婦孺者, 以鄕俗常音釋之, 爲一冊, 名曰 諺文小學."

12) 한성우, 『방언, 이 땅의 모든 말』, 커뮤니케이션북스, 2015.

특성이 담긴 일상어로 볼 수 있다. 따라서 시간과 지역의 일상어로 구분하여 용어의 변화를 살펴보겠다.

먼저 시간 변화와 관련된 일상어이다. 18세기와 20세기의 언어는 긴 시간 탓에 차이가 있을 수밖에 없다. 아래는 변화된 일상어를 중심으로 비교한 표이다.

〈표 1〉『조선문소학』의 변화된 일상어

한자	『소학언해』	『조선문소학』
咸盥'漱'	양짓믈	양치질
'昏'定而晨省	어을미	어둡거든
必忠'信'	믿비ᄒ며	미드며
欲其'習'與智長	니김	익킴
而雜出於傳記者亦'多'	하건마ᄂ	만컨만은
不'加'毫末萬善足焉	더으디	더하지
以培其'根'	불휘	뿌리
乃'復'其初	도라디	회복
經'殘'教弛	히야디고	쇠잔하고
異言'喧豗'	들에여 다이즈니라	식글어 치니라
'席'不正不坐	돗	자리
乃買'猪肉'	돋틱고기	돗고기
教以'右手'	올ᄒ손	오른손
'不出'	나ᄃ니디 아니ᄒ며	나가지 말고
織'紝'	명디깁	명주
組'紃'	다회	비단
'常'視毋誑	샹해	항샹
'君'臣有義	신해	신하
'夫'婦有別	남진	지아비
'汎'愛衆	넙이	널리

어휘는 2가지 형태로 변화했다. 하나는 음성적으로 명확해진 경우이다. '익킴', '만컨만은', '더하지', '뿌리', '자리' '돗고기' '오른손' '나가지 말고' '명주' '신하' '널리' 등이 이에 해당한다. 다른 하나는 완전히 변화된 어휘이다. '양치질', '어둡거든', '미드며', '회복', '쇠잔하고', '식글어 치니라', '명주', '비단', '항샹', '신하', '지아비' 등이 이에 해당한다. 이러한 변화는 특별한 원인이 있다기보다 시간의 흐름에 따라 자연적으로 발생하는 현상으로 파악할 수 있다.

이외에 보다 의미를 세밀화하기 위해 표현을 달리한 것들이 있다. 먼저 선생님과 스승이다.

〈표 2〉『소학언해』와『조선문소학』의 '사(師)', '부(傅)' 번역

한자	『소학언해』	『조선문소학』
愛親敬長隆'師'親友之道	스승	선생
惟聖斯惻, 建學立'師'	스승	선생
俾爲'師'者 知所以敎 而弟子知所以學	스승	선생
使爲子'師'	스승	션생
十年, 出就外'傅'	스승	스승

『소학언해』는 '사(師)'와 '부(傅)'를 모두 스승으로 표기했다. 반면『조선문소학』에서는 '사'를 선생, '부'를 스승으로 구분해서 표기했다. 맥락상 '사'는 직업이나 제3자가 그러한 상대를 부르는 것으로 이해할 수 있으며, 이를 선생이라 표기했다. 반면 '부'는 자신을 인도하는 분을 가리키는 것으로 스승이라 표기했다. 『소학언해』에서의 스승은 특정 의미를 담아 축소되었으며, 오히려 선생이

그 자리를 대신했음을 알 수 있다.

　단어의 의미는 구분하였으나 표기의 일관성은 찾아보기 어렵다. 선생의 표기를 살펴보면 '선생'과 '션생'으로 구분된다. 이 둘의 의미가 또 다를 것이라 예상할 수도 있겠지만 가능성은 희박하다. 표기상의 오류로 보는 것이 옳다.

　다음은 여자와 관련된 '여(女)'와 '부(婦)'를 정리한 표이다.

〈표 3〉『소학언해』와 『조선문소학』의 '여(女)' 번역

한자	『소학언해』	『조선문소학』
男唯'女'兪	겨집	녀자
七年, 男'女'不同席	겨집	녀자
'女子'十年이어든 不出	겨집	여자
學'女'事하여 以共衣服	겨집의 일을	여자의 일
夫'婦'有別	겨집	계집
古者, '婦人'妊子	겨집	부인

　『소학언해』는 성별이 여자면 모두 '겨집'으로 표기했다. 반면 『조선문소학』은 '남(男)'과 함께 '여(女)'가 나오거나 '여자(女子)'가 단독으로 나오면 여자라고 표기했다. 남자와 상대적인 성별 구분으로 여자를 나타낸 것이다. 또한 여자는 여자, 계집, 부인 등으로 세밀하게 구분했다. 남편과 아내의 관계에서 '부(婦)'는 계집으로 표현하되 '부인(婦人)'만 등장하면 부인으로 표기했다. 나름의 규칙이 있다.

　이러한 변화는 시간의 흐름에 따라 여자의 의미가 세분화되고 맥락상 구분이 필요했음을 의미한다. 무엇보다 이 책의 독자에는

여성도 포함되므로 단어의 분명한 의미에 더욱 집중한 모습을 확인할 수 있다. 계집은 언제부터인가 비속어로 쓰이게 되었지만, 최소 1934년에는 계집과 여자가 분명히 구분되어 사용되었음을 알 수 있다.

아쉽게도 앞의 '선생' 표현과 마찬가지로 표기의 불일치성이 나타났다. '여자'로 표기했다가 '녀자'로도 표기하는 식이다. 이 차이를 의미 차이로 보기는 어렵다. 당시 일관되지 않았던 표기 방식에 원인이 있었다고 보는 것이 타당하다.

시간의 변화에 따라 달라진 어휘를 살펴보면 한층 세련된 표현이 다수 등장했다. 원문의 내용을 더욱 정확하게 이해할 수 있도록 도운 것이다. 저자는 여기에서 한 가지 일상적 요소를 더 추가했다. 바로 지역성이다. 아래는 지역어를 정리하고 비교한 표이다.

〈표 4〉『조선문소학』의 지역어

한자	『소학언해』	『조선문소학』
欲其習與智'長'	길며	질며
今其'全'書	온	왼
'才'過人矣	지죄	재조
以'食'之	먹이고져	맥이고져
則近於'禽獸'	즘승	짐생
能'致'其身	다하며	바리며
與朋友'交'	사괴되	사구되
而又寬裕以'待'之也	기들이며	지달리며
'樂'其心	즐기시게ᄒ며	질거웁게하며
疾'止'	그치거시든	근치시거든
聲不'絶'乎耳	그치다	끈치다

한자	『소학언해』	『조선문소학』
'旣'服	이믜	이무
'沒'身不衰	업도록	맛도록
乃'頹'其綱	믈허ᄇ려	무누어바리여

　지역어는 두 가지 방향으로 구분되었다. 먼저 음성 변화이다. 모음이나 자음이 변화하여 발음 차이가 생겼다. 'ㄱ'이 'ㅈ'으로 변하거나 'ㄴ'의 첨가되거나 모음 'ㅣ'가 첨가되었다. 이같은 발음은 지역적 느낌을 쉽게 알 수 있다. 또 하나는 완전히 변형된 단어이다. '다하다'가 '바리다'로 변하거나 '없도록'이 '맛도록'이 된 것이 이에 해당한다. 이는 단순히 발음상으로 유추할 수 없는 어휘이다.

　이러한 지역어는 당시부터 현재까지 약 100년의 시간 차이 탓에 변화한 것이 꽤 있다. 지역어인지 고어인지 구분이 어려운 단어도 있다. 지역어는 특정 지역의 언어이지만, 특별하게 어느 한 지역의 언어라고 정의하기도 어렵다. 위의 표는 대체로 발음상 명확히 차이가 나는 어휘와 완전히 달라진 어휘를 중심으로 살펴본 것이다.

　굳이 특정한다면 위와 같은 지역어는 전라도 특성에 가깝다고 정의할 수 있다. 표의 어휘 출처가 대부분 전북 지역이다. 당시 김영구가 전북 김제에 거주했고, 이병은 역시 전주에서 지냈기 때문이다. 어느 지역인지 밝히는 것도 중요하지만 이 어휘가 지역어라는 점에서 더욱 의미가 깊다. 이는 저자가 지역문화전통을 지키고 발전시키는 것에 의미를 두었다는 점을 확인할 수 있는 부분이다.